ナノファイバー実用化技術と用途展開の最前線

Frontline in Commercialization Technologies and Development of Applications on Nanofibers

《普及版／Popular Edition》

監修 谷岡明彦，川口武行

シーエムシー出版

はじめに

ナノファイバーの工業的製造技術として電界紡糸法，ナノ溶融分散紡糸法，複合紡糸法，メルトブロー法，CVD法等が知られており，材料と用途に応じて使い分ける必要がある。ナノファイバーには超比表面積効果，ナノサイズ効果，超分子配列効果があり，これらの効果を利用して，フィルター部材，電極部材，医療・衛生部材等様々な用途開発が行われており，将来の市場規模は8兆円程度と推計されている。

これまでは将来のコストダウンを見据えた本格的な大量製造技術が確立されておらず，ナノファイバーを用いた製品の用途展開に大きな障害となっていた。しかしながら，NEDO「先端機能発現型新構造繊維部材基盤技術の開発プロジェクト（通称：ナノファイバープロジェクト）」によりナノファイバーの本格的な大量製造法の技術が確立された。溶媒を利用した電界紡糸法では，従来ノズルからの溶液の吐出量が2μL/分と非常に少量であったものが20mL/分以上と1万倍以上の高生産性を達成し，また防爆が完全で，溶媒回収も低コスト化が可能となった。また，繊維径は20nm～2μmまで制御可能である。さらに，溶融法でも著しい進展を見せており，ポリプロピレンやナイロン等の溶融紡糸が可能となり，現時点では100nm程度のナノファイバーフィラメントヤーンの大量生産が可能となっている。このように溶媒法及び溶融法共にナノファイバーの大量製造技術が確立されたことから，今後本格的な用途展開が顕著に進むものと言える。

本書では，ナノファイバーの製造技術だけではなく，エネルギー用部材，エアフィルター用部材，水処理用部材，先進医療用部材，衛生用部材等，用途展開を中心にそれぞれの最前線について，バイオナノファイバー，新材料・新技術・新用途としてナノファイバーのなかでもさらに先進技術について，これらの分野で最先端の研究開発を進めている研究者・技術者に執筆いただいた。電池のセパレーター，エアフィルター，水処理膜，再生医療用ナノファイバー，ウエアラブルエレクトロニクス，圧電熱電変換素子等，今後のビジネス展開に欠かせない話題が満載されている。

我が国は，2011年3月11日の震災以降，様々な困難な障害に直面している。このような時にこそ，新規技術開発を積極的に進め，新たな展開を切り開くことを期待したい。

東京工業大学名誉教授

谷岡明彦

普及版の刊行にあたって

本書は2012年に『ナノファイバー実用化技術と用途展開の最前線』として刊行されました。普及版の刊行にあたり，内容は当時のままであり加筆・訂正などの手は加えておりませんので，ご了承ください。

2019年１月

シーエムシー出版　編集部

執筆者一覧（執筆順）

谷岡明彦	東京工業大学名誉教授
川口武行	東京工業大学　大学院理工学研究科　特任教授
松本英俊	東京工業大学　大学院理工学研究科　有機・高分子物質専攻　准教授
山下義裕	滋賀県立大学　工学部　講師
小西玄一	東京工業大学　理工学研究科　准教授
宇山浩	大阪大学　大学院工学研究科　応用化学専攻　教授
木村勝	群栄化学工業㈱　事業開発本部開発センター　機能性材料開発グループ
鈴木章泰	山梨大学　大学院医学工学総合研究部　教授
岸本吉則	廣瀬製紙㈱　開発部　部長
川上浩良	首都大学東京　都市環境学部　分子応用化学コース　教授
今野貴博	日本エアーフィルター㈱　開発部　開発課　課長
向井康人	名古屋大学　大学院工学研究科　化学・生物工学専攻　准教授
比嘉充	山口大学　大学院理工学研究科　物質化学専攻　教授
井上嘉則	日本フイルコン㈱　総合研究開発部　新規事業開発部　主任研究員
兼子博章	帝人㈱　新事業開発グループ　融合技術研究所　第三研究室　室長
山岡哲二	国立循環器病研究センター研究所　生体医工学部　部長
白鳥世明	慶應義塾大学　理工学部　准教授
磯貝明	東京大学　大学院農学生命科学研究科　生物材料科学専攻　教授
伊福伸介	鳥取大学　大学院工学研究科　准教授
吉川正和	京都工芸繊維大学　大学院生体分子工学専攻　教授
森田利夫	昭和電工㈱　先端電池材料部　大川開発センター　副センター長
平尾一之	京都大学　工学研究科　材料化学専攻　教授
中山幸仁	東北大学　原子分子材料科学高等研究機構　准教授
下間靖彦	京都大学　大学院工学研究科　材料化学専攻　准教授
小滝雅也	京都工芸繊維大学　大学院工芸科学研究科　先端ファイブロ科学専攻　准教授
鴻巣裕一	東京工業大学　大学院理工学研究科　有機・高分子物質専攻　研究員

執筆者の所属表記は，2012 年当時のものを使用しております。

目　　次

【第1編　製造技術と工業化技術】

第1章　電界紡糸法

1　製造技術開発の歴史と現在点 ……… **松本英俊** … 1
1.1　はじめに ……… 1
1.2　電界紡糸法 ……… 2
1.3　電界紡糸技術の歴史 ……… 3
1.4　電界紡糸法におけるナノファイバーの構造制御 ……… 4
1.5　電界紡糸技術の課題と研究開発の現状 ……… 7
2　大量紡糸 ……… **山下義裕** … 11
2.1　はじめに ……… 11
2.2　ノズル方式のエレクトロスピニング装置 ……… 11
2.3　ノズルを用いないエレクトロスピニング装置 ……… 16
3　溶融エレクトロスピニング紡糸法によるポリプロピレンナノファイバーの開発 ……… **小西玄一** … 22
3.1　溶融エレクトロスピニング法の意義 … 22
3.2　PPナノファイバーの有用性 ……… 23
3.3　近赤外線集光型溶融装置を用いたエレクトロスピニング紡糸法 ……… 23
3.4　今後の展望 ……… 24
4　バイオナノファイバーへの応用 ……… **宇山　浩** … 26
4.1　はじめに ……… 26
4.2　バイオ系高分子の電界紡糸 ……… 26
4.3　生分解性評価システム ……… 28
4.4　ドライスピニング ……… 29
4.5　電界紡糸による極細ファイバーと薬剤の複合化 ……… 31
4.6　おわりに ……… 31

第2章　その他の製造法

1　複合紡糸を応用したナノファイバー製造法 ……… **木村　勝** … 33
1.1　はじめに ……… 33
1.2　微細繊維の製造方法 ……… 33
1.3　複合紡糸法 ……… 34
1.4　PB法によるナノファイバーの製造法 ……… 35
1.5　応用例 ……… 37
1.6　まとめ ……… 40
2　炭酸ガスレーザー超音速延伸法 ……… **鈴木章泰** … 41
2.1　はじめに ……… 41
2.2　装置とナノファイバー化について … 41
2.3　繊維径と延伸条件との関係 ……… 44

2.4 炭酸ガスレーザー超音速マルチ延伸法 ………… 45
2.5 まとめ ………… 50

【第2編　用途展開の最前線】

第1章　エネルギー用部材

1 PVA系ナノファイバー不織布 ………… **岸本吉則** … 53
1.1 はじめに ………… 53
1.2 新規なエレクトロスピニング法（＝エレクトロバブルスピニング法）…… 53
1.3 機能分離型ナノファイバー複合不織布 ………… 55
1.4 セラミックス含有PVAナノファイバー ………… 56
2 プロトン伝導性ナノファイバー ………… **川上浩良** … 62
2.1 はじめに ………… 62
2.2 高分子形電解質膜の問題点 ……… 62
2.3 新規プロトン伝導性高分子形電解質膜 ………… 64
2.4 プロトン伝導性ナノファイバー含有複合膜の電解質膜特性 ………… 67
2.5 おわりに ………… 70

第2章　エアフィルター用部材

1 エアフィルターの高機能化とナノファイバーエアフィルター … **今野貴博** … 71
1.1 はじめに ………… 71
1.2 エアフィルターの高機能化 ……… 71
1.3 ナノファイバーエアフィルター … 73
1.4 ナノファイバーエアフィルターの用途展開 ………… 76
1.5 おわりに ………… 77

第3章　水処理用部材

1 ナノファイバー水処理膜 ………… **向井康人** … 78
1.1 はじめに ………… 78
1.2 膜の物性および試験方法 ………… 78
1.3 水透過性能の評価 ………… 79
1.4 粒子捕捉性能の評価 ………… 81
1.5 膜の調製条件の影響 ………… 82
1.6 総括および課題 ………… 83
2 次世代ナノ構造水処理膜 ………… **比嘉　充** … 85
2.1 はじめに ………… 85
2.2 正浸透膜 ………… 86
2.3 カーボンナノチューブ（CNT）膜 … 90
2.4 まとめ ………… 92
3 混合紡糸型キレート繊維 ………… **井上嘉則** … 93

3.1 はじめに ………………………………… 93
3.2 キレート繊維の調製 ………………… 93
3.3 湿式混合紡糸法によるキレート繊維の調製 ……………………………………… 94
3.4 キレート性高分子混合紡糸型キレート繊維の調製とその吸着特性 ……… 94
3.5 ナノファイバーへの展開 ………… 97

第4章　先進医療・衛生用部材

1　先進医療のためのナノファイバー材料 ……………………………… **兼子博章** … 100
1.1 医療分野におけるナノファイバーの隆盛 ……………………………………… 100
1.2 ナノファイバーの特徴と細胞接着性 ……………………………………………… 100
1.3 ナノファイバー成型体の立体加工とその利用 ………………………………… 102
1.4 ナノファイバー立体成型体（多孔体）による軟骨・骨の再生 …………… 103
1.5 ナノファイバー複合材料への展開 ……………………………………………… 104
1.6 人工細胞外マトリックスを目指して ……………………………………………… 105
1.7 今後の課題 ……………………………… 105
2　ファイバー材料と再生医療 ……………………………… **山岡哲二** … 107
2.1 はじめに ………………………………… 107
2.2 再生医療とファイバー材料 ……… 107
2.3 細胞・組織とファイバー材料の相互作用 ……………………………………… 109
2.4 再生型人工血管への組織浸潤性のコントロール ……………………………… 110
2.5 ナノファイバーの表面機能化修飾 ……………………………………………… 112
2.6 おわりに ………………………………… 114
3　ビタミンC添加ナノファイバー ……………………………… **白鳥世明** … 116
3.1 スキンケア応用としてのナノファイバー ……………………………………… 116
3.2 ビタミンC ……………………………… 116
3.3 L-アスコルビン酸含有PVACナノファイバー ……………………………… 118
3.4 まとめ …………………………………… 120

第5章　バイオナノファイバー

1　セルロース系バイオナノファイバー ………………………… **磯貝　明** … 122
1.1 はじめに ………………………………… 122
1.2 セルロースのTEMPO触媒酸化 … 122
1.3 TEMPO酸化セルロースナノファイバー ……………………………………… 125
1.4 TEMPO酸化セルロースナノファイバーの特性 ……………………………… 126
1.5 世界のナノセルロース研究開発状況 ……………………………………………… 128
1.6 今後の展開 ……………………………… 131
2　キチンナノファイバーの単離技術とその利用開発 ………… **伊福伸介** … 134
2.1 はじめに ………………………………… 134

2.2 生物の紡ぎ出すナノ繊維“バイオナノファイバー” …… 134
2.3 キチンナノファイバー補強透明プラスチックフィルム …… 138
2.4 おわりに …… 140

【第3編 新材料・新技術・新用途の最前線】

第1章 物質分離膜としての分子インプリントナノファイバー膜 吉川正和

1 はじめに …… 143
2 分子インプリント法 …… 144
3 簡易分子インプリント法 …… 145
4 分子インプリント膜による物質分離 …… 146
5 分子インプリントナノファイバー膜 …… 146
6 分子インプリントナノファイバー膜による物質分離 …… 149
7 分子インプリントナノファイバー膜の今後の展開 …… 153
7.1 より細いナノファイバー径を有する分子インプリントナノファイバー膜の調製 …… 154
7.2 分子認識部位のナノファイバー表面への局在化—1 …… 154
7.3 高い鋳型比での分子インプリントナノファイバー膜への変換 …… 155
7.4 分子認識部位のナノファイバー表面への局在化—2 …… 155
8 おわりに …… 156

第2章 カーボンナノチューブの用途展開 森田利夫

1 はじめに …… 159
2 VGCF® と VGCF®-X について …… 159
2.1 CNT の構造 …… 159
2.2 VGCF® と VGCF®-X の特徴 …… 159
3 リチウムイオン二次電池（LIB）用途 …… 160
3.1 サイクル特性改善 …… 161
3.2 高容量化 …… 161
3.3 電解液浸透性 …… 162
4 樹脂複合材用途 …… 163
4.1 導電性用途 …… 163
4.2 軽量化 …… 165
4.3 その他 …… 165
5 ナノリスク対策 …… 166

第3章 機能性フレキシブルガラス 平尾一之

1 はじめに …… 168
2 有機—無機ハイブリッド技術 …… 168
2.1 プロトン導電膜 …… 168
2.2 気体分離膜 …… 170
2.3 表示用フレキシブルディスプレーガラス …… 171
3 おわりに …… 172

第4章　金属ガラスナノワイヤー　中山幸仁

1　金属ガラスナノワイヤーの発見 …… 173
2　金属ガラスナノワイヤーの作製 …… 177
3　金属ガラスナノワイヤーの機械的特性評価 …… 178
4　おわりに …… 180

第5章　金属ナノワイヤー　下間靖彦

1　はじめに …… 182
2　$Nd_2Fe_{14}B$ 磁性ナノ粒子の作製 …… 183
3　$Nd_2Fe_{14}B$ 磁性ナノ粒子のキャラクタリゼーション …… 184
4　$Nd_2Fe_{14}B$ 磁性ナノ粒子の形成メカニズム …… 188
5　金属 Cu ナノワイヤーの作製 …… 190
6　金属 Cu ナノワイヤーの形成メカニズム …… 197
7　今後の展望 …… 198

第6章　有機無機複合ナノファイバー　小滝雅也

1　はじめに …… 201
2　エレクトロスピニング法 …… 201
2.1　原理 …… 201
2.2　大量生産 …… 202
3　有機無機複合ナノファイバー …… 202
3.1　粒子充填系ナノファイバー …… 202
3.2　芯鞘構造ナノファイバー …… 204
4　おわりに …… 206

第7章　ウェアラブルエレクトロニクス　鴻巣裕一，松本英俊

1　はじめに …… 208
2　ウェアラブルエレクトロニクス …… 208
3　研究開発の現状 …… 210
3.1　ファイバー／テキスタイル型電子回路基板 …… 210
3.2　導電性ファイバー及びテキスタイル …… 212
3.3　ファイバー型電源 …… 214
4　おわりに …… 215

第8章　エネルギーハーベスト材料技術の現状と今後の展望　川口武行

1　はじめに …… 217
2　エネルギーハーベスト技術開発の現状 …… 218
2.1　日米欧での技術開発状況 …… 218
2.2　光電変換デバイス …… 218
2.3　振動・圧電変換デバイス …… 220
2.4　熱電変換デバイス …… 223
3　現状の技術課題と技術開発の動向 … 224
4　エネルギーハーベストの今後の市場展望 …… 225

第1章　電界紡糸法

1　製造技術開発の歴史と現在点

松本英俊*

1.1　はじめに

超極細の繊維“ナノファイバー”は近年注目される1次元ナノ材料である。狭義の定義では，「直径が100 nm以下でアスペクト比（＝繊維長（L)/繊維直径（D））が100以上」の繊維を指す（図1）。実用的には，直径1 μm以下の繊維を指すことが多い。ナノファイバーはナノスケールの直径に由来する機能とマクロなスケールの長さに由来するハンドリングの容易さを併せ持つユニークな材料である[1)]。ナノファイバーの代表的な効果として，①比表面積が大きいこと（超比表面積効果），②サイズがナノスケールであること（ナノサイズ効果），③ファイバー内で分子が配列すること（分子配列効果）の3つが挙げられる[2)]。これらのナノファイバー効果に基づく機能の発現には，ナノファイバー製造時におけるファイバー直径とファイバー表面および内部構造の制御が特に重要である。

ナノファイバーの製造技術には，実験室レベルの超分子自己組織化やテンプレート重合紡糸から，工業規模での生産が可能な複合溶融紡糸，メルトブロー，化学的気相成長（CVD），電界紡糸，天然セルロースの微細化などいくつかの方法がある[3)]。

本節ではこの中で，汎用性の大きいナノファイバー製造法である電界紡糸法について，その原理と技術開発の歴史，さらに製造技術開発の課題と現状について解説する。

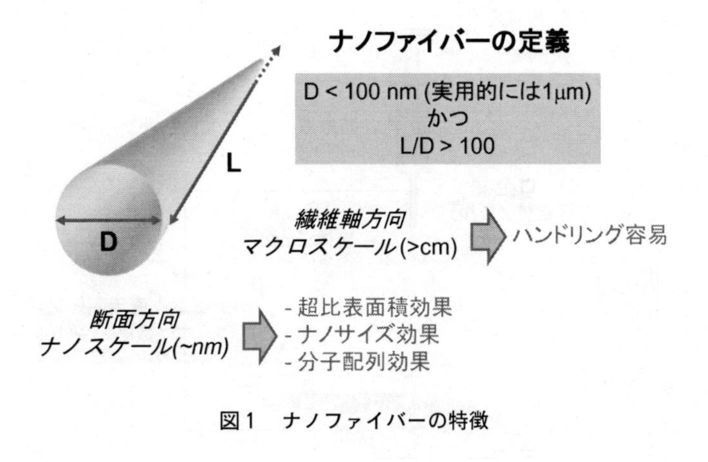

図1　ナノファイバーの特徴

＊ Hidetoshi Matsumoto　東京工業大学　大学院理工学研究科　有機・高分子物質専攻　准教授

1.2　電界紡糸法

電界紡糸法についてはすでに多くの優れた総説がある[4~7]。この方法は電気流体現象を利用した微細繊維の連続紡糸技術である。実験室レベルで使用される電界紡糸装置の基本的な構成を図2に示す。電場下では，紡糸ノズル（口金）先端の液体表面に電荷が誘起される。電場を大きくすると液体表面に誘起された電荷の反発によって，メニスカスが円錐状（“Taylor cone”，次項参照）に変形する。さらに電場を大きくしていくと，円錐状のメニスカスの頂点からコレクタ（対電極）に向かって液体が飛び出す。このとき，電場強度と溶液供給量を適切に制御すれば連続的な流体ジェットが形成される。このジェットは荷電しており，かつノズルから引き出された直後から溶媒の蒸発によってジェットの電荷密度が増加するため，コレクタに近づくほど静電反発力による延伸効果の増大によってジェット径が細くなる。静電的な延伸による直径の減少はジェットの剛性の低下を引き起こす。剛性が低下すると，ジェット径が太い場合は無視できたジェット表面の法線方向に作用する表面張力（Rayleigh-Plateau 不安定性）の寄与が顕在化し，ジェットはある時点から，不安定な鞭打ち運動（whipping）を伴いながらコレクタへ向かう[6,7]（図3）。直径が数 nm～数 μm 程度に細径化された電気的な流動場（流体ジェット）内に十分に絡み合うことができる量の高分子鎖が存在すれば，原理的にジェット径に対応する直径を持つ非常に微細な繊維の形成が可能になる。つまり電界紡糸は，電気流体現象により電場下で形成された微細な流動場（流体ジェット）をテンプレートとして利用した繊維製造法であるという言い方もできる。紡糸メカニズムのより詳細な議論については既報[8,9]を参照されたい。電界紡糸技術は，原料が流動性のあるもの（溶液或いは溶融体）であれば基本的には何にでも適用することができる。これまでに合成高分子，天然高分子，ゾル・ゲル前駆体など150種類を超える材料についてファイバー製造が報告されている[10]。さらに電界紡糸プロセスでは，コレクタ部分の設計によって不織

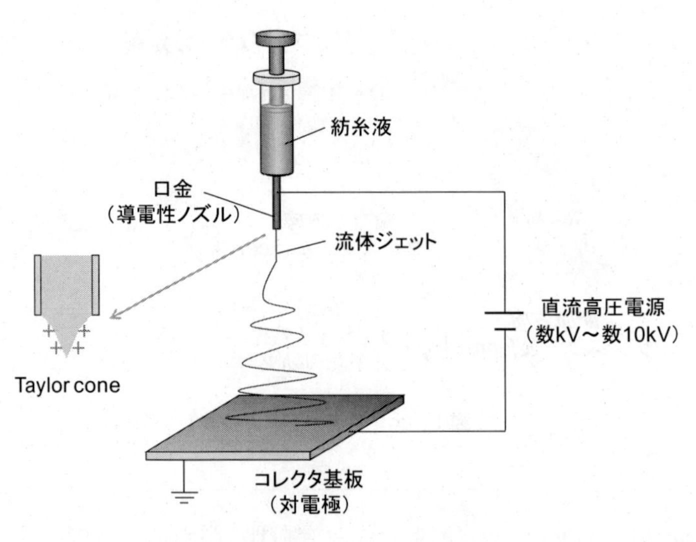

図2　電界紡糸装置の基本構成

布状シート，配列ファイバーシート，撚糸，3次元構造体など多様なファイバー集合体の形成が可能である。電界紡糸法によるナノファイバー集合体形成についてはRamakrishnaらの総説に詳しい[11]。

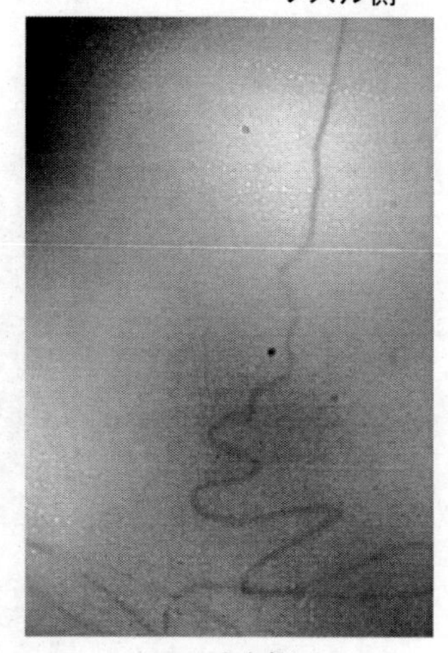

図3　電界紡糸において形成される流体ジェットの様子
（高速度カメラを用いて2000 frames/secで撮影）

1.3　電界紡糸技術の歴史

前項で述べたように電界紡糸は電気流体力学（Electro-hydrodynamics）を利用した紡糸技術である[12]。近年ナノテクノロジー分野では，ナノファイバーの製造に限らず，ナノ粒子の合成や計測においても電気流体現象が重要な役割を担っている[13~15]。この現象の歴史は非常に古く，1600年頃にW. Gilbertによって電場下における液滴の変形に関する最初の報告が行われており，これが電気流体力学の始まりとされている[16]。液体表面に高い電圧をかけると液滴が発生することは18世紀中ごろには既に知られており（1745年Bose），当初は科学の対象というよりむしろエンターテイメントとして関心を集めた[12]（図4）。このような時期を経て，1882年にイギリスのRayleigh卿によってはじめて，“エレクトロスプレー”現象が起こる条件，すなわち電場下において液滴が保持できる最大電荷量（“Rayleigh limit”）が推定された[17]。その後1914年に，アメリカ・イェール大学のJ. Zelenyによって，エレクトロスプレーは十分に大きな電場下において，荷電した液体表面に形成された円錐状のメニスカスの頂点から流体が飛び出し，液体の表面張力の影響（Rayleigh-Plateau不安定性）によって荷電した液滴に分裂する現象であることが明らかにされた[18]。1960年代には，イギリスのG. Taylor卿が電場下での液体の変形挙動（いわゆる“Taylor cone”の形成）[19]と流体ジェットの挙動（ジェットの液滴への分裂やジェットの鞭打ち運動（whipping））に関する理論的な研究を行った。イェール大学における研究はZelenyの後，M. Doleによる溶液からの高分子イオン形成の研究（1968年）を経て[20]，1989年のJohn. B. Fennによる質量分析計のエレクトロスプレーイオン化（ESI-MS）技術の開発（2002年ノーベール化学賞）につながった[21]。

一方，電気流体現象を利用した繊維の製造については，1902年にアメリカのJ. F. Cooley[22]とW. J. Morton[23]によって流体ジェットを利用した繊維形成を含む最初の特許が別々に出願された。その後，1934年にアメリカのA. Formhalsによって電界紡糸（“Electrospinning”）に関する最初の特許が出願された[24]。また旧ソ連では1938年に，L. Ya. Karpov研究所の2人の若い研究者N. D. RozenblumとI. V. Petryanov-Sokolovによって，エレクトロスプレー・アトマイザーの実験中の失敗から偶然発見されたファイバーを利用したエアーフィルターが開発された[25]。このフィルター（Petryanovフィルター）は数年後に工業化され，高効率の脱煙フィ

図4　18世紀のエレクトロスプレー実験の様子

1740年頃フランスのJean-Antonie Nollet（Abbé Nolletとしても知られる）による実験。電圧の印加にはバンデグラフを使用している（図版は1746年出版のJean-Antonie Nollet著“Essai sur l'électricité des corps”より）。

ルターとして使用された。これが電界紡糸ファイバーの最初の応用例である[26]。その後もフィルターや不織布の製造技術としての研究開発は続けられたが目立った動きはなかった。電界紡糸によってナノファイバーが作製できることは1971年にアメリカ・デュポン社のP. K. Baumgartenによってはじめて報告された[27]。最初の電界紡糸ナノファイバーはポリアクリロニトリルから作製され，最小で直径50 nmの極細ファイバーの形成が報告されている（この時点で“ナノファイバー”という用語はまだ使われていない）。1990年代に入ると，アメリカではナノテクノロジー政策（National Nanotechnology Initiative）の推進を背景に，アクロン大学のD. H. Renekerらの研究が契機となり[28]，電界紡糸法はナノスケールの直径を持つ繊維（ナノファイバー）の連続製造技術として再び脚光を浴びることになった。その後現在に至るまで研究開発が盛んに行われている。次項では“ナノファイバー効果”に基づく機能発現のキーになる，電界紡糸法を用いたナノファイバーの直径と表面および内部構造の制御について述べる。

1.4　電界紡糸法におけるナノファイバーの構造制御

1.4.1　ファイバー径

電界紡糸におけるファイバー形成は1.2項で述べたように主に紡糸液中の高分子鎖の絡み合いとジェットの延伸の程度によって決まる。また，ファイバーの直径は主にジェットの延伸とジェットの固化との競合によって決まる。従って電界紡糸では，紡糸液の溶液物性（粘度，電気伝導度，表面張力など）やプロセス条件（印加電圧，ノズル－基板間距離，溶液供給速度など）を調節することによって直径を制御することができる。アメリカ・アクロン大学のRenekerとイリノイ大学のYarinらは電気流体力学に基づいた理論モデルを提案しており，溶液物性や運転条件など13種類の因子がジェット径（ファイバー径）に与える影響について考察を行っている[29]。表1に電界紡糸法におけるファイバー径の制御因子をまとめる。

上記の制御因子のうち実用的に重要なのは溶液物性，特に紡糸液の粘度と電気伝導度である。図5に電界紡糸ファイバー直径に与える紡糸液の粘度と電気伝導度の影響を示す[30]。電界紡糸ファイバーの直径は，紡糸液粘度の増加に伴って増加し（図5a），電気伝導度の増加に伴って減少する（図5b）。前者では，紡糸液粘度は紡糸材料の分子量と濃度に依存するが，粘度が高いほ

表1　電界紡糸法におけるファイバー径制御因子

制御因子
溶液物性
粘度（分子量，溶質濃度）
電気伝導度
溶媒物性（表面張力，沸点，極性，誘電率）
プロセス条件
印加電圧（数kV～数10kV）
ノズル－基板間距離（数cm～数10cm）
紡糸液供給流速
ノズル（内径，形状，材料）
紡糸環境
温度
湿度

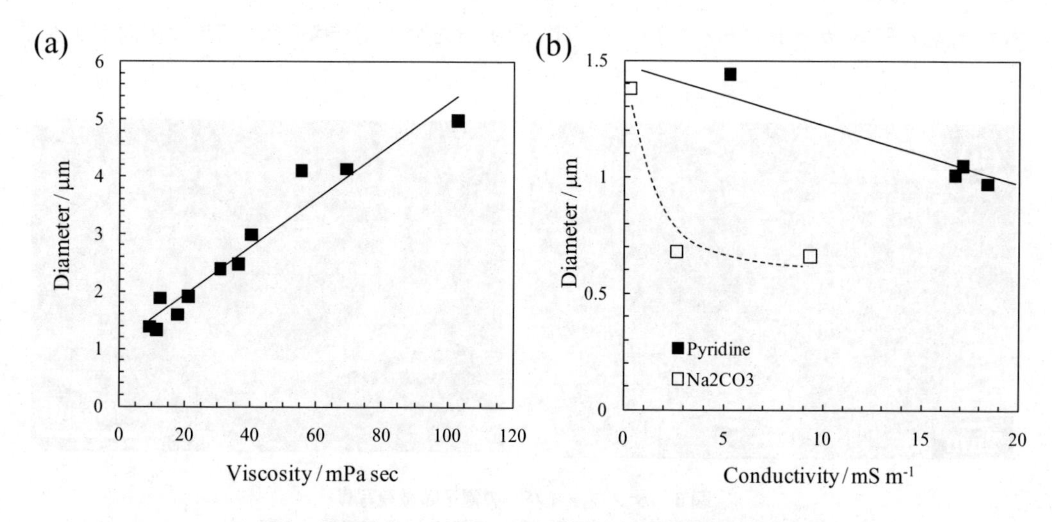

図5　電界紡糸ファイバーの直径に与える溶液物性の影響
(a) 溶液粘度の影響　(b) 溶液電気伝導度の影響[30]

どジェット内で高分子鎖の絡み合いが起こりやすくなるため，結果として太いファイバーが形成される。また，後者では，紡糸液の電気伝導度の増加に伴ってジェットに作用する静電反発力が大きくなるため，結果としてファイバー径が細くなる（注：紡糸液中の電気伝導度が大きすぎるとエレクトロスプレー現象自体が起こらなくなる）。

1.4.2　表面構造

ナノファイバーの表面に官能基やナノ構造体[31]など機能性のサイトを導入することによって，比表面積効果を最大限に活かしたナノファイバーの設計が可能になる（図6a）。たとえばナノファイバーの表面にイオン交換基を導入すれば交換容量や吸着量の大きなイオン交換ナノファイバーを作製することができる[32]。またナノファイバーの持つ比表面積をさらに大きくするためにファイバー表面を多孔化することもできる。図6bに電界紡糸法を用いて高湿度条件下で作製した表面多孔化ファイバーの電子顕微鏡写真を示す[11]。電界紡糸法では，紡糸液ジェットの相分離に影響を与える溶媒（特殊な溶媒或いは混合溶媒），溶質（2成分系），紡糸環境（湿度，凝固浴）などの検討によってファイバー表面の空孔形成及び孔径制御が可能である[5]。

1.4.3　内部構造

機械的強度，電気伝導性などナノファイバーの多くの物性はファイバー原料の化学（一次）構造だけでなくファイバー内部の高次構造に大きく依存する[1]。一般に溶液紡糸によって作製された繊維内部では規則構造が形成されにくいことが報告されているが，一部の結晶性高分子[33]や液晶高分子[34]では電界紡糸ファイバーに特有の内部構造の形成が報告されている。たとえば図7に示すように，電界紡糸法により作製されたポリフッ化ビニリデンナノファイバーではβ型結晶が選択的に形成され，さらに結晶はファイバー内で繊維軸方向に配向することが報告されている[35]。また，ナノ粒子やナノチューブなどナノ構造体のハイブリッド化による内部構造制御に関する研究も数多く報告されている[4~7]（図8a）。電気流体現象にもとづく電界紡糸法では，ファイバー内で液晶分子[34]やカーボンナノチューブ[36]（図8b）などの1次元構造体を高度に配向させるこ

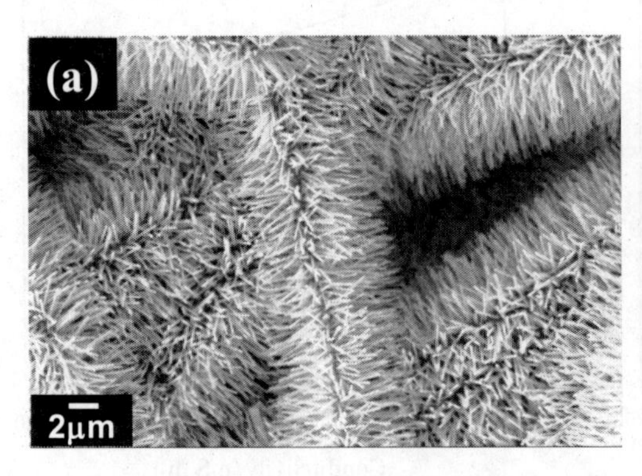

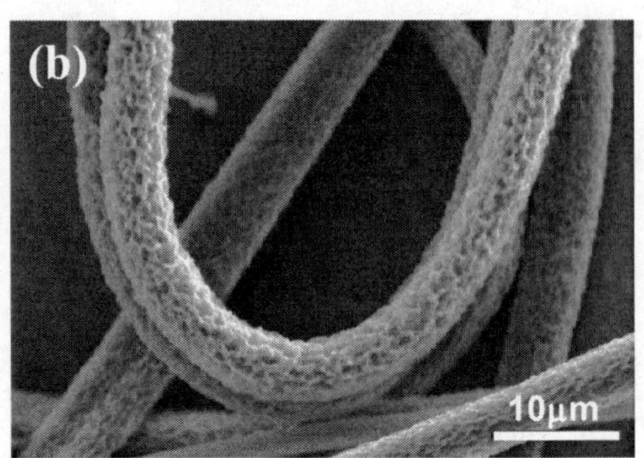

図6　ナノファイバーの電子顕微鏡写真

(a) ファイバー表面に酸化亜鉛ナノワイヤを導入した電界紡糸カーボンファイバー[31]

(b) 高湿度条件下で電界紡糸を行った表面多孔化ポリ（γ-ベンジル-L-グルタメート）ファイバー[11]

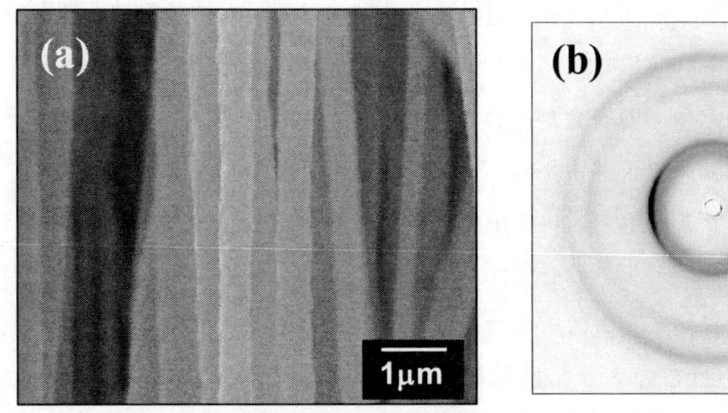

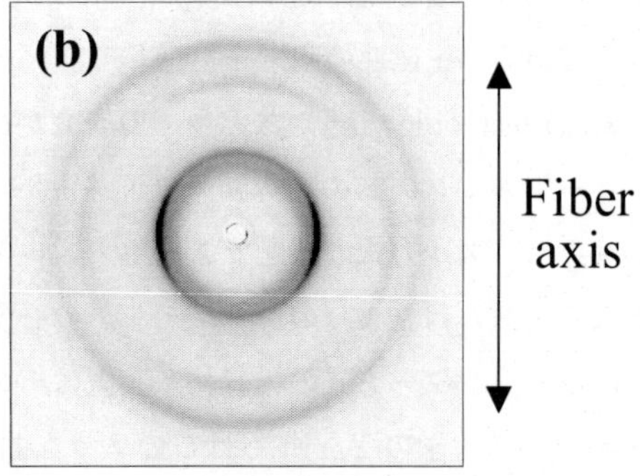

図 7　内部構造が制御された電界紡糸ポリフッ化ビニリデンナノファイバー
(a) 電子顕微鏡写真　(b) 広角 X 線回折パターン[35]

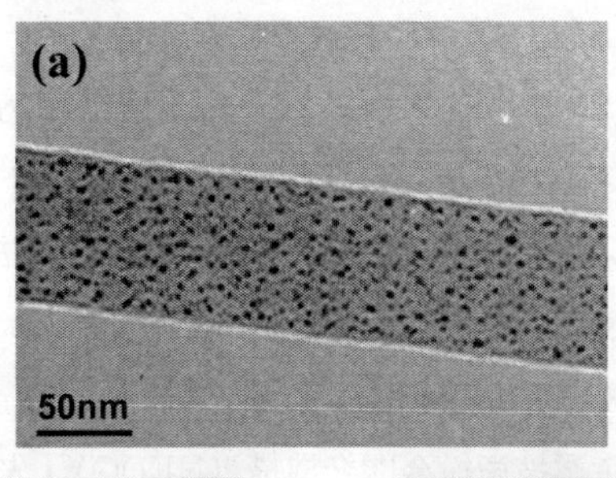

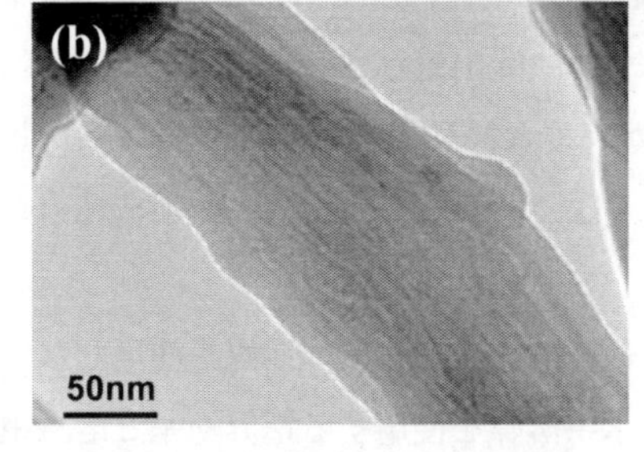

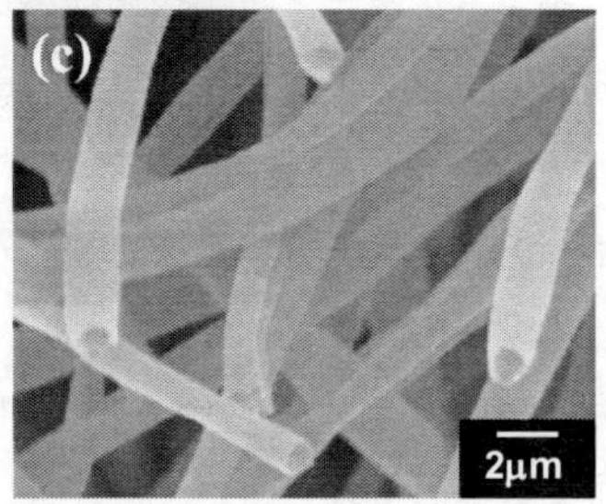

図 8　電界紡糸により作製されたナノファイバーの電子顕微鏡写真
(a) 銀ナノ粒子コンポジットナノファイバー
(b) カーボンナノチューブコンポジットナノファイバー[36]
(c) 同軸二重管ノズルを用いた電界紡糸により作製された中空イオン交換ナノファイバー (Nafion)[38]

とができる。ごく最近では，この特徴を利用して，カーボンナノチューブをコアにリチウム塩 ($LiFePO_4$) ナノワイヤとアモルファスカーボンをシェルとする同軸 3 層構造を持つナノファイバーの作製も報告されている[37]。この他に，同軸二重管ノズルを利用したコア・シェルナノファイバーや中空ナノファイバー[38] (図 8 c) の作製についても多くの研究が行われている[4~7]。

1.5　電界紡糸技術の課題と研究開発の現状

2010 年に発表された “Electrospinning” に関する学術論文は約 1,000 報を越えており[39]，電界紡糸法の研究は近年精力的に進められている。電界紡糸法における最も重要な技術課題は生産性の向上である。生産性の向上を目指して，マルチノズル方式やノズル部分にガスフローを供給する方式（Electroblowing）など多くの研究が行われている[40,41]。最近では，紡糸ノズルを使用しないニードルレス方式の電界紡糸（Needleless Electrospininng）が注目を集めている。この方式の利点はノズル方式の課題である単ノズルの生産性の低さを解決し，さらに量産時において問題となるノズル目詰まりのメンテナンスの必要がないことである[42]。ニードルレス方式の一つである回転シリンダー方式の電界紡糸装置はチェコ・エルマルコ社から市販されている[43]。アメリカ・イリノイ大学の Yarin らはこのような曲面上に展開した溶液からの電界紡糸について理論的なモデルを提案している[44]。ニードルレス方式では他にも，遠心力を利用した電界紡糸プロセスの開発が進められている。ドイツ・デンケンドルフ繊維研究所（ITV Denkendorf）の遠心紡糸（Centrifuge Spinning）やアメリカ・ハーバード大学のロータリージェットスピニング（Rotary Jet-Spinning）である。前者は高速回転するセンターベルの遠心力によって紡糸を行い，電場とエアーによってコレクタ上にファイバーを捕集する方法であり，量産プロセスとして開発が進められている[42]。後者は紡糸孔を持つシリンダーヘッドに電圧を印加した状態で高速回転させ，周囲に設置したコレクタ上にファイバーを捕集する方法である。遠心力を使うため既存プロセスより印加電圧が小さくてすみ，既存プロセスでは難しい電気伝導度の高い溶液の紡糸も可能である[45]。上記以外にも，新しい原理に基づくノズルの開発が進められている。我が国で実施された，新エネルギー・産業技術総合開発機構（NEDO）「先端機能発現型新構造繊維部材基盤技術の開発プロジェクト」(2006～2010 年度）では，吐出量がきわめて大きく（4～100 mL/min)，かつナノファイバー直径の高精度な制御が可能な高性能ノズルの開発に成功した。このノズルはマルチノズルにした場合でも電界の干渉がなく，かつ安全性も高く消費電力もきわめて少ないため，大型化にも適している。

生産性の向上以外に，安全性の向上と環境負荷低減の観点から有機溶媒を使用しない電界紡糸に関する研究も進められている。これらの研究は水系溶媒を使用する電界紡糸と溶融電界紡糸に大別される。水系溶媒からの電界紡糸に関しては，アメリカ陸軍 Natick 研究センターによる水溶液中でゲル化する高分子に対して水溶性高分子と界面活性剤の複合体を助剤として紡糸する方法[46]やドイツ・マールブルグ大学による水溶性ラテックス分散液に水溶性高分子（助剤）を加えて紡糸を行い，紡糸後に助剤を除去する方法（Green Electrospinning）[47]が提案されている。一方，溶媒を使用しない溶融プロセスは高分子成形加工技術開発における近年のトレンドであり，電界紡糸においても溶融体からの紡糸に関する研究が進められている。現状では細径化が十分には達成されていない。詳細については既存の総説[48,49]を参照されたい。

現在の電界紡糸法を用いたナノファイバーに関する研究では，ファイバー径が最小でも 100 nm 近傍のナノファイバーの作製に関する報告が多い。将来的には電界紡糸法による直径 50 nm 以下のファイバーの高精度かつ量産可能な作製技術の確立が求められている。たとえば有機薄膜太陽電池の効率向上のために，理想的な有機半導体の構造として直径が 20 nm 程度の

1次元ナノ構造が有望視されている[50]。現状では有機半導体ナノファイバーの多くは結晶化や自己組織化によって作製されている。電界紡糸技術が一日も早く“True Nanotechnology”のツールとなることを期待したい。

謝辞

本節で紹介した内容の一部は東京工業大学において谷岡明彦教授の指導の下，スタッフ・学生と行ったものである。ここに謝意を表する。

文　　献

1）H. Matsumoto and A. Tanioka, *Membranes*, **1**(3), 249-264 (2011)
2）本宮達也, 図解よくわかるナノファイバー, p.86, 日刊工業新聞社 (2006)
3）谷岡明彦, 工業材料, **58**(6), p.18-21 (2010)
4）D. Li and Y. Xia, *Adv. Mater.*, **16**, 1151-1170 (2004)
5）A. Greiner and J. H. Wendorff, *Angew. Chem. Int. Ed.*, **46**(30), p.5670-5703 (2007)
6）D. H. Reneker and A. L. Yarin, *Polymer*, **49**, 2387-2425 (2008)
7）M. Ma and G. C. Rutledge, “Comprehensive Polymer Science, 2nd Edition” (K. Matyjaszewski and M. Möller *Eds.*), Chapter 7.13, Elsevier (2011)
8）M. Hohman, M. Shin, G. Rutledge, M. P. Brenner, *Phys. Fluids*, **13**(8), 2201-2220 (2001)
9）M. Hohman, M. Shin, G. Rutledge, M. P. Brenner, *Phys. Fluids*, **13**(8), 2221-2236 (2001)
10）松本英俊, 膜, **35**(3), p.113-118 (2010)
11）W. E. Teo and S. Ramakrishna, *Nanotechnology*, **17**, R89-R106 (2006)
12）M. J. Laudenslager and W. M. Sigmund, *Am. Ceram. Soc. Bull.*, **90**(2), 22-26 (2011)
13）山形豊, 松本英俊, 高分子, **52**(11), p.829-832 (2003)
14）W. Lenggoro, 奥山喜久夫, エアロゾル研究, **20**(2), p.116-122 (2005)
15）O. V. Salata, *Curr. Nanosci.*, **1**, 25-33 (2005)
16）W. Gilbert, “De Magnete, Magneticisque Corporibus, et de Magno Magnete Tellure (On the Magnet and Magnetic Bodies and on That Great Magnet the Earth)”, Peter Short (1628)
17）L. Rayleigh, *Philos. Mag.*, **14**, 184 (1882)
18）J. Zeleny, *Phys. Rev.*, **3**, 69 (1914)
19）G. Taylor, *Proc. R. Soc. London, A, Math. Phys. Sci.*, **280**, 383 (1964)
20）M. Dole *et al.*, *J. Chem. Phys.*, **49**(5), 2240 (1968)
21）J. B. Fenn *et al.*, *Science*, **246**, 64-71 (1989)
22）J. F. Cooley, US Patent No.692, 631 (1902)
23）W. J. Morton, US Patent No.705, 691 (1902)
24）A. Formhals, US Patent No.1, 975, 504 (1934)
25）N. A. Fuks and I. V. Petryanov-Sokolov, Soviet Patent, No.3444 (1938)

26) Y. Filatov *et al.*, "Electrospinning of Micro- and Nanofibers: Fundamentals and Applications in Separation and Filtration Process", Begell House Inc. (2007)
27) P. K. Baumgarten, *J. Colloid Interface Sci.*, **36**(1), 71-79 (1971)
28) J. Doshi and D. H. Reneker, *J. Electrost.*, **35**, 151-160 (1995)
29) C. J. Thompson, C. G. Chase, A.L. Yarin, D. H. Reneker, *Polymer*, **48**, 6913-6922 (2007)
30) S. Imaizumi, H. Matsumoto *et al.*, *Polym. J.*, **41**, 1124-1128 (2009)
31) 松本英俊, 今泉伸治, ナノファイバー学会誌, **1**(1), 23-26 (2010)
32) S. Imaizumi, H. Matsumoto *et al.*, RSC Abv., published on the web 20 Jan 2012
33) 稲井龍二, 小滝雅也, 成形加工, **22**(2), p.79-86 (2010)
34) 松本英俊, 繊維学会誌 (繊維と工業), **67**(9), p.272-274 (2011)
35) M. Nasir, H. Matsumoto *et al.*, *J. Polym. Sci. B: Polym. Phys. Edn.*, **44**, 779-786 (2006)
36) 四方孝幸, 今泉伸治, 鴻巣裕一, 松本英俊ら, 繊維学会予稿集, **65**(3), p.76 (2010)
37) E. Hosono *et al.*, *ACS Appl. Mater. Interfaces*, **2**(1), 212-218 (2010)
38) 松本英俊, 永田高章ら, 高分子討論会予稿集, **55**(2), p.3438 (2006)
39) ISI Web of Knowledge in December 2011
40) F.-L. Zhou *et al.*, *Polym. Int.*, **58**, 331-342 (2009)
41) G. G. Chase, J. S. Varabhas and D. H. Reneker, *J. Eng. Fiber. Fabr.*, **6**(3), 32-38 (2011)
42) 松本英俊, 工業材料, **58**(6), p.22-25 (2010)
43) エルマルコ社：ウェブサイト (http:///www.elmarco.com)
44) T. Miloh, B. Spivak and A. L. Yarin, *J. Appl. Phys.*, **106**, 114910/1-8 (2009)
45) M. R. Badrossamay *et al.*, *Nano Lett.*, **10**, 2257-2261 (2010)
46) R. Nagarajan, C. Drew and C. M. Mello, *J. Phys. Chem. C.*, **111**, 16105-16108 (2007)
47) S. Agarwal and A. Greiner, *Polym. Adv. Technol.*, **22**, 372-378 (2100)
48) D. W. Hutmacher and P. D. Dalton, *Chem. Asian J.*, **6**, 44-56 (2011)
49) A. Góra *et al.*, *Polym. Rev.*, **51**, 265-287 (2011)
50) S. H. Park *et al.*, *Nature Photonics*, **3**, 297-303 (2009)

2　大量紡糸

山下義裕*

2.1　はじめに

エレクトロスピニング法を用いることでほとんどのポリマー溶液からナノファイバーを作製することが可能である。そのため数多くの研究がなされている。その一方で大量紡糸によりメルトブローン不織布より高性能な不織布を作製したいという願望は強いが，量産化に向けてやっと取り組みが始まった段階である。ノズル方式のエレクトロスピニングに関しては日本国内では日本バイリーンと帝人が多くの研究や特許を出願している。エレクトロスピニングの大量紡糸の現状はノズルを用いる方式とノズルを用いない方式に分かれる。それぞれの利点や欠点を解説しながら将来への可能性について述べる。

2.2　ノズル方式のエレクトロスピニング装置

ノズル方式での装置の基本構造はファインテック社の特許[1,2]に見られるように複数のノズルを用いて大量紡糸する方法である（図1，2）。ノズルへの溶液の供給は図2にあるようにノズルの上部に溶液タンクを設置し，タンクの液量を一定以上に保つことで静水圧により各ノズルに溶液を安定して供給する方法が最も簡単である。

この方式の欠点としてはノズルから大きな液滴が飛び出した場合，それがナノファイバーを溶かしてしまい，その部分はピンホールもしくはフィルムになってしまう。大量のノズルからのスピニングではどうしても液滴の飛散が起こりやすくシャワーのように上から下にエレクトロスピニングする方式ではそれを防止することができない。

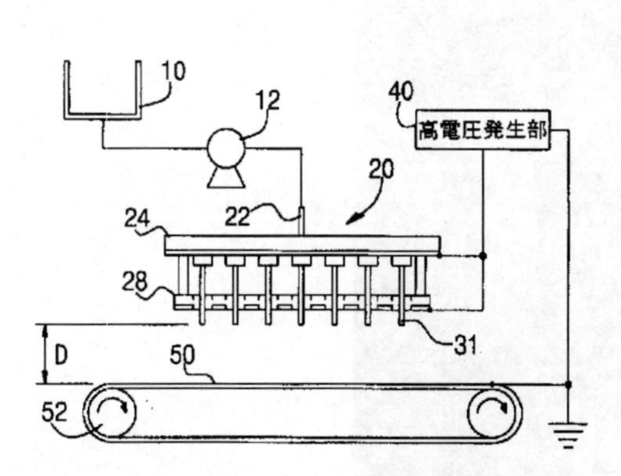

図1　JPA-2002-201559 に記載のマルチノズルエレクトロスピニング装置[1]

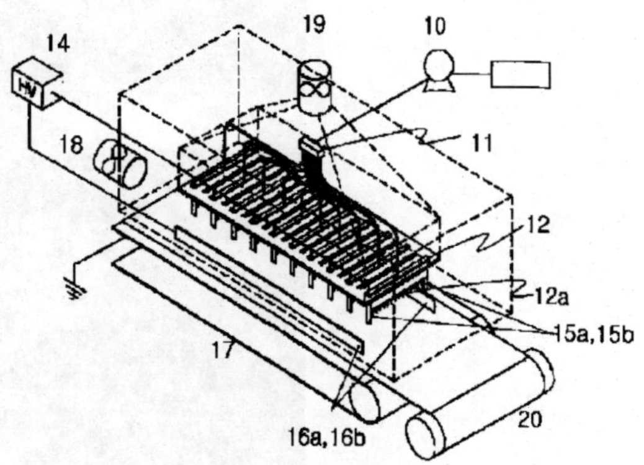

図2　JPA-2006-527911 に記載のマルチノズルエレクトロスピニング装置[2]

＊　Yoshihiro Yamashita　滋賀県立大学　工学部　講師

そのためノズルを縦に配置したり，ノズルをターゲットの下部に配置して，下から上にスピニングをする方法が一般的になっている。しかしノズルを縦に配置した場合にはスペースは狭くできるがノズルの高さが異なるとその高さごとにシリンジポンプを配置しないとノズルからのスピニング量が一定にならない。ノズルを縦に配置した装置としてはカトーテック社の装置がある(図３)。下から上へのスピニング装置は信州大学の金翼水先生のアイデアをもとにTOPTEC社が製品化している（図４)。ノズルを固定している台全体が振動することでムラのないナノファイバー不織布を作成可能である。

図３　カトーテック社製の縦型ノズル方式のエレクトロスピニング装置

図４　TOPTEC社製の下から上へのノズル方式のエレクトロスピニング装置

2.2.1　ノズル同士の電界干渉

ノズル方式では単にノズル本数を増やせば生産量が増えると思われがちだが実際はそうではない。ノズルが10本程度であれば1 cm間隔でもエレクトロスピニングが可能であるが，さらにノズルが多くなれば電界の干渉のために，ターゲット電極の形状を工夫しないとすべてのノズルからエレクトロスピニングさせることは不可能である。ノズル間隔が10 cm以上あれば電界の干渉はかなり低減されるが目付量が低下する。そのため図2のように面でノズルを多数配置するのは好ましくなく，列で配置してその列間隔を広めにとることが望ましい。図5は我々が行った1列に60本を配置した装置を用いて，列の間隔を10 cmにした場合と20 cmにした場合の結果を示した。比較のために80本の結果を示した。その結果120本を10 cmの間隔で配置するとエレクトロスピニングできないノズルが存在し，有効ノズル本数は80本と同等であることがわかる。列間隔距離を20 cmにすると目付量は増加した。そのためエレクトロスピニングのノズル間隔はできるだけ広くすることでナノファイバー中に含まれている在留溶媒の乾燥も可能となりよりよい生産性が得られる。

2.2.2　樹脂ディスポノズル方式[3)]

ラボレベルの装置ではポリマー溶液を交換するたびにノズル洗浄をしなくてはならない。またノズルが詰まってしまう場合も多い。そこでディスポタイプのノズルを備えたエレクトロスピニング装置を我々は提案した。ディスポノズルは10本のノズルが一つになっており，ノズル先端にはさらに細い樹脂ノズルを取り付けることも可能である。溶液は各列ごとにシリンジポンプを備えており，理論的には横に60本，縦に7列のノズルを取り付けることが可能である（図6）。

2.2.3　紡糸口方式[4)]

メック社はノズル方式ではあるが，ニードルではないノズルを提案している。これは細いスリットの間にポリマー溶液を流して，溶液供給部に取り付けられたガイドを利用してテーラーコーンを作りやすくする工夫がなされたノズルである。またこのノズル形状を湾曲させることでノズル

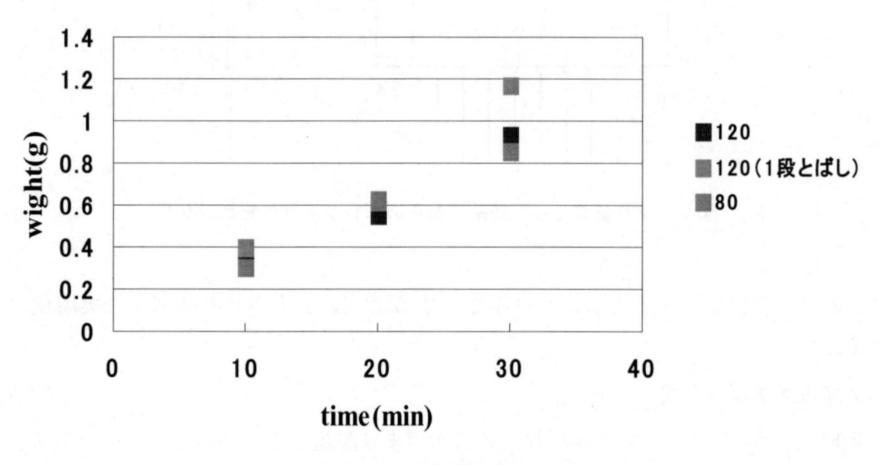

図5　異なるノズル間隔における生産量

図6　ディスポタイプの樹脂ノズルによるエレクトロスピニング

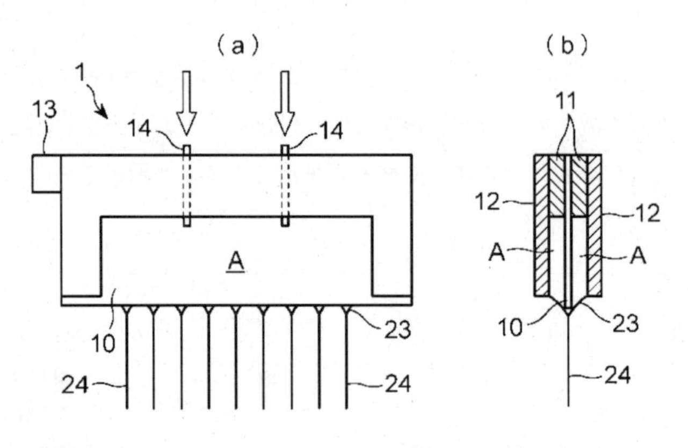

図7　マルチジェット紡糸口からのエレクトロスピニング[4)]

間距離を広げ，電界の干渉をできるだけ小さくするように工夫されたノズルを実用化している（図7，8）。

2.2.4　ノズルスプレー方式

エレクトロスピニングではノズル汚れ，ノズルづまりが起こる。この原因は2つある。一つはテーラーコーンの先端からスピニングされる量は限られているのでそれ以上に溶液が供給される

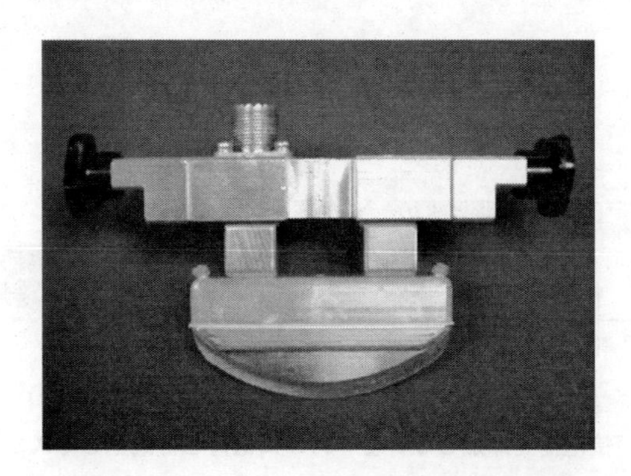

図8　湾曲をつけたマルチジェット紡糸口[12)]

とテーラーコーンが次第に大きくなり，テーラーコーンの周りからは溶媒が蒸発して固化してしまう。この傾向はノズルが複数になると顕著である。またスピニングされたナノファイバーがターゲット電極に飛んでいかないで，ノズル付近に付着することも起こる。そのため定期的にノズルクリーニングが必要になる。そこでノズル先端にテーラーコーンを形成してエレクトロスピニングするのではなく，ノズルからは液滴を粒子状にスプレーして，粒子を引き延ばしてナノファイバーを形成されることができれば好都合である。電荷をもった液滴が繊維化することは平林らによって報告されている[5)]。谷岡ら[6)]は平衡電場の中にノズルからスプレーすることによって液滴を繊維化し，それを風速1.5 m/sを利用してターゲット上に堆積させた（図9）。この時，スプレーノズルをテフロン樹脂か金属ノズルでもグランドに落とすことによってビーズの発生は抑えることができた。

このノズルスプレー方式を利用した大量紡糸装置（図10）[12)]は，カトーテック㈱や関西電子㈱から発売されている。

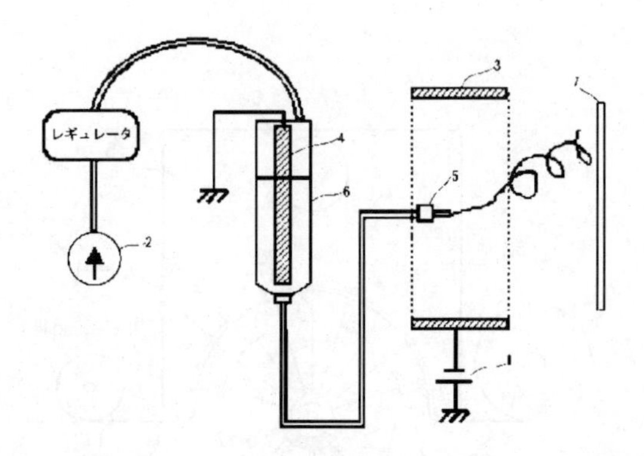

図9　ノズルに直接電荷を印加しないで空気中にスプレーされた粒子を繊維化するエレクトロスピニング法[6)]

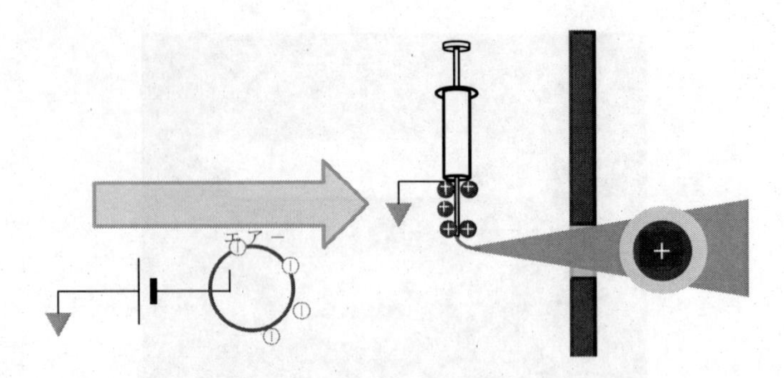

図 10　ノズルに直接電荷を印加しないでノズルに電荷を帯電させてスピニングする方法[12]

2.2.5　大量紡糸に最適なポリマー溶液

エレクトロスピニングは溶媒に溶解可能なポリマーならばほとんどの種類のポリマーをナノファイバー化することが可能であるが，有機溶媒を用いる場合は溶媒の回収や防爆という設備が必要となる。そのため現在では水溶性ポリマーである PVA，PEO，PVP が用いられている。またユニチカのポリオレフィン懸濁水溶液「アローベース」を用いることで，溶媒は水系でありながら，水に不溶なナノファイバーを得ることができるので期待されている。

2.3　ノズルを用いないエレクトロスピニング装置

2.3.1　ドラム方式[7]

エルマルコはノズルを用いないでドラムを用いたエレクトロスピニング装置を開発し世界中を驚かせた。この方式ではフラットな鏡面をもつステンレスドラムの表面にテーラーコーンを形成させることでエレクトロスピニングを行う方法である。ドラムが回転することで均一な厚みのポリマー溶液を連続して供給することが可能である。電荷はドラムの端で一番高くなるために，まずドラムの端からスピニングが始まる（図 11，12）。

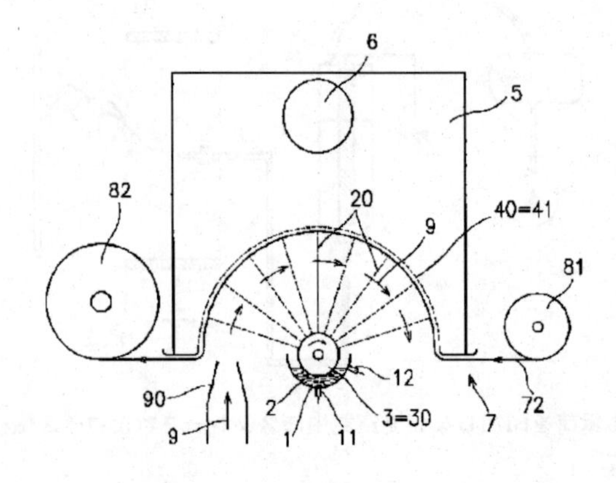

図 11　エルマルコ社のドラム型エレクトロスピニング装置の概要[7]

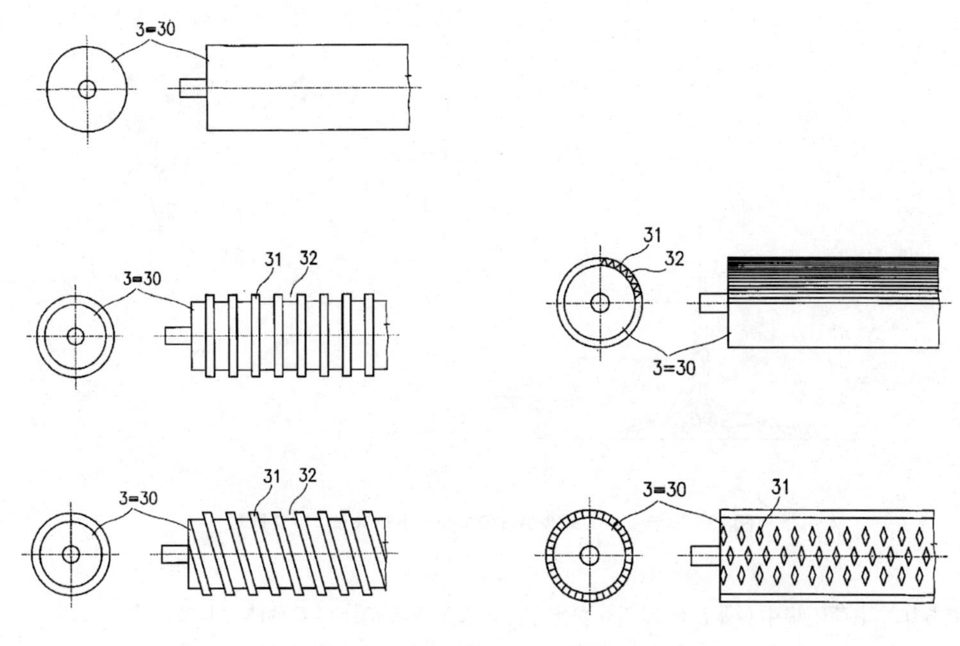

図12　エルマルコ社の種々のドラム形状[7)]

我々はPVA溶液を用いてフラットなドラムだけでなく，ドラムの表面に金属メッシュをはりつけた形状や，金属用研磨紙などさまざまな凹凸をもつ表面で検証したところ，金属用研磨紙のような微細な凹凸をもつ表面が一番すぐれていた。これは微細な凹凸に電荷が集中しテーラーコーンを形成しやすいこと，ポリマー溶液がドラムの回転数や粘度によらず均一に保持されやすいことが要因と思われる。このドラム本体はテフロンなどの絶縁性材料でもよく，ドラムの表面のみが導電性材料であればよい。

このようにドラム方式は非常にユニークであるが，電荷の集中は不安定であり，電流のロスも大きい。また一般的に水のような表面張力の大きな溶媒を用いた場合にはテーラーコーンが容易に形成されるが有機溶媒の場合はテーラーコーンが形成されにくいだけでなく，ドラムを浸している容器からの溶媒の蒸発を制御する工夫や適度な送風によりエレクトロスピニングされたナノファイバーから溶媒の蒸発を促進する工夫も必要である。しかし送風は電界の乱れを同時に引き起こしエレクトロスピニングを妨げる原因にもなる。またドラム方式ではドラムから発生するスピニング本数が非常に多いために図13に示すように十分な静電反発をすることができない。またスピニング量が多いためにビーズも多く含まれる。

2.3.2　ワイヤーノズル方式[8,9)]

エルマルコ社は導電性ワイヤー表面にポリマー溶液を塗布してそのワイヤーに電荷を印加することでエレクトロスピニングする方法を提案している。彼らがこの方式を採用している利点は2つある。一つはドラムよりもワイヤーの方が電荷の集中が起こりやすい。ドラムの場合，均一な電界が得られるわけではなく，ドラムの端に電荷は集中する。一方，ワイヤーの直径は1mm以

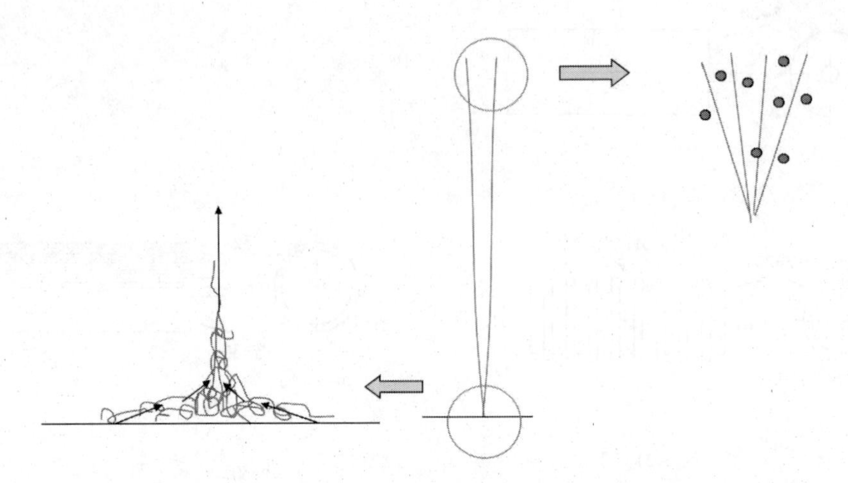

図13　フラットノズルからのエレクトロスピニング原理

下であり，電荷の集中が非常に起こりやすく，またドラムに比べて全体として，電圧と電流量を低減させることができるのでスパークなどの危険性も低減される。ワイヤー上に塗布されたポリマー溶液はワイヤー上で液滴となり，その液滴表面にテーラーコーンができることでエレクトロスピニングされる。ワイヤー上にポリマー溶液を塗布する方法としてはワイヤードラムを回転させてポリマー溶液を浸す方式[8]（図14）とワイヤー表面に直接ポリマー溶液を塗布する方法[9]（図15）の2種類がある。

小型のラボ機は前者を，大型機は後者を採用している。またワイヤー上を左右に移動される塗布部を備えた装置も採用している。ワイヤー上への塗布の方法については塗布部が電極間の電界を乱しているので今後の改良が必要である。

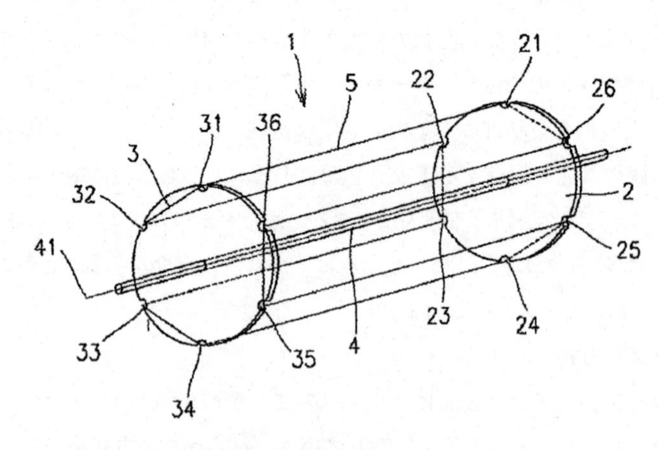

図14　エルマルコ社の回転型ワイヤードラムノズル[8]

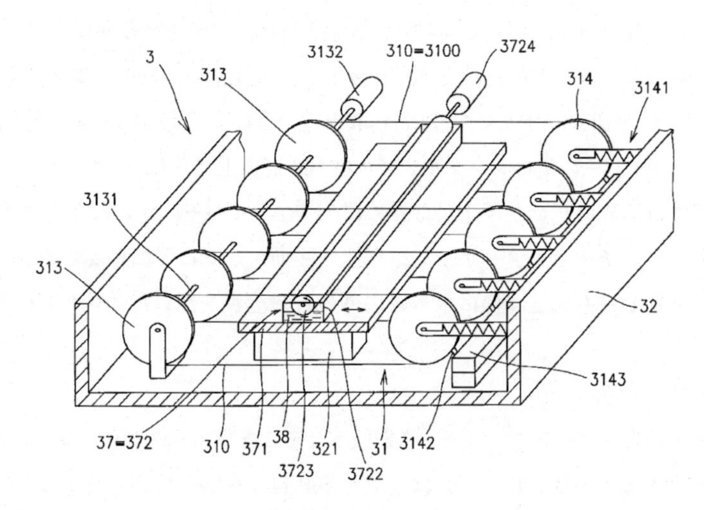

図15　エルマルコ社の塗布型ワイヤーエレクトロスピニング装置[9)]

2.3.3　スパイラルコイルノズル方式[10)]

オーストラリア　ディーキン大学の Wang 先生らはスパイラルコイル方式のノズルを用いている（図16)。この方式はドラム方式とワイヤー方式の利点を同時に取り入れた方法である。ワイヤーがスパイラルになっているためにターゲットにはナノファイバーが均一に積層される。

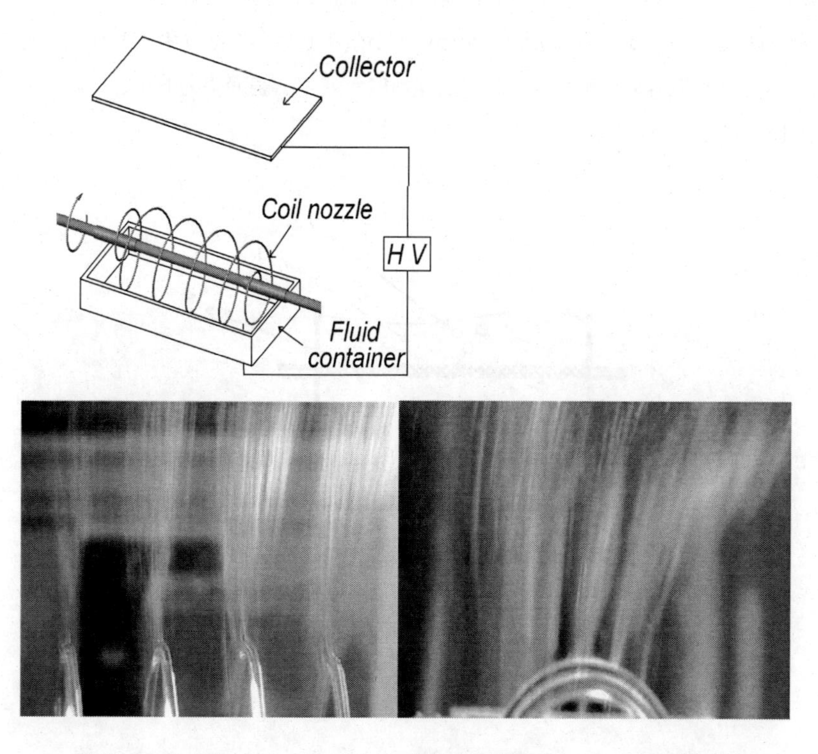

図16　コイル型エレクトロスピニング装置の概要とスピニングの様子[10)]

我々も彼らと同一な装置を試作して検討した。幅 10 cm，コイル径 5 cm，コイル太さ 2 mm のスパイラルを作製した。コイルの先端とターゲットまでの距離は 10 cm である。コイルの回転速度は 3 rpm で行った。10 wt%PVA 溶液に 30-40 kV の高電圧を印加した。その結果，単位時間に得られるナノファイバーの量はシングルノズルの 100 倍以上だった。ただしターゲットドラムが固定された状態では溶媒の蒸発が不十分なためにナノファイバー同士が凝集したり，静電反発が不十分になりやすい。そのためターゲットを高速で移動させることが必要である。このスパイラルコイル方式はワイヤー方式と同様に水溶媒以外の有機溶媒を用いたエレクトロスピニングが可能である。

2.3.4 バブル方式[11)]

廣瀬製紙はバブル表面にテーラーコーンを形成させることでエレクトロスピニングを行うという画期的な手法を考案した（図 17）。これは空気を多孔質膜を通して送りだすことによりポリマー水溶液中にバブル（泡）を発生させる。このポリマー溶液には高電圧が印加されている。バブルの表面にテーラーコーンが形成されそこからスピニングが開始される。作成例として PVA の 20 wt%水溶液に 40 kV の電圧を印加し，バブル表面から 8 cm の距離にターゲットを設置する。この条件はほぼドラム方式と同じである。

バブル法の利点はノズルを用いる必要がなく，またバブルにより電荷の集中とテーラーコーンの形成がなされるので，広い面積へのスピニングが可能となる。欠点としては，エレクトロスピニング可能な条件がバブルサイズ，溶液粘度，溶液の表面張力に左右されること。また溶液全体に電圧を印加しているので溶液層の深さが浅い方が望ましいが，そうするとバブル径の制御が難しくなる。さらに水以外の溶媒では溶媒の蒸発速度が速く，表面張力も小さいのでエレクトロスピニングが困難になりやすい。

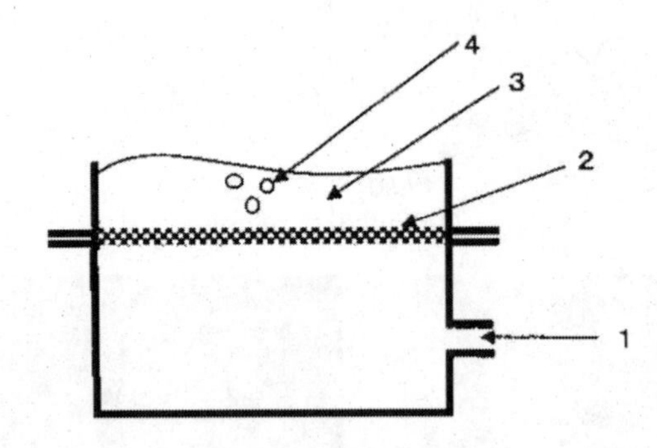

図 17　バブル法によるエレクトロスピニング装置[11)]

文　　献

1）JPA-2002-201559
2）JPA-2006-527911
3）JPA2010-31398
4）JPA2010-7202
5）平林集“エレクトロスプレーにおけるテーラーコーンの形成”，繊維機械学会誌，Vol.64, No.11, pp.657-661（2011）
6）JPA2011-102445
7）JPA-2007-505224
8）JPA-2010-502846
9）JPA-2010-533797
10）X. Wang, T. Lin *et al.*, Polymer Engineering & Science, 1582-1586（2009）
11）JPA-2008-025057
12）2011年度ナノファイバー研究会公開講演要旨集（2012.2.3）

3　溶融エレクトロスピニング紡糸法によるポリプロピレンナノファイバーの開発

小西玄一*

3.1　溶融エレクトロスピニング法の意義

ナノファイバーは，その表面積が非常に大きく，強度的にも優れているため，高性能フィルター，電池セパレーター，電磁波シールド材，人工血管，細胞培養基材，IC チップ，有機 EL，太陽電池等の性能を格段に向上させる部材として期待されており，いくつかは実際に実用化されている。しかしながら繊維径が非常に細いため，原料ポリマーの種類によっては，延伸紡糸法による製造が困難であり，近年，溶液型エレクトロスピニング法を用いた製造法が盛んに研究されている。この溶液型エレクトロスピニング法は，図1に示すように，ポリマーを溶媒に溶解した溶液をノズルからターゲットに向け流すとともに，ノズルがプラス電極になり，ターゲットがマイナス電極になるように5～100 kV の高電圧を印加する方法である。延伸紡糸法との違いは，得られるファイバーが蜘蛛の巣のような不織布になることである。

エレクトロスピニング紡糸法の応用上の欠点は，ポリマー溶液を用いることであり，ナノファイバー製造時に大量の溶媒が大気中に暴露されることである。そのため，水を溶媒として用いた場合を除いて，製造時に溶媒回収が必要であり，大量生産を指向すると化学プラントのような設備が必要となる。従ってこの方法は，製品の価格によるが，安価なものを製造する場合は，工業レヴェルでは現実的ではない。

このような観点から，有機溶媒を使用することのない，熱可塑性樹脂を融解エレクトロスピニング紡糸法が開発されている。改良点は単純で，ポリマー溶液ではなく，溶融状態のポリマーに電圧を印加するだけの違いである。特許文献の例としては，ノズルをプラスに帯電させ，ノズル内でファイバーを送り出しながら，ノズル先端にレーザー照射してポリマーを融解するエレクトロスピニングする方法がある[1,2]。本稿では，それらとは別に筆者がカトーテックと共同開発した，ポリプロピレンナノファイバーの量産法を目指した近赤外線集光法を特徴とする溶融型エレクトロスピニング紡糸法について紹介する。

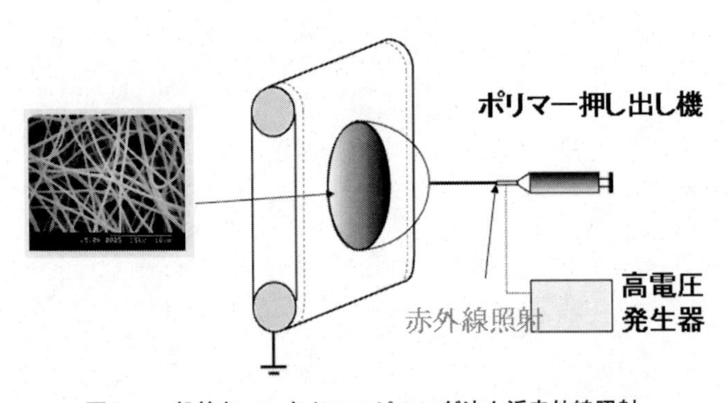

図1　一般的なエレクトロスピニング法と近赤外線照射

---

*　Gen-ichi Konishi　東京工業大学　理工学研究科　准教授

3.2 PPナノファイバーの有用性

さて本稿では，ポリプロピレン（PP）ナノファイバーをターゲットとしている。PPは，熱可塑性樹脂であり，自動車部品，包装材料，繊維等，幅広く利用される汎用樹脂である。その特徴として，比重が極めて小さく，強度に優れ，吸湿性がなく，耐薬品性（酸，塩基両方ともに強い）に優れている。熱キシレンには溶解するが，一般的に有機溶媒に不溶であり，染色性も低い。安価でありながらこのような特性を有することを考えると，PPのナノファイバー化は，材料科学的に興味深い。大幅な価格ダウンも魅力的である。具体的な用途としては，高性能エアフィルター，インフルエンザや花粉症対策のマスク，電池のセパレーターが有望であろう。特にクリーンルームなどに用いられるHEPAフィルターは，現在，直径1～10ミクロンのガラス繊維で作製しており，JIS規格では0.3ミクロンの粒子を99.7％カットする能力が必要とされている。繊維径500 nm程度のPPナノファイバー不織布が実用化できれば，HEPA規格のみならず，ULPA規格（粒子0.15ミクロン）を容易に達成でき，家庭のみならず公共交通機関等に普及できるだろう。ただし，安全性については未知の部分が多く，検討を要する（化学的に安定であるが，人体に安全かどうかの判断は難しい。アスベストやカーボンナノチューブの発がん性のように，サイズが鍵を握っている場合がある）。

3.3 近赤外線集光型溶融装置を用いたエレクトロスピニング紡糸法[3,4)]

筆者らの技術を解説する前に，溶融型エレクトロスピニング紡糸法の先行例を紹介する[1,2)]。それらは，いずれも電圧を印加するノズルの先にレーザー光（主に炭酸ガスレーザーを使用）を照射することにより，ポリマーを溶融するものである。特許にいくつか実施例があるが，PPについて成功したという報告はない。また耐光性に優れているとは言えないPPの場合，コヒーレントでかつ強度の大きなレーザー光は，劣化・崩壊の原因となりうる。超高速延伸法の場合は，一度に高エネルギーを付与できるレーザー照射は有用であるが，エレクトロスピニング法は，溶液またはポリマーの送り出し速度は遅く，1分間に1センチ程度であることを考えると，レーザーは必ずしも必要ではない。

溶融したポリマーを押し出すノズルそのものを高温にするシステムも存在するが[5)]，現状では，ミクロンサイズの繊維径のものを作製するにとどまっている。この結果から，電圧を印加しサンプルが飛散を始めるノズルの先および数ミリ先までの範囲において，溶融状態のポリマーの温度を安定させるには，光照射による熱エネルギーの提供が不可欠と言える。

前置きが長くなったが，レーザー以外の光加熱法である，赤外線照射を用いた方法が本題である。ここでは，近赤外線集光法を用いているが，近赤外線である理由は，以下のようである。ヒーターの発熱体から放射されるエネルギー密度は，近赤外線が遠赤外線ヒーターの20～40倍となることが知られている。集光ミラーで赤外線を一点に集めても発熱体の表面エネルギー密度以上にはならないので，遠赤外線ヒーターでは高エネルギー密度は与えることはできない。近赤外線集光法とは，近赤外光をミラーで集めて1点に集中して照射するという方法である。我々は，ハイベック社の装置を用いているが，照射範囲は，直径2～3ミリ程度であり，その部分を光量に合わせて500℃程度まで加熱することができる。

ここでは，溶液エレクトロスピニング紡糸装置を改良する形で装置を設計したため，内径数百ミクロンのシリンジ針をノズルとして，ノズル内をPP繊維が通過し，ノズルの先で光照射が行われるシステムを採用している。

溶融法を成功させるのに最も重要なファクターは，溶融ポリマーの粘度である。粘度が高いと玉状の固化物が得られてしまう。粘度はポリマー固有のものであるが，温度である程度制御可能だと思われる。従って①適切な温度，②温度を保持するために重要な照射位置（ノズル出口から1～3ミリ程度が適当である），③熱可塑性樹脂糸の送り出し，に関する条件検討が必須となる。

得られたファイバーは，繊維径が平均で500 nm程度，最も細い部分で100 nm程度と，これまで知られているPPナノファイバーの中で最も細い。

3.4　今後の展望

簡単ではあるが，我々の開発した溶融エレクトロスピニング紡糸装置を用いた繊維径500 nm程度のPPナノファイバー不織布の製造法について解説した。この装置は，2011年から，カトーテックが試作機を市販しており，PPに留まらず，ポリマーの種類に応じた改良も可能である[5)]。今回紹介した例は，レーザーを用いるシステムよりも照射可能な面積が広いとはいえ，大量生産には不適である。ペレット状のPPを溶融混錬して押し出しながらその先端に近赤外線集光するシステムやシート状のPPを送り出す方式などの工夫が必要であり，現在，研究が進行中である。また，従来のシリンジ針を使用するノズルではなく，大容量の溶融ポリマーに対応できるノズル

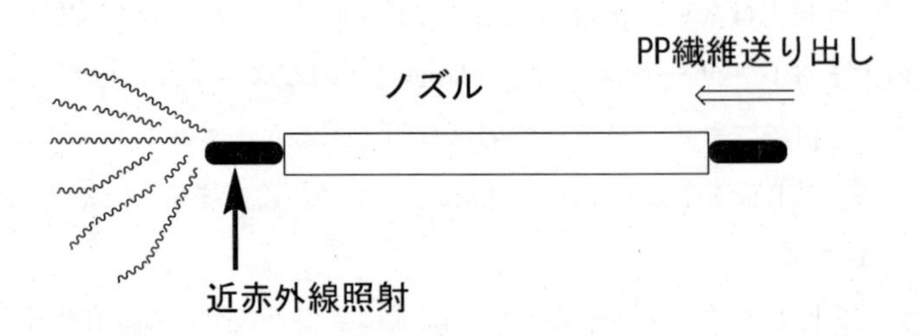

図2　紡糸時のノズル先端部

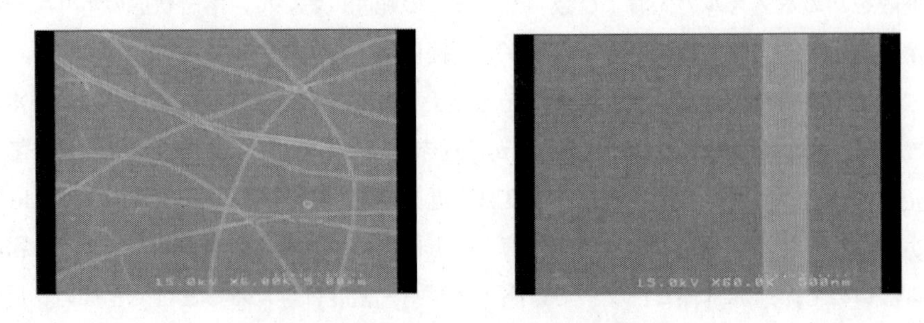

図3　PPナノファイバーのSEM画像

の開発も必須であろう。加えて，欲しい形状のPP不織布を得るための装置内雰囲気や巻取り装置などの工夫も開発が急がれる[6]。また微細繊維の製造法として，エレクトロスピニング法以外の手法も次々と開発されており[7]，ポリマーの種類や目的の製品に合わせた開発競争が激化しそうである。今回，PPナノファイバーを指向した機器開発とその現状について解説したが，ナノファイバーの安全性評価も含めて，フィルターやセパレーター等への応用を加速したい。

文　献

1） 特許第4209629号
2） 特開2007-262644号公報
3） 特許第4619991号
4） カトーテック社ウェブサイト「ナノファイバー近赤外線紡糸ユニット」
(http://www.keskato.co.jp/products/near-infrared.html)
5） カトーテック社ウェブサイト「溶融型エレクトロスピニングユニット」
(http://www.keskato.co.jp/products/melt_neu.html)
6） 特許出願中
7） 東レ経営研究所，繊維トレンド，2010年5-6月号，pp.4-19

4　バイオナノファイバーへの応用

宇山　浩*

4.1　はじめに

重要な科学技術分野の一つとして，ライフサイエンス，情報通信，環境・エネルギーとともに，ナノテクノロジー・材料が挙げられており，材料科学におけるナノテクノロジーが注目されている。その中でナノサイズのファイバーの代表的な作製法として電界紡糸があげられる[1〜9]。電界紡糸は真空装置や加熱装置が不要で，常温，大気圧下で容易にナノ〜マイクロメートルオーダーの繊維や不織布が得られることから汎用性が高く，ナノ材料を簡便に作製できる。この方法は既存技術では困難な高分子でも紡糸できる場合があり，材料の用途拡張に寄与している。特にバイオ系ファイバーの紡糸範囲が広がり，医療分野等での応用が進んでいる。

本節ではバイオ系高分子としてバイオベースポリマーと生分解性ポリマーを取り上げ，電界紡糸による極細ファイバーの製造と応用を中心に述べる。前者には天然高分子，天然高分子誘導体，バイオ由来の原料をモノマーとする高分子が含まれる。

4.2　バイオ系高分子の電界紡糸

既存技術では耐熱性や機械的特性が不足して紡糸できないバイオ系高分子に対し，電界紡糸を利用した極細ファイバーからなる不織布作製技術が活発に研究されてきた。多くの場合にポリマー溶液から紡糸することから，可溶性材料が好ましい。自然界に最も多く存在するセルロースは溶解性が低く，汎用溶媒には溶解しない。そこでN-メチルモルフォリンN-オキシド（NMO）と水の混合溶媒，あるいは塩化リチウムを溶解させたN,N-ジメチルアセトアミド（DAMc）にセルロースを溶解させ，これを電界紡糸することでサブミクロンサイズのセルロースファイバーが得られた（表1）。酢酸セルロースは有機溶媒に可溶のため，酢酸，アセトン，DAMcといった溶媒中での電界紡糸が検討されている。カルボメトキシセルロース，ヒドロキシプロピルセルロースからも電界紡糸で極細ファイバーが合成された。

動物界に多く存在するキチンについても溶解性が低いために電界紡糸の適用例は少なく，1,1,1,3,3,3-hexafluoro-2-propanol（HFIP）を溶剤とする電界紡糸が報告されている程度である。キチンの脱アセチル化物であるキトサンは酸性溶媒に溶解するため，ギ酸，酢酸，トリフルオロ酢酸が溶媒に用いられる。他の多糖類として，アルギン酸，ヒアルロン酸も電界紡糸により極細ファイバーが合成された。

電界紡糸の特徴として複合ファイバーの作製が容易であることが挙げられる。二種類以上のポリマーを一つの溶剤に溶解させ，この溶液を紡糸すると複合ファイバーが得られる。キトサンについては，ポリエチレンオキシド（PEO）やポリビニルアルコール（PVA）を含む酢酸溶液からの電界紡糸により複合化された。アミノ基をイオン化したキトサンは水に溶解し，PEOとの

*　Hiroshi Uyama　大阪大学　大学院工学研究科　応用化学専攻　教授

表1　代表的なバイオ系高分子の電界紡糸

ポリマー	溶媒
セルロース	NMO/水
	DMAc/LiCl
酢酸セルロース	酢酸
	アセトン
	DMAc
キチン	HFIP
キトサン	ギ酸
	酢酸
	トリフルオロ酢酸
コラーゲン	HFIP
ゼラチン	HFIP
	2,2,2-トリフルオロエタノール
シルク	HFIP
ポリ乳酸	塩化メチレン
	クロロホルム
	HFIP
PHA	クロロホルム
PCL	塩化メチレン
	クロロホルム

複合化が水を溶媒に用いた電界紡糸により検討された。また，カプロン酸で修飾したキトサンは汎用有機溶媒に溶解するため，ポリ乳酸との複合不織布がTHF，塩化メチレン，クロロホルムを溶媒に用いて作製された。

コラーゲン，ゼラチンをはじめとするタンパク質の電界紡糸では，溶媒にHFIP，2,2,2-トリフルオロエタノール，水が用いられる場合が多い。タンパク質のHFIPへの高い溶解性が紡糸技術の可能性を拡げ，様々な複合化も可能である。リパーゼ，セルラーゼ，カゼイン，ルシフェラーゼ，α-キモトリプシンといった酵素の電界紡糸も報告されている。タンパク質との複合化にはPEO，PVA，ポリカプロラクトン（PCL）が用いられ，タンパク質単独不織布の強度不足を補うことが多い。

シルクはギ酸やHFIPを溶媒に用いて電界紡糸が検討された。PEO，キトサン，キチンとの複合化も報告されている。γ-ポリグルタミン酸（PGA）は単独での電界紡糸は報告されていないが，PEOとトリトンX-100を共存させることで極細ファイバーが合成されている[10]（図1）。PGAブチルエステルは，HFIPを溶媒とする電界紡糸によりサブミクロンサイズのファイバーが得られた。

バイオベースプラスチックの代表例であるポリ乳酸，微生物産生ポリエステルであるポリヒドロキシアルカン酸（PHA）は生分解性，生体内吸収性を示すため，これらの電界紡糸に関する研究も数多く報告されている。ポリ乳酸は塩化メチレン，クロロホルム，HFIPに溶解するため，

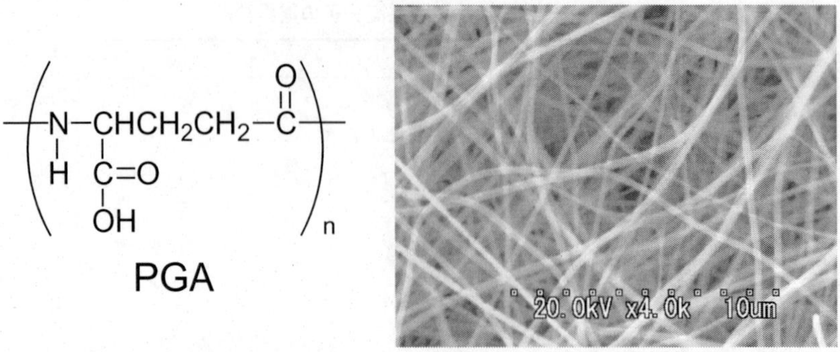

$$\left(-\underset{\underset{H}{|}}{N}-\underset{\underset{\underset{OH}{|}}{C=O}}{|}{CH}CH_2CH_2-\overset{\overset{O}{\|}}{C}- \right)_n$$

PGA

20.0kV x4.0k 10um

図1　電界紡糸により作製したPGAの極細ファイバー（添加剤：PEO，トリトンX-100）

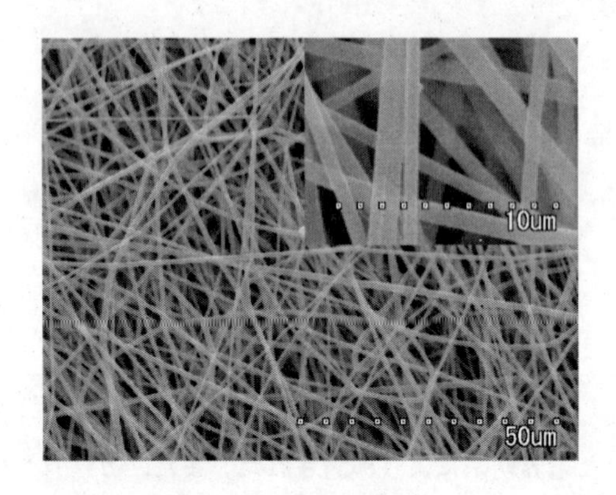

図2　電界紡糸により作製したポリ乳酸の極細ファイバー（溶媒：HFIP）

これらを溶媒に用いる場合が多い（図2）。石油由来の生分解性ポリマーであるPCL，ポリグリコール酸，ポリウレタンの電界紡糸の研究例も多い。

4.3　生分解性評価システム

生分解性ポリマーは地球環境に優しいプラスチック材料として様々な分野で利用されている。脂肪族ポリエステルが主に利用され，ポリ乳酸は生分解性とバイオマス由来の二つの特徴を有する。ポリマーの生分解性を定量的に測定することは，環境負荷を正しく評価して地球環境に優しい材料を開発する上で重要である。これまでの研究により，ポリマーの生分解はサンプル表面より進行することが示されている。従来のフィルムを用いた生分解性評価では分解に数日を要する場合が多く，迅速かつ正確な評価法の開発が望まれていた。そこで，表面積が大きい極細ファイバー不織布を用いた酵素分解性が検討された。

ポリ乳酸はProteinase Kにより酵素分解することが知られている。この酵素を用いて，極細ファイバー不織布の酵素分解を調べたところ，3時間後には分解率が約80%に達し，6時間後にはサンプルが崩壊し，ほぼ消滅した（図3）。一方，同じ重量のフィルムで酵素分解試験では，

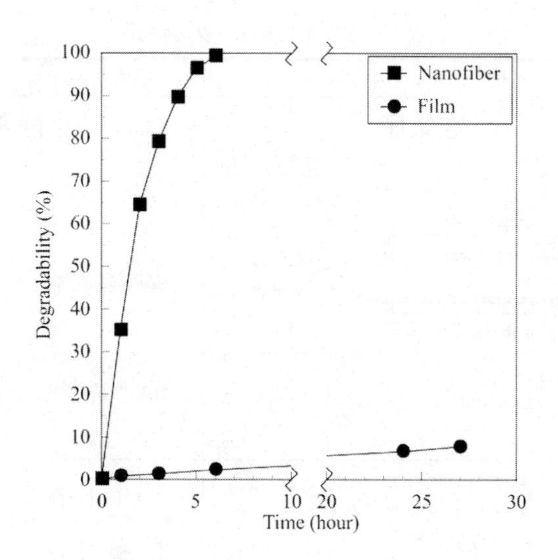

図3　ポリ乳酸ナノファイバーとフィルムの酵素分解性

1日後でも分解率は10%以下であり，ポリ乳酸を極細ファイバー化することで酵素分解性が飛躍的に増加した。酵素分解後の残存サンプル表面のSEM観察によりファイバー径が細くなったことがわかり，極細ファイバーにおいても酵素分解は材料表面から進行することが示唆された。

また，ポリ乳酸以外の脂肪族ポリエステルの酵素分解性に関し，極細ファイバー不織布を用いることで酵素スクリーニングを容易に行うことができる。例えば，ポリ（ブチレンスクシネート）極細ファイバーを各種の工業用リパーゼの水溶液に浸したところ，*Candida antarctica* 由来のリパーゼに極めて高い分解活性が見出された。このポリマーの酵素分解性に関する知見はほとんど無かったが，極細ファイバーを用いることで酵素スクリーニングを簡便且つ迅速に行うことができ，高い分解活性を有するリパーゼが見出された。また，ファイバー状サンプルを用いたポリ（エチレンスクシネート）の酵素分解性評価では，*Candida antarctica* リパーゼの高い分解活性が明らかとなった。この手法は，これまで日単位の長期間を必要とした素材の酵素分解性評価を極細ファイバー不織布とすることで時間単位へと大幅に短縮でき，分解性試験の精度も向上すると考えられる。

4.4　ドライスピニング

電界紡糸は極細ファイバーからなる不織布を作製するための手法であるため，厚みのある材料の合成には適さない。極細ファイバーからなる三次元構造を有する材料の合成にはドライスピニングが用いられる（図4）。表2に電界紡糸との比較を含めたドライスピニングの特徴をまとめた。ドライスピニングは内側のノズルから射出される溶液を外側のノズルから排出される空気でアシストすることにより極細ファイバーを作製する技術であり，電界紡糸と異なり高電圧を必要とせず，空気圧のみで簡便にファイバーを作製できる。

表2　ドライスピニングの特徴

	ドライスピニング	電界紡糸（エレクトロスピニング）
原理	空気圧 空気 溶液	静電界 電圧
重要な紡糸パラメーター	・溶液の粘性 ・内針と外針の位置 ・空気圧	・溶液の誘電率，表面張力 ・電圧
特徴	・ファイバー径 数百ナノメートル～数マイクロメートル ・安全性の高い紡糸方法 ・三次元構造体が作製可能	・ファイバー径 数十ナノメートル～数マイクロメートル ・長い繊維長のファイバーの形成

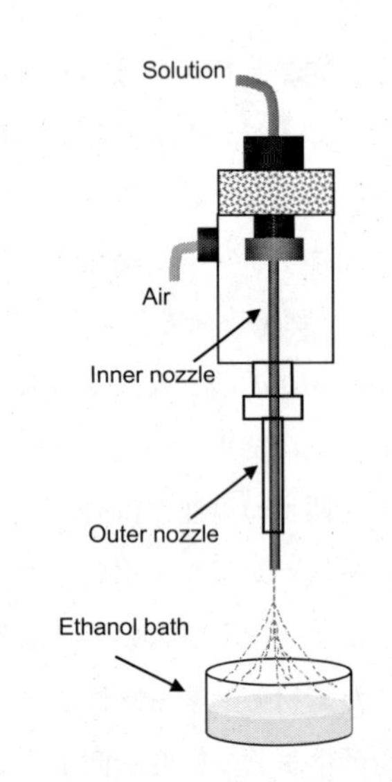

図4　同軸二重ノズルを用いたドライスピニングの模式図

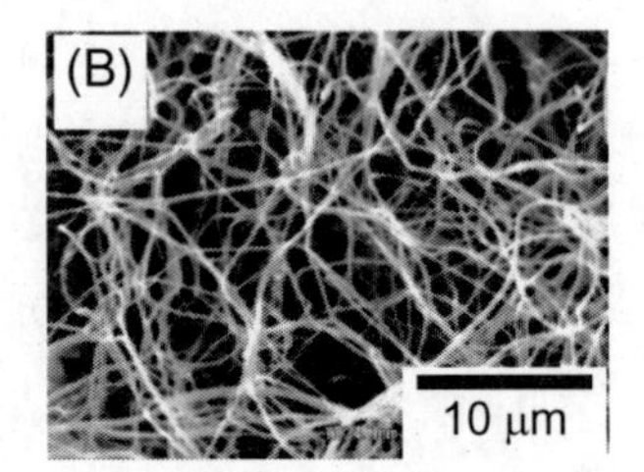

図5　ドライスピニングにより作製したゼラチン/ポリ乳酸極細ファイバー三次元構造体
（A）外観写真　（B）内部 SEM 写真

二重ノズルを用いた装置を用い，集積部を工夫することでファイバーからなる三次元構造体が作製されている。ゼラチンの HFIP 溶液やゼラチンとポリ乳酸の混合 HFIP 溶液をエタノールバス中に紡糸することで三次元ファイバー構造体が得られる（図5）。ゼラチン単独では強度が不足するが，ポリ乳酸を複合化することで強度の高い三次元構造体が得られる。この手法は三次元足場材料の作製法として注目されている。

4.5　電界紡糸による極細ファイバーと薬剤の複合化

電界紡糸の特徴として様々な物質との複合化が容易であることが挙げられる。紡糸溶媒に可溶性の機能物質を添加することで複合化できる。電界紡糸により疎水性の抗がん剤等の薬剤を水不溶性のファイバーに内包し，徐放させる研究が報告されている。また，炭酸カルシウム等の無機粒子を紡糸溶液に分散させ，それを紡糸することで無機粒子の分散したファイバーが得られる。一方，水にしか溶解しない薬剤については，ファイバー基材を溶解させる溶媒に溶けない場合が多く，通常の電界紡糸技術では複合化が困難である。そこで，同軸二重構造のノズルを用い，内針から薬剤水溶液，外針から樹脂溶液を射出する方法が提案された。薬剤がファイバー内部に多く内包され，薬剤の初期バーストも抑制される。

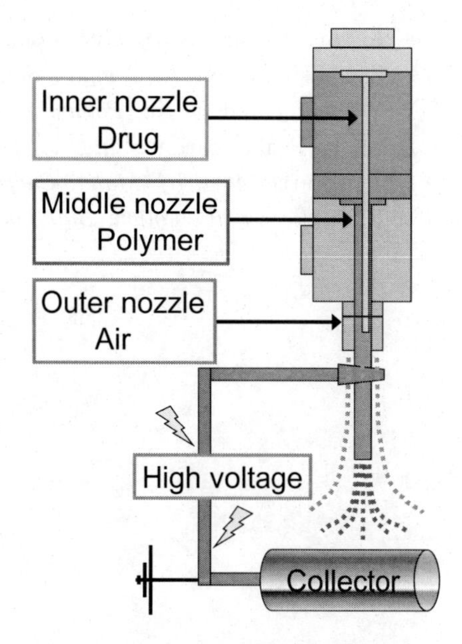

図6　同軸三重ノズルを用いた電界紡糸の模式図

この方法では内液の粘度が低いため，PEOを共存させて紡糸溶液の粘度を高める工夫もされている。また，同軸三重ノズルを用い，外針からは空気を噴出させて紡糸をアシストする技術が報告されている（図6）。この手法によりヘパリンやsiRNAのファイバーへの内包が報告された。架橋ゼラチンファイバー中にヘパリンを内包した場合，通常の電界紡糸で作製したファイバーと比較して薬剤を徐放できる。

4.6　おわりに

本稿では電界紡糸法を中心としてバイオ系ポリマーの極細ファイバー不織布の作製と応用を紹介した。電界紡糸は高性能フィルター用途の製造技術として工業的に発展してきたが，最近では複合化技術を基盤としてバイオ分野を中心として様々な用途開発が盛んに行われている。今後，極細ファイバーを積極的に活用した機能材料分野がますます発展することを期待したい。

文　　献

1） 宇山浩，化学，**59**，64（2004）
2） 宇山浩，化学と生物，**46**，101（2008）
3） D. Li *et al.*, *Adv. Mater.*, **16**, 361（2004）
4） A. Greinerand and J. H. Wendorff, *Angew. Chem., Int. Ed.*, **46**, 5670（2007）

5） K. Jayaraman *et al.*, *J. Nanosci. Nanotechnol.*, **4**, 52 (2004)
6） Z.-M. Huang *et al.*, *Compos. Sci. Technol.*, **63**, 2223 (2003)
7） V. Leung and F. Ko, *Polym. Adv. Technol.*, **22**, 350 (2011)
8） M. P. Prabhakaran *et al.*, *J. Nanosci. Nanotechnol.*, **11**, 3039 (2011)
9） A. Cipitria *et al.*, *J. Mater. Chem.*, **21**, 9419 (2011)
10） E. H. Lee *et al.*, *Polym. Bull.*, **63**, 735 (2009)

第2章　その他の製造法

1　複合紡糸を応用したナノファイバー製造法

木村　勝*

1.1　はじめに

近年，様々な分野でナノファイバーが使われてきており，その応用分野は多岐に渡っている。ナノファイバーの製造方法は世界的に見ても電界紡糸法が主流であり，量産化，事業化に向けて様々な応用研究が盛んに行われており，一部量産化もされている。しかしながらこの電界紡糸法も万能というわけではなく，目的とするポリマー種や形態によっては適応外の場合も当然出てくる。一方，電界紡糸法以外のナノファイバーの製造方法はいくつか考えられ，例えば直接紡糸法や延伸法などが考えられるが，筆者らはナノファイバーの製造方法の一つとして複合紡糸法を紹介する。複合紡糸の研究は日本以外ではあまり見られず，言い換えれば日本固有の技術と言っても過言ではない。そこで本節では筆者らの実施例を交え，製造上のポイントを含め，複合紡糸法について説明する。

1.2　微細繊維の製造方法

最初にナノファイバー製造のベースとなる微細繊維（繊維径約3 μm以下）の製造方法について簡単に触れておく。誤解を恐れずに言えば微細繊維の製造方法は以下の3つに大別されると考えられる。

①　直接的に微細繊維を紡糸する。

②　一旦，紡糸した繊維を目的の径まで延伸する。

③　高度に複合化された複合繊維を分割する。

①は文字通り直接的に微細繊維を紡糸する方法で，広義の意味では電界紡糸法やメルトブロー法，フラッシュ紡糸法などもここに属すると考えられる。②についてはレーザーを利用した延伸方法が知られている[1)]。③については2成分以上のポリマーを同一のノズルから押出し，複合化するのが特徴であるが，その複合構造から海島型複合繊維や剥離型複合繊維，多層型複合繊維などが知られている[2)]。

この内，電界紡糸法とレーザー延伸法については本書・別章でそれぞれの専門の先生が詳しく説明なされており，またメルトブロー法やフラッシュ紡糸法などは専門書[2,3)]に詳しいので，複合紡糸法に絞って次項から説明する。

---

*　Masaru Kimura　群栄化学工業㈱　事業開発本部開発センター　機能性材料開発グループ

1.3 複合紡糸法

元々，複合紡糸は合繊に天然繊維の風合いを持たせる為や合繊を高機能化させる為に開発された背景があり，細織化の方法として注目されるようになったのは1970年代〜1980年代頃である。以下に代表的な微細繊維を得るための複合紡糸法について説明する。

1.3.1 海島型複合繊維

溶解性の異なる2種のポリマーを用い，海成分となる繊維と少量の島成分となる繊維を混繊統合して1本の繊維として収束させて紡糸する方法である。この内，芯鞘型繊維を多数統合すると独立相となる島成分の芯を連続相となる海成分の鞘が取り囲む海島型複合繊維が得られる（図1(a))。この複合繊維では島成分の直径は非常に揃っており，海成分のみを溶解除去させると非常に繊維直径の揃った，ほぼ連続の微細繊維が得られる。この方法で作られた繊維としては東レの「エクセーヌ」や「トレシー」が有名である[3]。

1.3.2 剥離型複合繊維

この方法では複合化した繊維を薬品処理などで分割・剥離を行う。例えば図1(b) に見られるような放射状の米字型の複合繊維を分割，剥離する方法がある。この方法で作られた繊維としてはKBセーレンの「ベリーマX」がある。一方，図1(c) にあるような中空状複合繊維を分割する方法もある。こちらは帝人の「ハイレーク」が知られている[3]。これらの方法では基本的に薬品処理などで分割・剥離を行うのみだが，一方の成分を溶剤で除去すれば微細繊維が得られる。

1.3.3 多層型複合繊維

同じく図1(d) にあるように並列多層型の複合繊維を分割する方法もある。この方法で作られた繊維としてはクラレの「ランプ」が知られている。この方法で得られる分割繊維は極めて扁

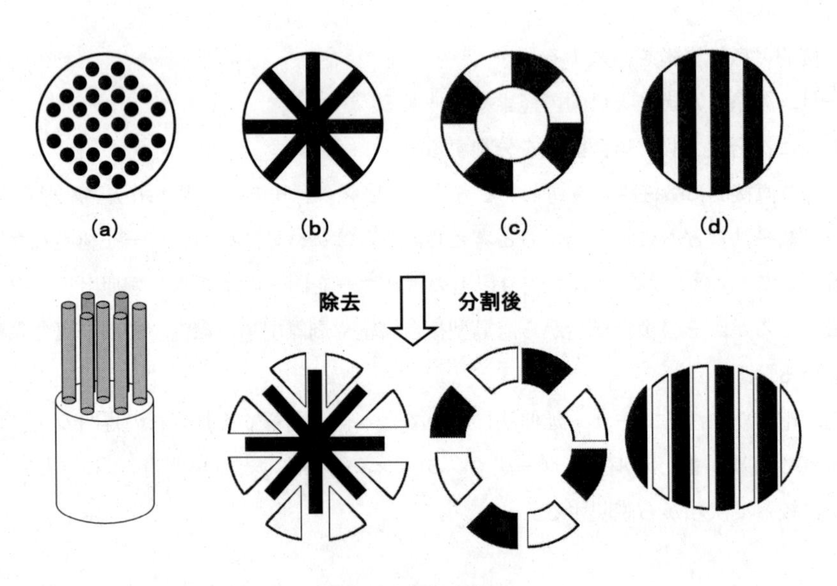

図1 各種複合繊維
(a) 海島型 (b) 米字型 (c) 中空型 (d) 並列多層型

平であり，縦方向と横方向で極端に曲げ剛性が異なるという特徴を持つ[3]。

これらの方法で得られる微細繊維は極めて繊維径の揃った連続繊維が得られるという特徴を持つが，繊維の細繊化が困難であるという欠点も持つ（通常品は2～3 μm 程度が限界）。その為，更なる細繊化を狙った開発が行われている。

1.3.4　混合紡糸（ポリマーブレンド法）（以下PB法）

この方法は異なるポリマー原料チップをブレンド，あるいは予め混合原料チップの形に調製しておいて単孔から紡糸する単純な方法である。この場合の複合構造は海島型複合繊維に非常に酷似する。本方法での原料は基本的に相互に非相溶，もしくは低相溶な性質を持ち，ミクロ相分離を起こす事が重要である。紡糸方法自体は比較的容易である反面，原料の制御が難しい事が特徴として挙げられる。本方法での複合繊維は，海島型複合繊維でも同じ事が言えるが，島成分を除去すれば中空繊維が，海成分を除去すれば微細繊維が容易に得られる。本方法の特徴として

① 高度に制御された口金や装置を必要としない。

② 得られる繊維の繊維径や繊維長が不均一になり易い。

が挙げられる。群栄化学工業ではこの方法を応用して，繊維径約100 nm のフェノール樹脂系ナノファイバー，及びフェノール樹脂系カーボンナノファイバーを開発した[4,5]。

また，これらの複合紡糸法は殆どが溶融紡糸によるものであるが，条件等が整えば湿式紡糸での応用も可能である。群栄化学工業では溶液系によるPB法でポリイミド系のナノファイバーの開発に成功している[5]。

このように微細繊維の製造方法は各種あるが，それぞれに特徴や制限がある為，全ての方法でナノファイバー化（繊維径100 nm 以下）出来る訳では無い。その中でPB法は原料さえ制御でき，繊維径と繊維長のバラツキにこだわらなければ比較的，ナノファイバーを得やすい紡糸法であると考えられる。そこで次項では筆者らの実例を交えながらPB法によるナノファイバーの製造法について説明する。

1.4　PB法によるナノファイバーの製造法

1.4.1　原料選定

PB法において複合原料が海島型構造になる為にはそれぞれの成分が非相溶，もしくは極低相溶でなければならない。例えばフェノール樹脂の場合は構造中にフェノール性OH基を多数含有しており，比較的極性が高い為，非極性のポリオレフィン系などとは相溶しない。また原料の選定にポリマーの溶解度パラメーターを利用することも出来る。但し，この溶解度パラメーターも万能と言うわけではなく，例えばフェノール樹脂とナイロンの場合のように溶解度パラメーターの差以上に相溶性が良い場合もあるので，ある程度の目安として考えた方が良い。

次に選択する紡糸法に合わせた特性が必要となってくる。例えば溶融紡糸の場合は熱可塑性が必要となるし，湿式紡糸では選択した2成分以上の原料が，紡糸する時点で溶液（流動）状態である事が最低限必要になる。

また，複合繊維化した後に海成分を除去可能である事も必要となる。

1.4.2 複合原料の調製

PB 法を用いる場合，複合繊維の紡糸で溶融紡糸を行う原料については予め熱溶融混練をしておくと効率が良い。

最終的に得られるナノファイバーの繊維径は複合原料中の島成分の分散状態に依存するところが大きい為，この工程での製造条件は非常に重要になってくる。

均質な複合繊維を得る為には複合原料中で確実に海成分と島成分に分離する必要があるが，混練時の他の条件によらず海成分と島成分に完全に分離する混合比率は体積比で海成分が 75%以上，島成分が 25%以下である[6]。

例えばフェノール樹脂とポリエチレンの組み合わせの場合にはポリエチレン量は 70 wt%程度が確実に海島構造の得られる限界のようである。

得られるナノファイバーの繊維径を細くするには，複合原料中の島成分の粒子径を小さくする必要がある。島成分の粒子径を小さくするには，混練時の島成分の溶融粘性が海成分よりも小さい方が良く，更に混練時の溶融粘性の差が大きい程，島成分が微分散し易い。フェノール樹脂の場合，繊維径 100 nm 以下のナノファイバーを得るには，島成分を粒子径 5 ～10 μm 程度にする必要がある。

混練時間は粒子の再凝集を防ぐ為に短い方が良い。その際，海成分の融点が島成分の融点よりも高いと先に固化しやすいので再凝集の防止に有効である。

湿式紡糸の場合は多少事情が異なるが，これも突き詰めていけば海島状態を得る事が目的となる。特に湿式紡糸については溶融紡糸の場合とは異なり，成分の混合方法よりも海島状態の維持により注意を払わねばならない。

1.4.3 紡糸

PB 法を用いて，溶融紡糸で複合繊維を紡糸する場合，その紡糸性は海成分ポリマーの紡糸性に大きく依存する。ここで紡糸時の島成分の溶融粘性は，海成分に近いほど紡糸の制御がし易い。しかしながら，島成分の融点としては海成分よりも高いと紡糸時に引き伸ばされない可能性があり，逆に低すぎると再凝集を起こし易くなり，且つ複合繊維の紡糸性が不安定となるので，筆者の経験上，海成分の融点から 20℃低いぐらいまでが適当な範囲であると思われる。複合繊維中で島成分が引き伸ばされる機構の詳細は明らかにはなっていないが，海成分と島成分の界面でのズリ応力が大きく影響していると考えられる。その為，海成分の溶融粘性を下げる，つまり紡糸温度を高く設定すると，ズリ応力が小さくなるので島成分の引き延ばしが不十分となる。その為，紡糸温度は紡糸が好適に行える範囲内で極力低く設定することが望ましい。

湿式紡糸の場合，海成分と島成分の両ポリマーに溶解能を持つ有機溶剤に溶解した混合物を紡糸原液とする。

紡糸原液中では島成分が球状を保ちながら海成分中に分散している状態である。紡糸工程ではノズルのキャピラー部を通る際，孔壁からの距離により流速が異なり，中心部が最も速い。このため原液中にズリ応力が発生しており，島成分ポリマーはこのズリ応力で吐出方向に急激に引延ばされ，さらに引延ばされた液滴同士が両末端で繋がり合い，長繊維化して行く。この長繊維化には紡糸原液からの脱溶媒が大きく関与している。固化浴としては海・島成分に対して固化能を有するものを用いなければならない。固化浴では塩析・脱水効果，浴温により凝固速度をコントロールしなければならない。

湿式紡糸の場合には，両成分ポリマー同士の相溶性の組み合わせが特に重要であり，相溶性が高過ぎるとほぼ一体化してしまい細織化が不可能になる。また低すぎる場合，紡糸原液として保存中に相分離が進行してゆく。この点は一旦溶解状態で海島成分を分散させ融点以下で固定化できる溶融紡糸法と大きく異なる点である。組み合わせる海・島ポリマーの相溶性やノズル形状，固化浴の高度な制御技術が必要となるなど，溶融法に比べて適用可能範囲は制限を受けるが，湿式紡糸でナノファイバーを製造できるという他に無い特徴を持つ。

1.4.4　海成分除去

フェノール樹脂系繊維の場合は紡糸後に硬化処理が必要になるが，他のポリマー材料ではあまり一般的な工程では無いため割愛させて頂く。興味のある方は参考文献[4]を参照されたい。

PB 法による複合繊維ではその成分の 70%以上が最終的には不必要な成分であり，効率良く取り除く必要がある。この場合は海成分のみを溶かし出す溶媒が存在している事が不可欠である。さらには溶解除去の際に微細繊維の繊維長にもよるが，微細繊維のフィラー効果で完全に海成分を除去する事が困難な場合がある為，工夫を要す。

1.5　応用例

以上のように主に PB 法を用いた複合繊維の製造法についてごく簡単に説明してきたが，最後にこの方法を利用して群栄化学工業が開発したナノファイバーについて紹介する。

1.5.1　フェノール樹脂系カーボンナノファイバー「GNF-C」

まず，GNF-C について紹介する前にその背景技術である，フェノール樹脂繊維「カイノール」について簡単に説明する。カイノールはフェノール樹脂を繊維化した製品であり，現状では唯一，群栄化学工業のみが製造販売を行っている。カイノール繊維は高耐熱性，高難燃性，熱不融性，高絶縁性といった特徴を活かし，主に産業資材分野に展開してきた。またこのカイノール繊維は残炭率が高く，炭素繊維としては非常に柔軟であるため，一般の炭素繊維と異なる分野で発展成長してきた。更にはこれらの前駆体から簡単に活性炭素繊維が得られ，しかも非常に微細な細孔分布を持つため，吸脱着速度が極めて速く，高機能活性炭として浄水用や溶剤回収用，電気二重層キャパシタ電極用として用いられてきた。

この技術を背景として 2000 年に群馬大学の大谷らによってポリエチレンとフェノール樹脂の混合物を溶融紡糸して海島型複合繊維を得て，熱処理時にポリエチレンのみを熱分解除去する事によってフェノール樹脂系カーボンナノファイバーを得る（図 2 ）という発明が発表された[7]。この方法により調製されたカーボンナノファイバーは，カイノール系炭素繊維と同様に所謂アモ

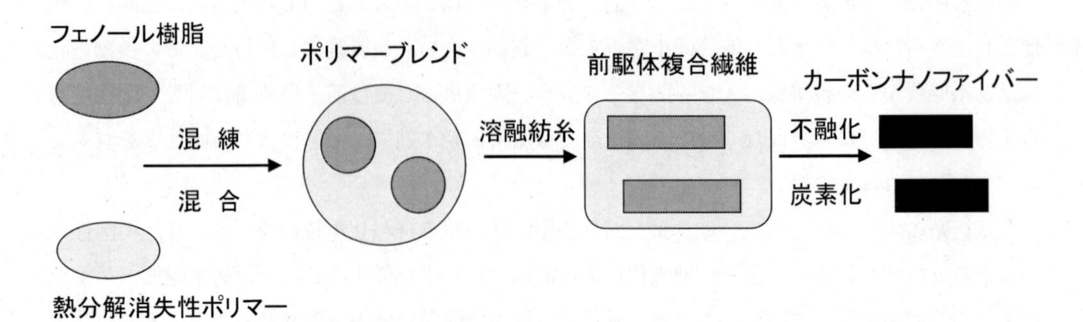

図2　ポリマーブレンド紡糸法によるカーボンナノファイバー製造法概念図

ルファスカーボンの属するものであり，その特徴等については気相法で調整された一般的なカーボンナノチューブとは性質を異にするものであった。群栄化学工業でこの発明を元に工業的に最適化した結果，開発されたのが「GNF-C」である（図3）。このGNF-Cはアモルファスであるが故，表面活性が高く，樹脂材料と複合化したときに真価を発揮する。また，一般的なカーボンナノ材料と比べて非常にアスペクト比が高い（推定10万<）事も特徴の一つである（表1）。また，ベースとなるカイノールと同じく容易に活性炭化が可能である事も他のカーボンナノ材料に無い特徴である。これらの特徴を活かし，複合材料のほか，ガス貯蔵材料（水素，メタン，天然ガス等），活性炭ナノファイバー材料等での展開を期待している。

1.5.2　フェノール樹脂系ナノファイバー「GNF-P」

上記，GNF-Cを開発する過程の中で複合繊維の海成分をポリエチレンから工業化に最適な材料に改質した結果，従来は熱分解のみでしか海成分を除去できなかったのが，溶剤除去によりフェノール樹脂系ナノファイバーを取り出せるようになったのが「GNF-P」である。このGNF-Pはカイノールとほぼ同等な性質を持ち，賦形してから炭素化が出来るという特徴を持つ。例えば紙状に抄紙してから炭素化する事で従来にない薄さと柔軟さを併せ持つカーボンペーパーを調製

図3　フェノール樹脂系カーボンナノファイバー「GNF-C」

表1　GNF-Cの特徴・特性

	GNF-C	CNT（一例）	
形状	繊維状	中空チューブ	カップ積層
繊維径（nm）	100～500	～20	～20
繊維長	数百μm	1μm	数μm
界面接着	◎	×	◎
導電性（単体）	△	◎	○
導電性（複合材）	○	○	△
強度（単体）	△	◎	○
強度（複合材）	○	△	○

する事が出来る（図4：特許出願中）。更にはGNF-Cと同様に容易に活性炭化が可能であるため，超極薄活性炭ペーパーを調製する事も可能である。これも他のカーボンナノ材料に無い特徴であり，これらの特徴を生かして燃料電池材料（拡散層，セパレーター）等に展開したいと考えている。

1.5.3　イミド系ナノファイバー「GNF-Ｉ」

群栄化学工業で市場からのカーボンとは異なるナノファイバーをとの要望に応え，有機ナノファイバーとして独自開発したのが「GNF-Ｉ」である（図5）。このGNF-ＩはPB法を応用し，独自の方法として確立した湿式紡糸法により紡糸を行い，紡糸した海島型繊維から，海成分ポリマーだけを溶解除去することでイミド系ナノファイバーを取り出している[8]。GNF-Ｉはイミド系ポリマーの持つ耐熱，耐薬品，耐放射線，電気絶縁性などの諸特性を維持しつつ（表2），ナノファイバーとしているため，高耐熱性を要する各種フィルター類，電解コンデンサーや電気二重層キャパシタ用セパレーター，電子部品用被覆材や同接着剤の補強材，プラスチック，ゴム，セメント等の補強材等，耐熱性や耐薬品性，電気特性，寸法安定性や放射線安定性などが要求される用途での応用が期待されている。

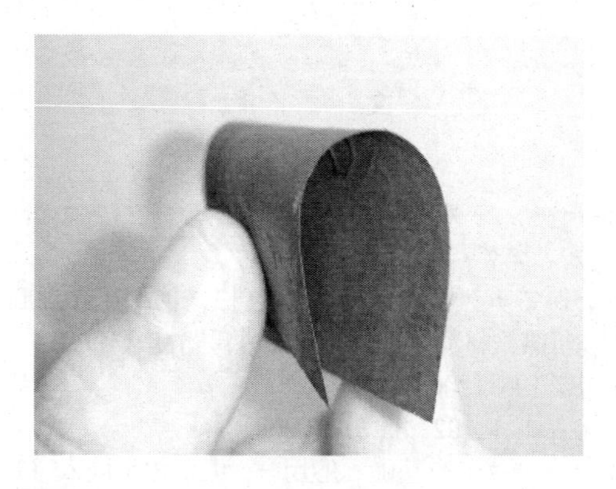

図4　フェノール樹脂系ナノファイバー「GNF-P」

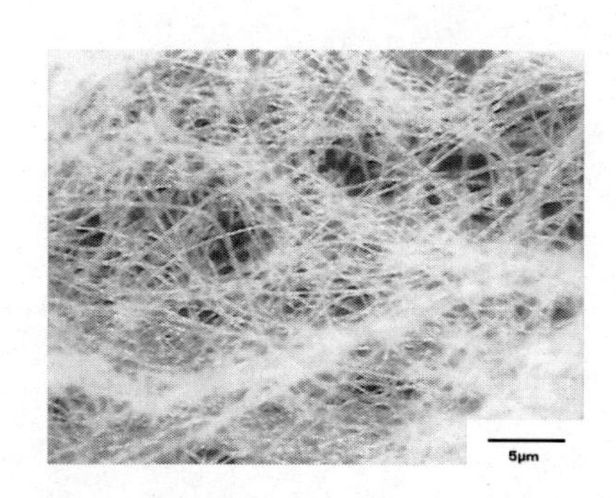

図5　イミド系ナノファイバー「GNF-Ｉ」

表2　GNF-Ｉの特徴・特性

繊維径	100〜300nm
繊維長	数百μm以上
ガラス転移点*	320℃
熱分解開始点*	350〜400℃
破断強度*	220MP
破断伸度*	20%
熱膨張係数*	2.8×10^{-5}
誘電率（1MHz）*	3.9
誘電正接（1MHz）*	0.031

＊　原料ポリマーの特性値

以上のようにGNFシリーズは他に類を見ないナノファイバーである。現在は用途探索段階にあるが，その特徴・特性を活かせる分野は多岐にわたる。

現在はラボスケールでの生産に留まっているためサンプル提供については少量のみとしている。今後は動向に応じて相談しながらの提供を予定している。

1.6 まとめ

これまでナノファイバーの人体への安全性が問われ久しいが未だ結論は出ていない。一方でナノファイバーは発展する新技術・分野として，多くの企業，研究機関などで製法，用途の開発が進んできた。その技術は単なる繊維技術の延長線ではなく，他の先端技術との組み合わせによりなされており日本的技術開発型産業に相応しいと言える。

残念ながら全体として見ればナノファイバー技術は海外が先行している感があるが，先ずは日本発の市場形成を第一に考え，上述の安全性の問題も含め関係各社・機関の協力，連携で新市場を開拓してゆきたい。

文　献

1） 大阪ケミカル・マーケティング・センター編，ナノテク繊維の開発とニュービジネス，大阪ケミカル・マーケティング・センター（2007）
2） 本宮達也，図解よくわかるナノファイバー，日刊工業新聞社（2006）
3） 宮本武明，本宮達也，新繊維材料入門，日刊工業新聞社（1992）
4） 木村勝，炭素，**233**，187-196（2008）
5） 阿部有洋，ウェブジャーナル，**92**，35-37（2008）
6） 高分子学会編，ポリマーアロイ－基礎と応用－，東京化学同人（1982）
7） A. Oya and N. Kasahara, *Carbon*, **38**, 1141（2000）
8） 特許公報-3930018

2　炭酸ガスレーザー超音速延伸法

鈴木章泰*

2.1　はじめに

近年，さまざまな機能・性能を持つ繊維が開発され，新たな分野への用途展開が進められている。特に，ナノファイバーは，カーボン繊維とともに，先端技術を支える素材として様々な分野から注目されている。ナノファイバーの定義は「直径が1 nm から100 nm，長さが直径の100倍以上の繊維状物質」であるとナノファイバー技術戦略委員会は提唱している。しかし，学術論文などでは1 μm以下の繊維をナノファイバーと呼んでいる場合が多い。

ナノファイバーの作製法はトップダウン型とボトムアップ型に分けられ，前者には複合紡糸法やメルトブロー法，後者にはエレクトロスピニング（ES）法がある[1~9]。現在，ES法がナノファイバー作製法の主流であり，溶剤に可溶な高分子であれば，ナノファイバーの作製が可能である。また最近は，湿式ES法や溶融型ES法[10~12]なども研究されている。

炭酸ガスレーザー超音速延伸法は，当研究室で独自に開発されたトップダウン型のナノファイバー作製法である。本方法は，亜音速から超音速領域の空気の流れの中で，繊維にレーザー照射して部分融解させ，溶融した繊維を数十万倍まで超延伸し，ナノファイバーを作製する方法である。本方法の特徴は，①熱可塑性高分子材料であれば適用でき，②得られるナノファイバーは無限長繊維であり，③繊維の配向性は高く，④溶剤を使用しないために作業環境やナノファイバーの安全性は高く，⑤減圧下で繊維を捕集するためにナノファイバーの飛散を防止でき，⑥装置は小型で簡単な構造であるため，設置場所を選ばず，拡張性にも優れているなどが挙げられる。

2.2　装置とナノファイバー化について

2.2.1　延伸装置について

炭酸ガスレーザー超音速延伸法に用いる装置の基本的な構成を図1に示す。この装置は繊維供給リール，炭酸ガスレーザー発振器，繊維供給オリフィスとZn-Se窓板を備えた真空ボックス，パワーメーターなどから構成される。真空ボックスはX-Yスライダーとラボジャッキを組み合わせた移動台座に固定され，前後および上下に微動でき，レーザー照射位置を精度良く調整できる。用いるレーザー発振器は赤外領域の波長（10.6 μm）を有する連続発振炭酸ガスレーザー発振器である。本装置では，一方向からのレーザー照射のみで十分にナノファイバー化できるため，多方向からレーザーを照射する必要は無い。繊維供給オリフィスは0.3～1.0 mmφの細孔を開けたアルミ製の筒である。繊維供給速度，オリフィス径，レーザー出力，レーザー照射位置，真空ボックスの圧力などの延伸条件を変えることで繊維径を制御できる。

2.2.2　ナノファイバー化の原理

真空ボックス内を減圧すると，繊維供給オリフィスから空気が真空ボックス内に噴射する。こ

---

*　Akihiro Suzuki　山梨大学　大学院医学工学総合研究部　教授

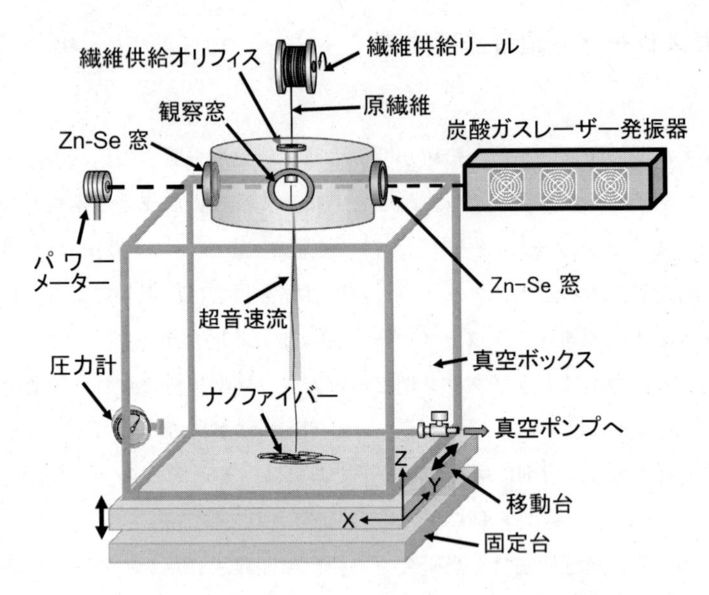

図1　炭酸ガスレーザー超音速延伸装置の概略図

のとき，繊維供給リールから一定速度で送り出された繊維はオリフィスから真空ボックス内に吸い込まれる。オリフィスから真空ボックス内に導入された繊維はオリフィス直下で発生する高速の気流中でレーザー照射され，部分融解する。この融解した繊維は高速の気流中で繊維に作用する延伸張力により，瞬時に数十万倍まで超延伸されてナノファイバー化される。空気の流れの中での延伸張力は，繊維表面に対して繊維軸方向に作用するせん断力と垂直方向の圧縮力の合力である。一般的な繊維の延伸では，延伸張力は繊維軸方向にのみ作用する。しかし，速い空気の流れの中では，繊維中心に作用する延伸力が働くため，繊維が効果的に極細化される。

2.2.3　オリフィスで発生する超音速流の速度分布と温度分布

オリフィスから噴射される空気の流れを解析することは，ナノファイバー化の機構を解明するうえで重要である。そこで，オリフィスで発生する空気の流速分布を求めるために，3次元モデルを用いた有限要素法で流体解析を行った。ここでは，口径0.5 mmϕのオリフィスの中心に繊維径100 μmのモノフィラメントが存在する3次元モデルを用いた。この解析モデルでは，全体を4面体で要素分割し，オリフィスおよび繊維壁面ではプリズム要素で分割した。なお，この流体解析では，オリフィス直下で発生する流速が亜音速から超音速領域であるため，圧縮性を考慮した空気で解析した。図2は大気圧を0.1 MPaとし，真空ボックスの圧力（チャンバー圧：p_{ch}）を変えて得られた流速分布のコンター表示である。p_{ch}＝10 KPaとp_{ch}＝30 KPaにおける最大流速は音速を超え，p_{ch}＝10 KPaでは619 ms^{-1}に達する。また，流速が音速を超えると衝撃波により空気の流れに乱れが発生し，チャンバー圧が低いほどその乱れは大きくなる。この乱流域では繊維に負のせん断力が作用するため，延伸が不安定になる。従って，繊維にレーザーを照射する位置は繊維径を決める重要な条件の一つである。

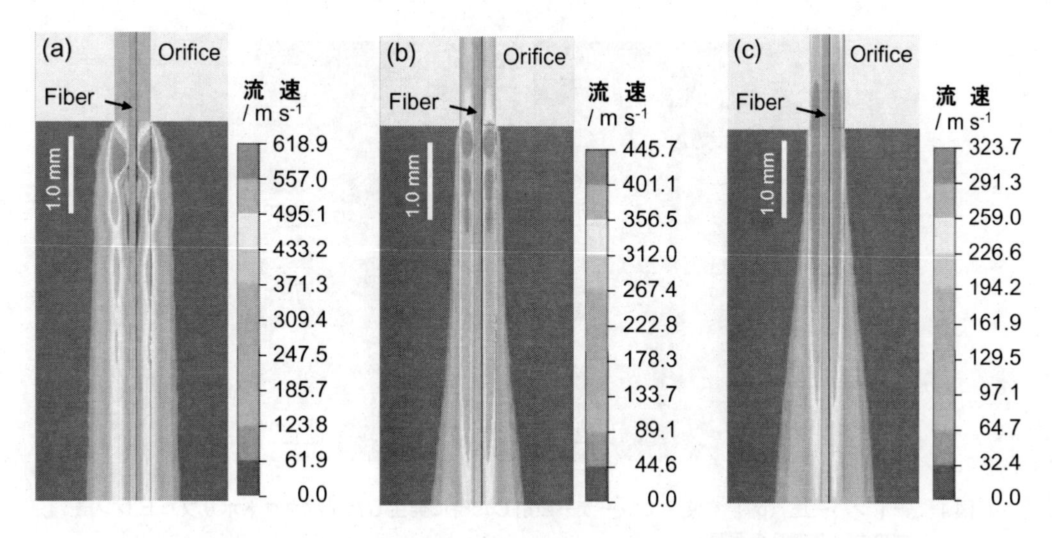

図2　有限要素法で流体解析したオリフィス直下の流速分布
(a) 10 KPa　(b) 30 KPa　(c) 50 KPa

図3 (a) は流体解析から求めた流速分布での最大流速とチャンバー圧との関係を示す。チャンバー圧の低下と伴に最大流速はほぼ直線的に増加し，p_{ch}＝50 KPa以下で音速を超え，p_{ch}＝10 KPaではマッハ1.8に達する。

オリフィスから真空ボックスに噴射される空気の温度は，断熱膨張により低下する。そこで，空気の流れの温度分布を求めるために，速度分布の解析に使用した3次元モデルを用い，同じ条件で解析した。図3 (b) は各チャンバー圧で解析したオリフィス直下の温度分布で最も低い温度域の温度を示す。チャンバー圧が低いほど到達する温度は低く，p_{ch}＝10 KPaでは約100 Kまで低下する。

図4はチャンバー圧を変えてイソタクトポリプロピレン (iPP) 繊維にレーザー照射した時に発生したネック部分を撮影した写真である。なお，ネックの撮影は長焦点距離ズームレンズを装着した高速度カメラを用いて500倍で行った。口径0.3 mmのオリフィスから送り出される繊維径150 μmのiPP繊維は揺動することなく，安定してレーザー照射位置に供給されている。一方向 (写真の左側) からのレーザー照射であるため，ネック部は対称的ではないが，チャンバー圧が低くなるほど繊維径は細くなる。

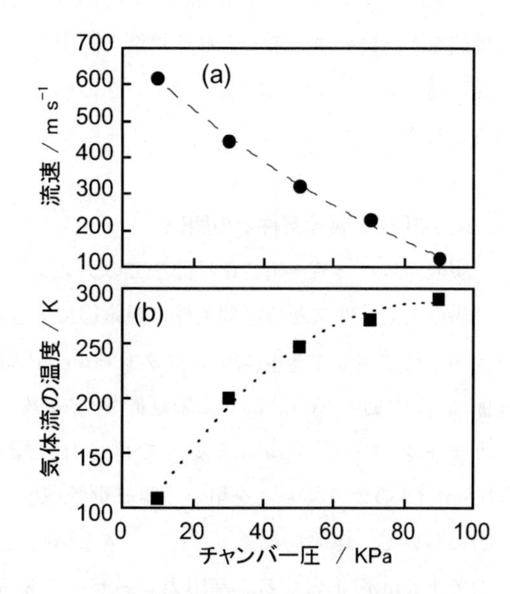

図3　流体解析で得られた (a) 流速分布における最大流速と (b) 気体流の温度のチャンバー圧依存性

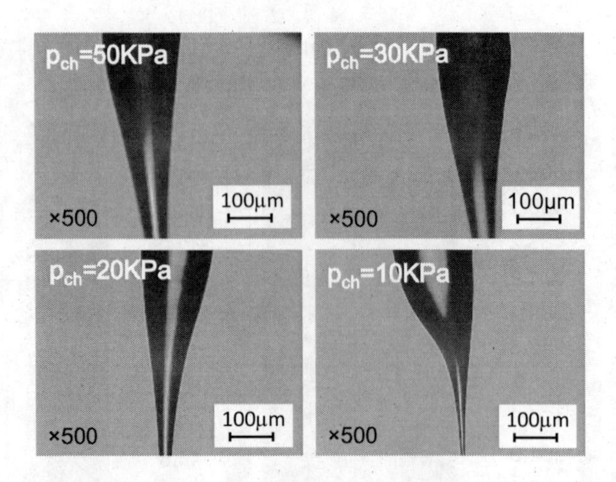

図4　チャンバー圧（p_{ch}）を変えてレーザー照射した時に発生したイソタクトポリプロピレン繊維のネック部分の写真

また，溶融紡糸の口金付近で発生する繊維の膨張現象（バラス効果）が観察されず，安定したネックを形成する。レーザー照射位置への安定した繊維供給およびバラス効果を伴わない延伸は，流速中でせん断力と共に圧縮力が繊維の中心に作用していることを示唆し，より細い繊維ほど均一性が高いことと一致する。

以上のことから，超音速中でのレーザー照射によるナノファイバー化では，低い温度雰囲気中でレーザーにより部分融解した繊維がせん断力と圧縮力との合力によって数十万倍まで超延伸され，低温の空気の流れの中で瞬時に冷却されて固化する。この急冷は流動配向化で発現した高次構造を配向緩和させることなく構造を固定できるため，本方法で作製したナノファイバーの配向性は高くなる。また，安定したネックの形成により繊維が途切れることなく延伸され，長繊維が得られる。

2.3　繊維径と延伸条件との関係

炭酸ガスレーザー超音速延伸法でのナノファイバー化では，チャンバー圧，レーザー出力および繊維供給速度などの延伸条件は繊維径に大きな影響を与える。ここでは本方法を非晶質・無配向の未延伸ポリエチレンテレフタレート（PET）繊維に適用した時の延伸条件と繊維径との関係について述べる[13]。図5は未延伸PET繊維（繊維径：183 μm）を用いてレーザー出力（P_L）とチャンバー圧（p_{ch}）を変えて得られた繊維の平均繊維径を示す。なお，ここでは口径0.5 mmφのオリフィスを用い，繊維供給速度（S_s）は0.1 m/minで一定とした。各レーザー出力において，繊維径はチャンバー圧の低下とともに減少し，p_{ch}=6 KPaでは全てのレーザー出力で1 μm以下となる。高出力レーザーを繊維に照射することで，瞬時に繊維を溶融させて溶融粘度を下げ，溶融体の流動性を大きくすることがナノファイバー化には重要である。図6はS_s=0.1 m/min，p_{ch}=6 KPa，P_L=8Wの延伸条件で得られた繊維の繊維径分布とSEM写真を示

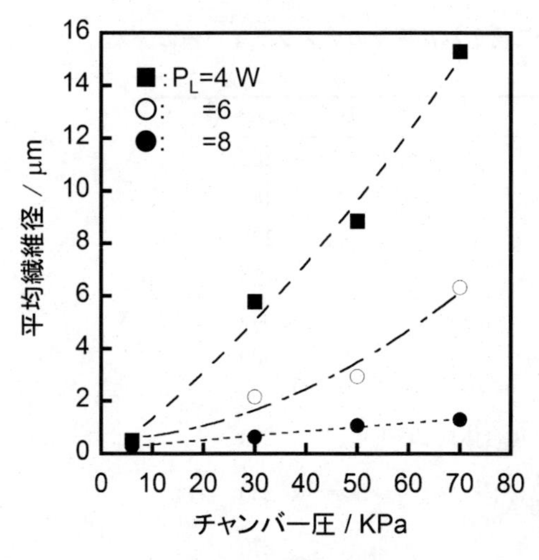

図5　レーザー延伸PET繊維における平均繊維径のチャンバー圧とレーザー出力（P_L）依存性

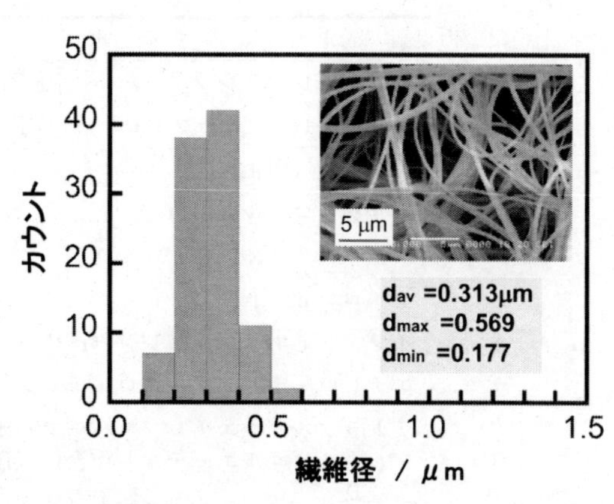

図6　PETナノファイバーの繊維径分布とSEM写真
（繊維供給速度；0.1 m min^{-1}，チャンバー圧；6 KPa，レーザー出力；8 W）

す。高出力レーザーを照射することで平均繊維径は細くなり，繊維径分布は狭くなる。SEM写真では，ショット球などは観察されず，均一性が高いことがわかる。

炭酸ガスレーザー超音速延伸法は，表1に示すようにPETやポリエチレン2,6ナフタレート[14]などのポリエステル以外にも，生分解性ポリマー[15,16]，溶剤に難溶なポリオレフィンやフッ素系樹脂などの高分子材料のナノファイバー化も可能である。

2.4　炭酸ガスレーザー超音速マルチ延伸法

炭酸ガスレーザー超音速延伸法は，様々な繊維のナノファイバー化に適用できることを前項で述べてきた。次に，ナノファイバーのシート化を目的として，複数本の繊維を同時にナノファイバー化できるマルチ延伸装置を設計・製作した。このマルチ延伸装置では，ナノファイバーの捕集法が異なる2つのタイプがある。まず，ナノファイバーを高速で回転するリールで巻き取る方法（巻取り型）である。巻取り型マルチ延伸装置は図7(a)に示すように，複数本の繊維を供給するためのリール，複数本のオリフィスと巻取り装置を備えた真空ボックス，CO_2レーザー発振器，パワーメーターおよびYとZ軸方向に微動でき，Z軸の周りに回転できる台座などから構成される。装置条件としては，シングルオリフィス型装置の条件に加え，オリフィスの本数，巻取り速度，捕集時間などが挙げられ，巻取り速度を変えることで繊維の配列度を制御でき，シート強度や目付け（単位面積当たりの重量）を変えることができる。

次に，ナノファイバーをネットコンベアーで捕集する方法（ネットコンベアー型）では，図7(b)に示すように一定速度で移動するネットコンベアー上にナノファイバーを捕集し，シートを作製する。この装置では，27本の繊維がナノファイバー化できるように，1 cm間隔で一列に細孔を開けた板状オリフィスを用いた。繊維の送出し速度は，板状オリフィスの上部に取り付け

表1　炭酸ガスレーザー超音速延伸法で得られた種々のナノファイバーの平均繊維径

繊　維	平均維織径（nm）
ポリエチレンテレフタレート（PET）[13]	102
ポリエチレン2,6ナフタレート（PEN）[14]	180
ポリ乳酸（PLLA）[15]	132
ポリグリコール酸（PGA）[16]	350
ナイロン6（N6）	365
ナイロン66（N66）	300
イソタクトポリプロピレン（iPP）	200
エチレン・テトラフルオロエチレン共重合体（ETFE）	200
テトラフルオロエチレン・パーフルオロアルキルビニルエーテル共重合体（PFA）	280
ポリフェニレンサルファイド（PPS）	670

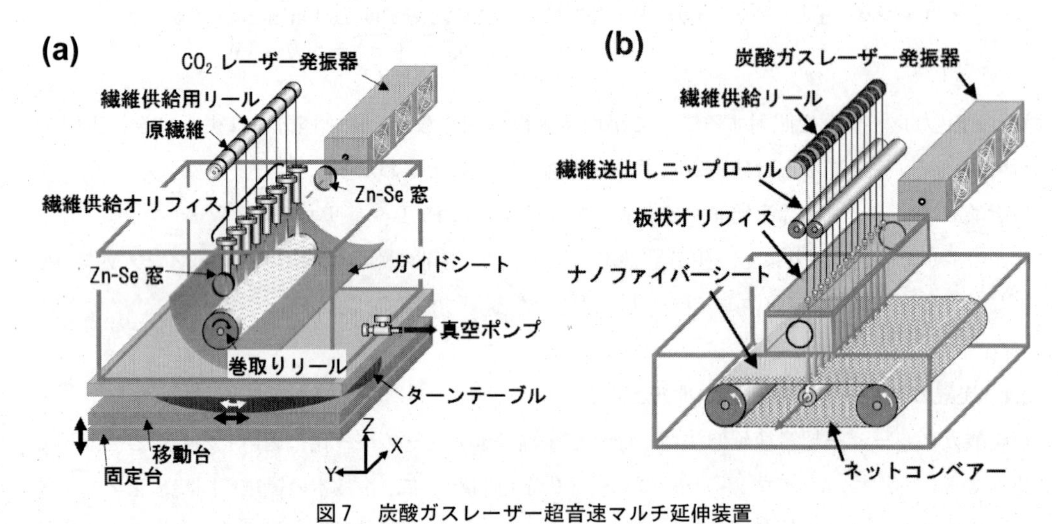

図7　炭酸ガスレーザー超音速マルチ延伸装置
(a) 巻取り型マルチ延伸装置　(b) ネットコンベアー型装置

たニップロールで供給速度を調整する。ネットコンベアー型はオリフィス直下でナノファイバーを捕集することで繊維の飛散を防止でき，捕集効率が良い。また，この装置は長尺シートを作製するための連続巻取り型装置に発展させることができる。

2.4.1　巻取り型マルチ延伸装置で作製したPETナノファイバーシートについて

マルチ延伸装置では，複数本の繊維にレーザーを照射して繊維径の均一なナノファイバーを作製できる条件を設定することが重要である。ここでは，1 cm間隔で設置した7本のオリフィスを用いてPET繊維のナノファイバーシート化について述べる。図8はレーザー出力（P_L）を変えて作製したシートの平均繊維径を様々な巻取り位置（L）で測定した結果を示す。この延伸では，繊維供給速度は0.1 m/min，オリフィス口径は0.5 mm，チャンバー圧は14 kPa，巻取り速度は75.4 m/min，巻取り時間は5分間とした。用いた巻取りリールの長さは19 cm，直径は6 cm

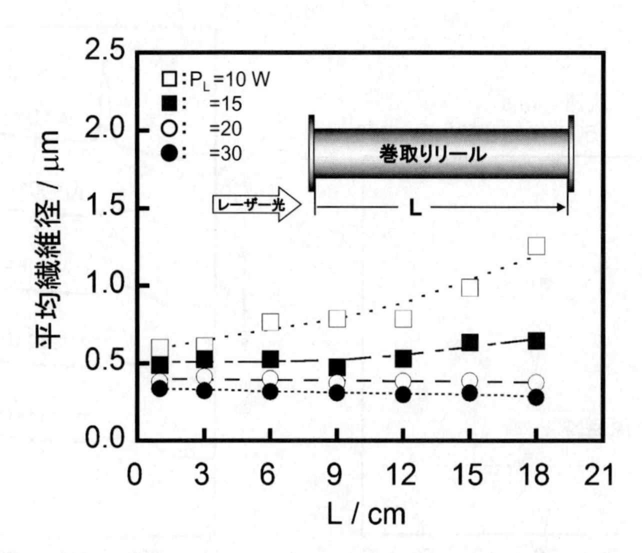

図8 各レーザー出力（P_L）における巻取り位置（L）と平均繊維径との関係

であり，レーザー発振器側の巻取りリールの端を基準（L＝0）とした。P_L＝10 W ではレーザー光源から離れるにつれて繊維は太くなり，繊維径は捕集位置に依存する。P_L＝15 W では繊維径は僅かに捕集位置に依存するが，P_L＝20 と 30 W ではほぼ一定値をとり，捕集位置に依存しない。レーザー出力が弱い場合，レーザー光源から離れるにつれ，レーザー側の繊維によるレーザー光の散乱・吸収で強度が減衰し，光源から離れると十分なレーザー強度が得られない。そのため，溶融粘度が十分に低下せず，繊維が細くならない。一方，レーザー出力が十分に高い場合には，レーザー光の散乱・吸収があっても，十分なレーザー強度が得られるため，繊維径にはほとんど影響を与えない。

レーザー超音速延伸過程で起こる分子鎖のコンホメーション変化を調べるためにPETナノファイバーシートのFT-IR測定を行った。なお，試料作製条件は，均一な繊維径が得られる20 Wのレーザー出力とし，その他の条件は前項と同様である。PETにはエチレングリコールセグメントの面内変角振動に基づく848 cm^{-1} と 895 cm^{-1} がそれぞれトランスとゴーシュコンホメーションに帰属される[17~20]。トランスは結晶および非晶の両相に存在し，ゴーシュは非晶相のみに存在する[21,22]。図9はチャンバー圧を変えて作製したPETシートのトランス/ゴーシュ比を示す。チャンバー圧の低下に伴い，トランス/ゴーシュ比は原繊維の値（0.273）から増加し，ゴーシュからトランスにコンホメーション変化している。このコンホメーション変化は分子鎖の伸び切りを示唆し，分子鎖の伸び切りは非晶鎖の流動配向化（strain-induced orientation）と配向結晶化（strain-induced crystallization）が延伸過程で起きていることを示す。一般に，流動延伸では分子鎖の配向はほとんど伴わないことが知られているが，本方法のように低温の超音速流中での急速加熱・超延伸過程では，分子鎖の配向緩和が起こる前に繊維が固化するため，高い配向状態を保持したままの繊維が得られる。

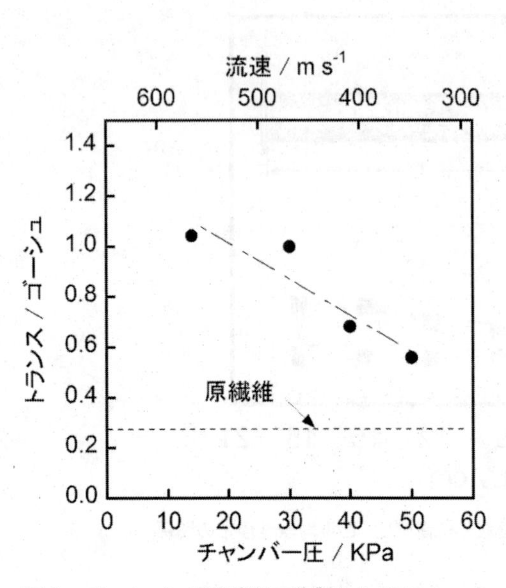

図9　チャンバー圧を変えて作製した PET シートのトランス/ゴーシュの変化

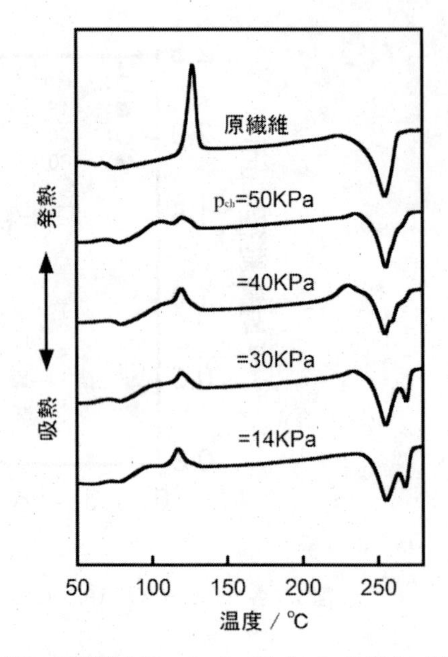

図10　原繊維とチャンバー圧（p_{ch}）を変えて作製した PET シートの DSC 曲線

図 10 は原繊維とチャンバー圧を変えて作製した PET シートの DSC 曲線を示す。原繊維では 127℃に低温結晶化に基づく発熱ピーク，255℃には単一の融解ピークが観察される。各チャンバー圧で得られたシートの低温結晶化温度は 117℃付近に現れ，低温結晶化温度の低温側へのシフトは非晶鎖の配列が進んでいることを示す。特に，p_{ch}＝30 と 14 KPa で作製したシートの融解ピークは原繊維の単一ピークとは異なり，二重融解ピークである。低温側のピークは原繊維と同様に 255℃であるが，高温側のピークは 269℃に観察される。これまで，我々は PET 繊維の様々な延伸・熱処理法について報告してきたが[23~25]，原繊維の融点より 14℃も高い融点を観察したことはない。高温側の融点は PET の平衡融点に近く，このような融解ピークの高温側への大幅なシフトは，結晶内の分子鎖の充填状態が密になり，分子鎖間の相互作用が強くなったことに起因する。

2.4.2　連続巻取り型マルチ延伸装置

前項までにマルチ延伸装置により，ナノファイバーをシート化できることを述べてきた。しかし，巻取り型およびネットコンベアー捕集型マルチ延伸装置はバッチ式であるため，長尺シートを作製できない。ナノファイバーシートの実用化には，幅広い長尺シートを作製できる装置が必要である。そこで，新たに設計・製作した装置では，コンベアー上に捕集したナノファイバーシートを層間紙として用いる PET フィルム上に移して連続的に巻き取る方法を採用した。この装置は図 11 に示すように繊維供給リール，繊維を一定速度で送出すためのニップロール，数十本の繊維を同時にナノファイバー化できる板状オリフィス，ネットコンベアー，層間紙（PET フィルム）を供給するためのリール，巻取り機などから構成される。なお，ニップロール，巻取りリー

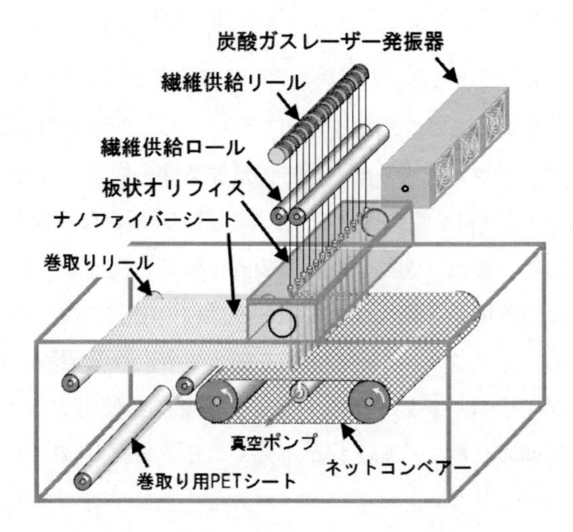

図11　連続巻き取り型マルチ延伸装置

ル，層間紙送出しリールおよびネットコンベアーの速度は個別に設定できる。一台のレーザー発振器でマルチ延伸を行う場合には，オリフィスの配置が重要である。ここでは，50本の繊維をナノファイバー化することを考え，まず，50本のオリフィスを1列に並べた配列を検討した。

その結果，レーザー光源から離れた位置では光源側の繊維によってレーザー光が散乱・吸収されるために十分な出力が得られず，レーザー光源から離れた位置ではナノファイバー化できない。そこで，繊維が均一にナノファイバー化できるオリフィス配置を検討した結果，25本のオリフィスを2列に配置することで，50本の繊維を均一にナノファイバー化できることが分かった。図12は2列×25本で50本の繊維を供給できる板状オリフィスを用いて連続的に巻き取ったPETナノファイバーシート（幅約45 cm）である。このシートでは，繊維径はレーザー照射位置に依存せず，50本の繊維がほぼ均一にナノファイバー化されている。連続巻取り型マルチ延伸装置で50本の繊維をナノファイバー化することができ，本方法がナノファイバーシートの量産化に対応できることが示された。さらに，オリフィス配置やレーザーの光学系を工夫し，複数台のレーザー発振器を用いることで，数百本の繊維をナノファイバー化できると考えられる。

また，マルチ延伸では，融点や結晶性など特性が大きく異なる異種材料の繊維を交互にオリフィスに供給しても同時にナノファイバー化でき，複合ナノファイバーシートを作製できる。例えば，PLLA（融点：160℃）ナノファイバーにPET（融点：250℃）ナノファイバーを複合化させてシート化すると，PLLA/PET複合シートの強度を上げることができる。このような複合化は，新たな機能付与や性能向上に有効である。

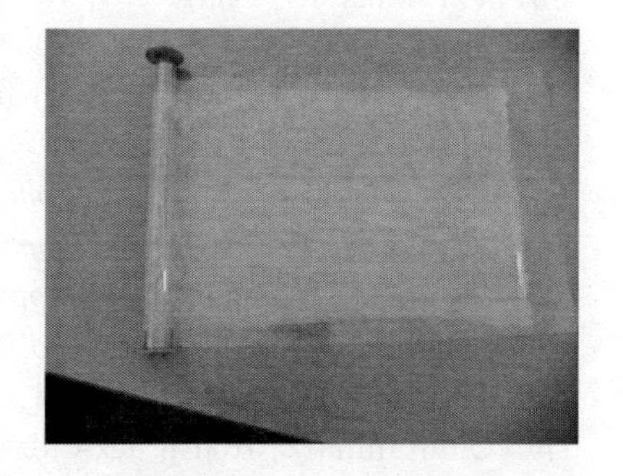

図12　連続巻取り型マルチ延伸装置で作製したPETナノファイバーシート（幅約45 cm）

2.5 まとめ

炭酸ガスレーザー超音速延伸法はほとんどの熱可塑性高分子材料に適用でき，得られるナノファイバーは配向性の高い長繊維である。溶剤を使用しないため，作業環境およびナノファイバーの安全性は高い。チャンバー圧やレーザー出力などの延伸条件を変えることで容易に繊維径を制御できる。性質の異なる高分子材料を複合化することは容易で，新たな機能を備えたナノファイバーシートの作製が可能である。また，連続巻取り型装置は幅広い長尺ナノファイバーシートを作製でき，小型であるために設置場所を選ばず，少量・多品種の生産に適している。全ての工程を減圧密閉容器内で行うため，ナノファイバーの飛散を防止でき，作業環境の安全性は高く，シートへの不純物の混入は極めて少ない。局所的なレーザー加熱では使用するエネルギー量は少なく，低温気流中での加熱・延伸のため，冷却工程が不要である。装置の減圧度は低真空領域であるため，高度な真空技術を必要としない。

以上のように，炭酸ガスレーザー超音速延伸法は，小規模な設備で多種のナノファイバーを量産できるトップダウン型ナノファイバー作製法として期待できる。

文　　献

1） Ding B, Kimura E, Sato T, Fujita S, Shiratori S., *Polymer*, **45**, 1895-1902 (2004)
2） Gupta P, Wilkes GL., *Polymer*, **44**, 6353-6359 (2003)
3） Ayutsede J, Gandhi M, Sukigara S, Micklus M, Chen HE, Ko F., *Polymer*, **46**, 1625-1634 (2005)
4） Fong H., *Polymer*, **45**, 2427-2432 (2004)
5） Kim JS, Reneker DH., *Polym Eng Sci*, **38**, 849-854 (1999)
6） Deitzel JM, Kleinmeyer J, Harris D, Tan BNC., *Polymer*, **42**, 261-272 (2001)
7） Huang C, Chen S, Reneker DH, Lai C, Hou H., *Adv Mater*, **18**, 668-671 (2006)
8） Pedicini A, Farris RJ., *Polymer*, **44**, 6857-6862 (2003)
9） Varabhas JS, Chase GG, Reneker DH., *Polymer*, **49**, 4226-4229 (2008)
10） Zhou H, Green TB, Joo Y., *Polymer*, **47**, 7497-7505 (2006)
11） Dalton PD, Grafahrend D, Klinkhammer K, Klee D, Möller M., *Polymer*, **48**, 6823-6833 (2007)
12） Lyons J, Li C, Ko F., *Polymer*, **45**, 7597-7603 (2004)
13） Suzuki A, Tanizawa K., *Poymer*, **50**, 913-921 (2009)
14） Suzuki A, Yamada Y., *J Appl Polym Sci*, **116**, 1913-1919 (2010)
15） Suzuki A, Aoki K., *Euro Polym J*, **44**, 2499-2505 (2008)
16） Suzuki A, Shimizu R., *Appl Polym Sci*, **121**, 3078-3084 (2011)
17） Quintanilla L, Rodriguez-Cabello JC, Jawhari T, Pastor JM., *Polymer*, **34**, 3787-3795 (1993)
18） Lin SB, Koenig JL., *J Polym Sci Polym Phys Ed*, **20**, 2277-2295 (1982)

19) Yazdanian M, Ward IM, Brody H., *Polymer*, **26**, 1779-1790 (1985)
20) Andanson JM, Kazarian SG., *Macromol Symp*, **265**, 195-204 (2008)
21) Pearce R, Cole KC, Ajji A, Dumolin MM., *Polym Eng Sci*, 1795-1800 (1997)
22) Ajji A, Cole KC, Dumolin MM, Ward IM., *Polym Eng Sci*, 1801-1808 (1997)
23) Suzuki A, Nakamura Y, Kunugi T., *J Polym Sci*, Part B **37**, 1703-1713 (1999)
24) Suzuki A, Mochizuki N., *J Appl Polym Sci*, **82**, 2775-2783 (2001)
25) Suzuki A, Kishi M., *Poymer*, **48**, 2729-2736 (2007)

第1章　エネルギー用部材

1　PVA系ナノファイバー不織布

岸本吉則*

1.1　はじめに

エレクトロスピニング法によるナノファイバーの出現は，不織布（湿式，乾式）のアプリケーションを大幅に拡大し得る革新技術をもたらす可能性がある。これまでに開発された合成高分子から成る不織布用繊維の直径は，ミクロンオーダーが主流であり，このような繊維を使用した従来の不織布では，サブミクロンオーダーの孔径制御は困難であった。

エレクトロスピニング法は，従来のマイクロファイバー直径の約1/100程度のナノファイバーを製造することが可能であり，このような超極細繊維を使用することにより，サブミクロンオーダーの孔径制御が可能な不織布を製造することが可能となる。

このため，ナノファイバー不織布は，今後の市場規模の拡大が期待される新型二次電池や燃料電池用部材，あるいは高性能濾過素材等への応用が期待されている。

しかしながら，ナノファイバーを実用化させるためには，ハンドリング性の悪さを克服する方法や，生産性の向上，また品質保証手段など，克服すべき課題が残されている。

本稿では，エネルギー関連部材へのアプリケーションを想定し，PVAを中心としたナノファイバーの工業的製法や複合化の方法，また，それら材料の基本的性質について述べる。

1.2　新規なエレクトロスピニング法（＝エレクトロバブルスピニング法）

エレクトロスピニング法は，一般に紡糸ノズルを使用した紡糸方法が主流であるが，当社ではエレクトロバブルスピニング法[1)]と称する，紡糸ノズルを使用しない製法の検討を行っている。

エレクトロバブルスピニング法とは，図1に示したように，紡糸液に圧縮空気を供給し，連続的に発生させたバブルに高電圧を印加することによりナノファイバーを生成する方法[2)]である。基本原理は従来のエレクトロスピニング法と変わらないが，ポリマージェットがバブル表面から発生する点が大きく異なる。本製法は，紡糸液表面全体からポリマージェットが生成するため，ナノファイバーの生成量は紡糸液の見かけの表面積に比例して増大する。さらに，ノズル法で問題となるようなノズルの目詰まりがなく，メンテナンスの容易な紡糸方法である。

本製法の基本的な製造工程を図2に示す。この工程では，ナノファイバーのハンドリング性を改善するために，ポリオレフィン系湿式不織布とナノファイバーとのラミネーションを実施している。一般に，ナノファイバー単独からなる不織布はハンドリング性が悪いことから，何らかの

---

*　Yoshinori Kishimoto　廣瀬製紙㈱　開発部　部長

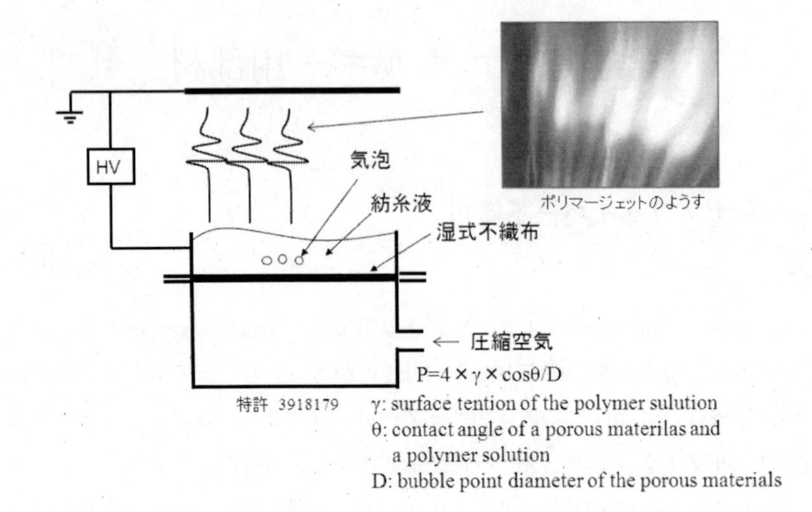

図1 エレクトロバブルスピニング法の概要

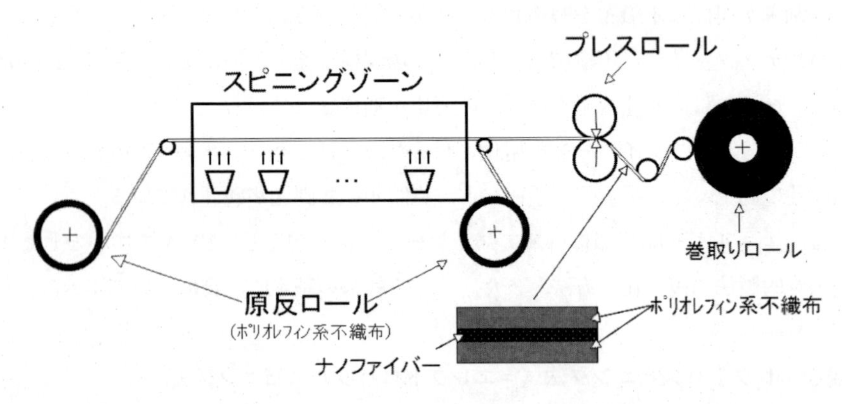

図2 ナノファイバー複合不織布の製造工程

基材と複合化させた状態で取り扱うケースが多くなる。この基材としては，多孔質フィルム，乾式不織布，および湿式不織布などが考えられるが，ナノファイバーとの密着性を考慮した場合，不織布基材が妥当と考えられる。また，ナノファイバーを基材上へ積層する際，ナノファイバー繊維層を破壊しない程度の均一かつ平滑な表面が必要であり，この目的に合致する不織布基材としては湿式不織布が適当ではないかと思われる。

このような2層ラミネーションでは，基材不織布の平均孔径および孔径分布を大きく変えることが可能である。図3は，ビニロン紙とビニロン紙にPVAナノファイバーを積層した2層複合不織布の平均孔径と坪量の関係を示している。マイクロファイバーから成るビニロン紙は高坪量においても平均孔径が10μm以下とはならないが，ナノファイバーと複合化させた場合は，サブミクロン領域まで下げることが可能である。また，孔径分布においても，図4に示したように，ナローな分布とすることが可能である。

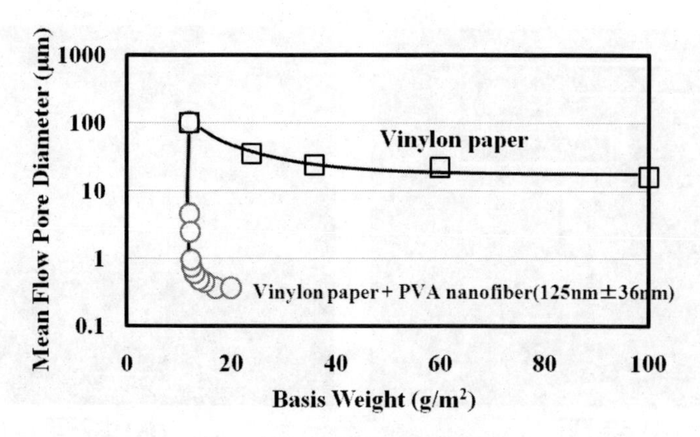

図3　平均流量孔径と坪量の関係

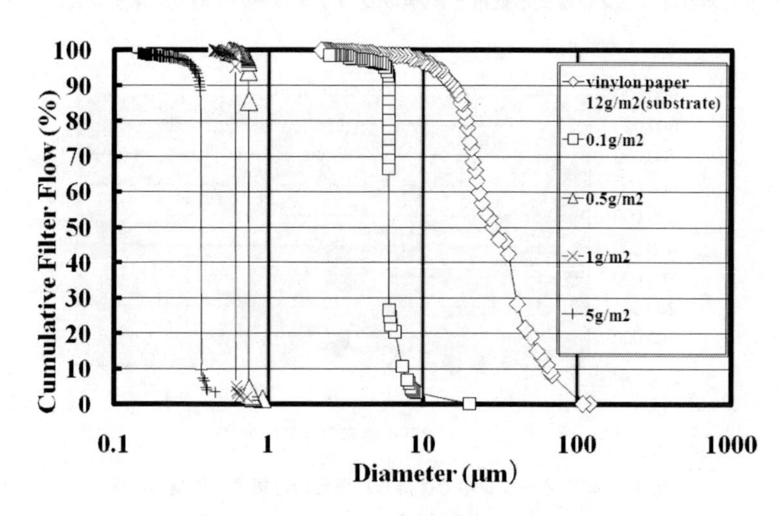

図4　ナノファイバー複合不織布の孔径分布

1.3　機能分離型ナノファイバー複合不織布

ナノファイバーのハンドリング性を向上させるためには湿式不織布とのラミネーションが有効である。ポリオレフィン系湿式不織布とPVAナノファイバーの2層ラミネーションの例を写真に示す（図5）。この場合，湿式不織布とナノファイバー其々に，独自の機能を付与させておくことにより，機能分離型の複合不織布が創製可能となる。例えば，二次電池の分野で利用されるシャットダウンセパレータへの応用では，湿式不織布にシャットダウン機能を付与し，且つ，耐熱性のナノファイバーとラミネートすることにより，高メルトダウン温度を有するシャットダウンセパレータが設計可能である。

図6は，坪量の変化に対する湿式不織布の透気度の変化を示したものであるが，140℃オーブン中で保持した場合，坪量の増加とともに透気度の上昇が見られる。すなわち，適切な坪量を選択すれば，温度上昇に伴い不織布の孔径が閉塞することによるシャットダウン機能が発現するこ

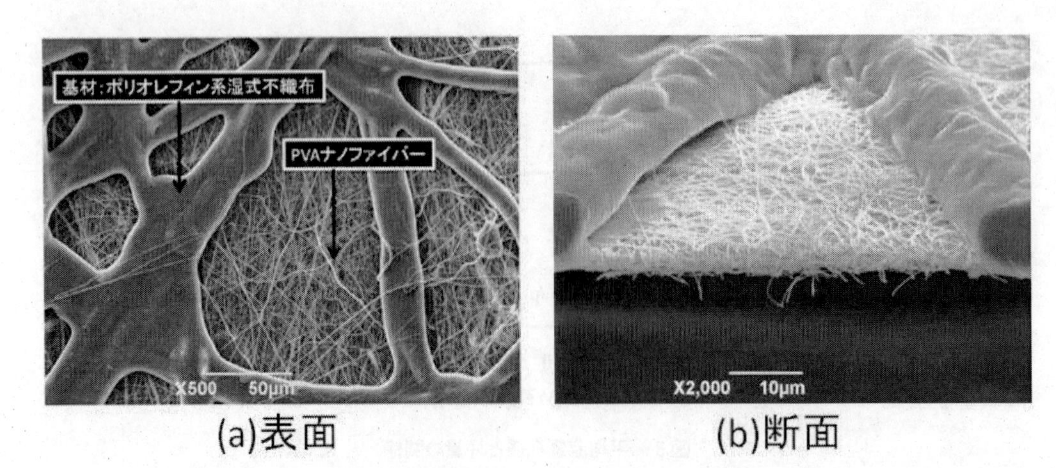

図5　ポリオレフィン湿式不織布とPVAナノファイバーの2層ラミネーションの例

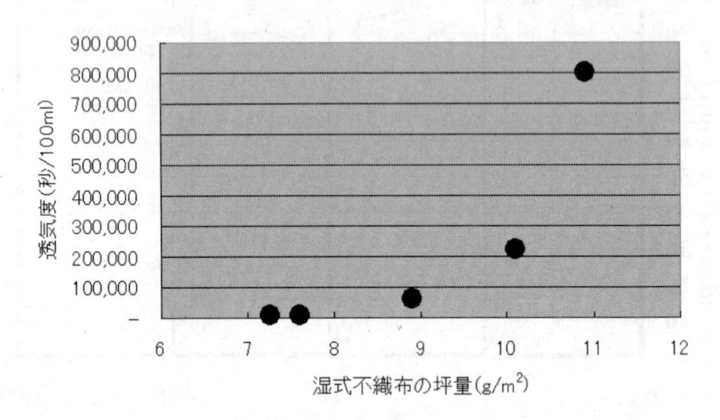

図6　140℃オーブン中で保持した場合の透気度と坪量の関係

とを示している。

図7の写真は，PVAナノファイバーにシリカナノ粒子を分散させた複合ナノファイバーの耐熱性試験結果である。200℃オーブン中（1時間保持）においても大きな収縮は見られず，高メルトダウン温度が期待できる。このように，湿式不織布とナノファイバーそれぞれに特徴的な機能を付与させておくことにより，機能分離型ナノファイバー複合不織布が構築可能である。

1.4　セラミックス含有PVAナノファイバー

PVAナノファイバーは，その表面積の大きさから，水に対する溶解性が従来のマイクロファイバーとは大きく異なり，極めて溶解性の高い素材となっている。このようなPVAナノファイバーの耐水性を改善する方法として，ゾル－ゲル法を利用したPVAマトリックス中へのシリカドメインの架橋構造の導入は極めて有効である。

ゾル－ゲル法による有機－無機ハイブリッドナノファイバーについては多くの研究例があるが，

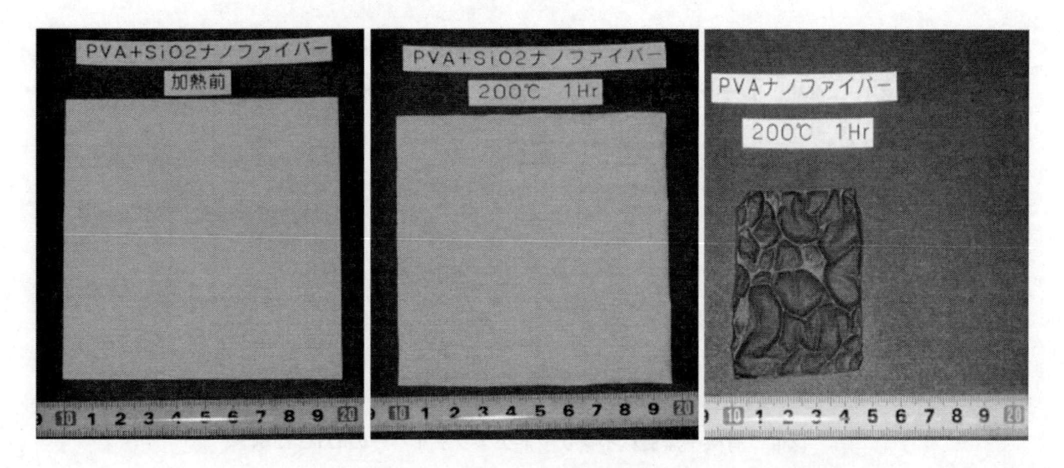

図7　シリカナノ粒子を分散させたPVAナノファイバーの耐熱性

典型的なハイブリッドナノファイバーの合成方法としては，PVA水溶液中でのTEOSの酸触媒による加水分解[3]が挙げられる。

図8の写真は，SiO_2換算で0～50 wt%までシリカコンテントを変化させて作製したハイブリッドナノファイバーの耐水（冷水）性試験後のSEM写真である。冷水浸漬によりPVAナノファイバーは完全にフィルム状に変化し，全く耐水性を有していないが，ハイブリッドナノファイバーではシリカ充填量の増加とともに耐水性が向上し，40 wt%以上では溶解の見られないナノファイバーへと変化していることが分かる。

また，ハイブリッド化することにより耐熱性についても向上が期待できる。図9に，TGA曲線から誘導したDTG曲線を示す。一般に，PVAのDTG曲線[4]では側鎖の脱離と主鎖の分解が見られる。PVAナノファイバーの側鎖の脱離ピーク温度（T-ds）は，ハイブリッド化することにより高温側にシフトし，さらにシリカ充填量の増加とともに徐々に消失している。また，高温

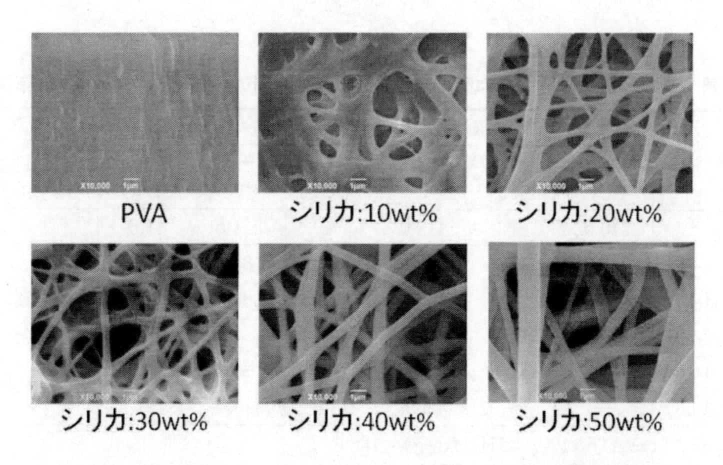

図8　有機－無機ハイブリッドナノファイバーの耐水性試験結果

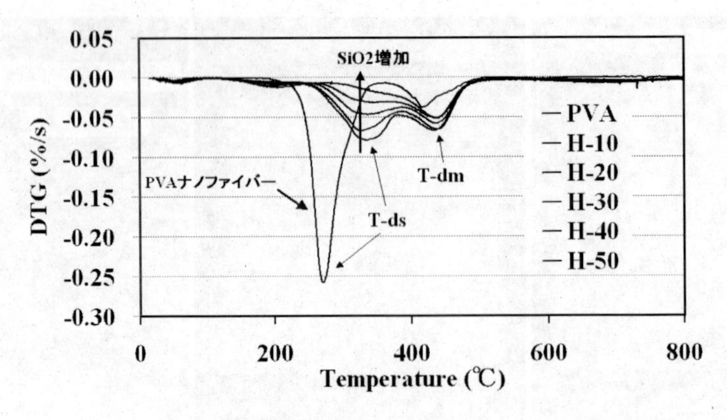

図9　有機－無機ハイブリッドナノファイバーの DTG 曲線

側の主鎖の分解ピーク温度（T-dm）も高温側にシフトしていくことがわかる。DTG 曲線から得られた解析データを表1にまとめた。PVA ナノファイバーの T-ds は 270.5℃，T-dm は 419.0℃であった。また，DSC による融点は 221.5℃，結晶化度は 34.3%と見積もられた。有機－無機ハイブリッドナノファイバーでは T-ds が約 60℃，T-dm は約 20℃高温側へシフトしており，耐熱性の向上が確認された。ゾルーゲル法によりハイブリッド化を行った結晶性ポリマーはアモルファス化[5)]することが知られているが，ナノファイバーにおいてもシリカ充填量の増加とともに PVA の融点の低下と結晶化度の急激な低下が見られ，アモルファス化が進行していることが示唆された。

この有機－無機ハイブリッドナノファイバーは焼成することにより，セラミックスナノファイバーへと変換することが可能である。図 10 は有機－無機ハイブリッドナノファイバー（SiO_2 換算で 50 wt%）を各温度で焼成した後の SEM 写真である。各温度でナノファイバーの形態を維持していることがわかる。1,000℃焼成では，PVA はほとんど消失していることから，SiO_2 のみから成るナノファイバーが生成していることになる。

表1　熱分析から得られた有機－無機ハイブリッドナノファイバーの解析結果

Sample		TGA				DSC		
		T-ds (℃)	⊿T-ds (℃)	T-dm (℃)	⊿T-dm (℃)	mp (℃)	⊿Hm (J/g)	Degree of Crystallinity (%)*
PVA		270.5	—	419.0	—	221.5	47.6	34.3
有機－無機ハイブリッド	H-10	334.3	63.8	436.6	17.6	188.2	10.5	8.3
	H-20	326.3	55.8	436.5	17.5	181.7	4.0	3.6
	H-30	331.4	60.9	437.6	18.6	—	—	—
	H-40	331.3	60.8	437.6	18.6	—	—	—
	H-50	—	—	436.6	17.6	—	—	—

*　$\Delta Hm/[\Delta H_m^0(1-m)]\times 100$，$\Delta H_m^0$ (J/g)＝138.6
(1－m) actual weight fraction of PVA

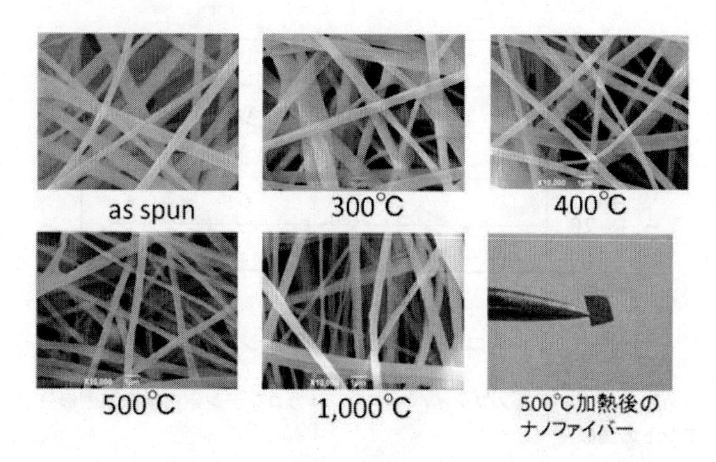

図10　各温度で焼成した有機－無機ナノファイバーの SEM 写真

PVA ナノファイバーとセラミックスをコンポジット化させることによっても，ナノファイバーの耐熱性等を向上させることが可能である。上述のように，当社独自のエレクトロバブルスピニング法は，エアーバブリングを行いながらナノファイバーの生成を行うため，紡糸液にセラミックスナノ粒子をブレンドすることにより，ポリマーマトリックス中にセラミックスナノ粒子が均一に分散されたナノファイバーを製造することが可能である[6]。

図11は，粒子径の異なるセラミックスを PVA 紡糸液にブレンドして製造したコンポジットナノファイバーの SEM 写真の比較である。セラミックス粒子の大きさにより，ナノファイバーとの複合化の様子が異なることがわかる。図12は，PVA とコロイダルシリカからなる紡糸液

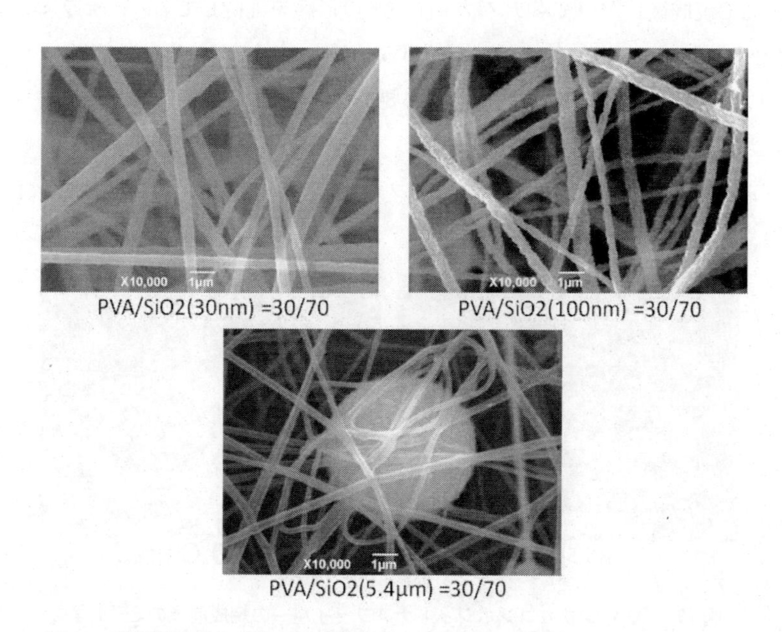

図11　粒子径の異なるシリカを充填した PVA コンポジットナノファイバー

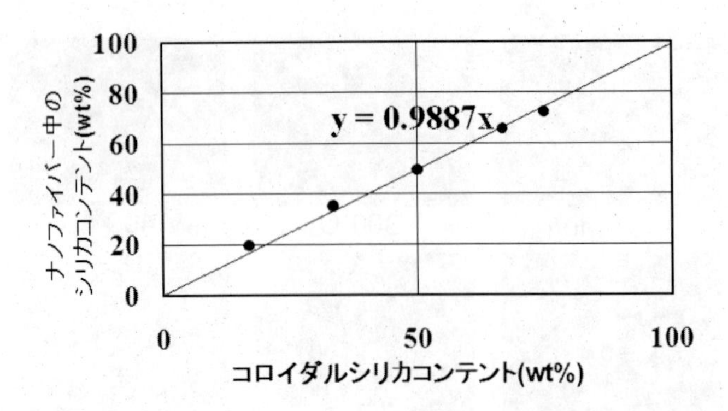

図12　PVA/シリカコンポジットナノファイバー中のシリカコンテントと紡糸液固形分中のコロイダルシリカコンテントの関係

の固形成分中のシリカコンテントに対して，得られたコンポジットナノファイバー中のシリカコンテントを比較したものである。シリカコンテントは，ほぼ一致しており，コンポジットナノファイバー中のシリカコンテントは制御可能である。エレクトロバブルスピニング法は，紡糸ノズルを使用しないため，ノズル中にセラミックス粒子凝集物が目詰まりする等の問題がないため，連続的にセラミックス含有PVAナノファイバーを製造することが可能である。

有機－無機ハイブリッドナノファイバーを焼成することによりセラミックスナノファイバーを合成できることを既に示したが，ナノ粒子をブレンドしたコンポジットナノファイバーからもセラミックスナノファイバーを製造することが可能である。図13は，直径30 nmのシリカを70 wt%分散させたコンポジットナノファイバーと，それを1,000℃で焼成したもののSEM写真である。1,000℃焼成後においてもナノファイバーの形態を維持しており，セラミックスナノ粒子を分散させたコンポジットナノファイバーからでもセラミックスナノファイバーが生成することがわかる。本製法は，ゾル溶液を合成する必要がないことから，簡便なセラミックスナノファイバーの製造方法であるといえる。

以上，PVAナノファイバーを中心としたアプリケーションについて述べたが，水を溶媒とす

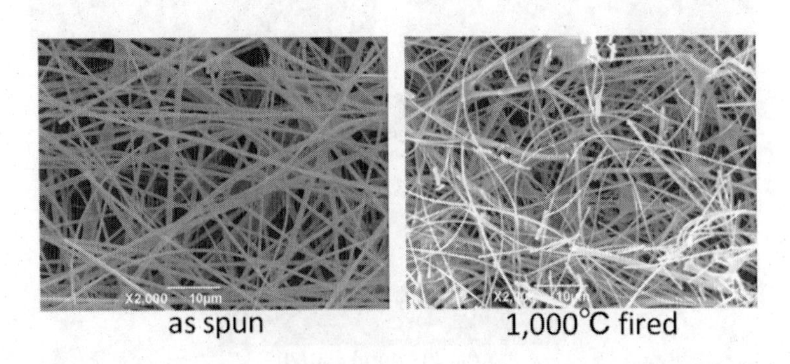

図13　PVA/シリカコンポジットナノファイバーの焼成前後のSEM写真

図14　エレクトロバブルスピニング法ナノファイバーの量産装置

るPVAは，安全性を基本とする工業的製造において，魅力的な合成高分子である。湿式不織布がビニロン（変性PVA繊維）を中心に発展してきた背景にも，ビニロンの水による部分的な溶解性制御が重要な要素技術となっている。今後も，PVAは不織布産業の中心的材料となっていくものと推測できるが，ナノファイバーの分野においても同様に，重要な材料となっていくものと思われ，同材料の応用技術開発が期待されるところである。当社は，図14の写真に示したように，エレクトロバブルスピニング法に基づいた量産機を立ち上げており，ナノファイバーの応用に向けた要素技術の拡充に努めていく計画である。

文　献

1）岸本吉則，機能紙研究会誌，**49**，p.51-56（2010）
2）岸本吉則，繊維機械学会紙，**61**，No.7（2008）
3）C. Shao *et al.*, *Material Letters*, **57**, 1579（2003）
4）Z. Peng, L. X. Kong, *Polymer Degradation and Stability*, **92**, 1061（2007）
5）R. Guo *et al.*, *Polymer*, **48**, 2939（2007）
6）岸本吉則，工業材料，**59**，No.6（2011）

2　プロトン伝導性ナノファイバー

川上浩良*

2.1　はじめに

燃料電池形固体電解質膜にはNafion膜に代表されるフッ素系高分子電解質膜が広く用いられてきたが，高コストであることや高温時にプロトン伝導性が低下することなどが問題となり，新しい材料設計に基づく電解質膜の開発が求められている。このような背景のもと，安価でかつ高温状態でも安定に長期間プロトン伝導性を維持できる新しい高分子電解質膜の研究が盛んに行われている。熱的・化学的安定性に優れた芳香族高分子をスルホン化することによりプロトン伝導性を付与した，スルホン化ポリエーテル，スルホン化ポリイミド，スルホン化ポリスルホン，スルホン化ポリベンズイミダゾールなどの研究が精力的に進められている[1~3]。高分子電解質膜のプロトン伝導性は，高分子の化学構造だけでなく膜中の高分子ドメインの構造の影響も強く受ける。スルホン化ブロックコポリマーは，ミクロあるいはナノサイズでプロトン輸送部位となる親水性ドメインを制御できるため，高いプロトン伝導性を実現できると考えられている。先ずは，新しい高分子形電解質膜の現状について説明する。

さらに，我々はナノファイバー内をプロトンが超高速で移動できることを初めて明らかにした[4]。ファイバー作製時に形成されるナノファイバー内の親水性ドメインの高次構造制御により，プロトンは迅速にファイバー内を輸送されると考えられる。我々が進めているそれら内容の一部について紹介する。また，我々の研究成果の報告後，プロトン伝導性ナノファイバーに関する研究が世界的に進められるようになってきた。その現状についても報告する。

2.2　高分子形電解質膜の問題点

燃料電池用電解質膜に要求される特性を示す。

①　高プロトン伝導性

②　熱的特性（高温下での急激なプロトン伝導性低下の抑制）

③　機械的安定性

④　耐久性（ラジカル安定性など）

⑤　ガス遮断性

⑥　加湿管理（低加湿下でも迅速に作動）

⑦　低コスト

⑧　環境リサイクル

燃料電池形固体電解質膜には，Nafion膜に代表されるフッ素系高分子電解質膜が広く用いられてきた。これは，フッ素系高分子電解質膜が食塩水の電気電解用の隔膜として利用される陽イオン交換膜であり，機械的強度と化学的安定性に優れ，高いプロトン伝導性を示すためである。特

---

*　Hiroyoshi Kawakami　首都大学東京　都市環境学部　分子応用化学コース　教授

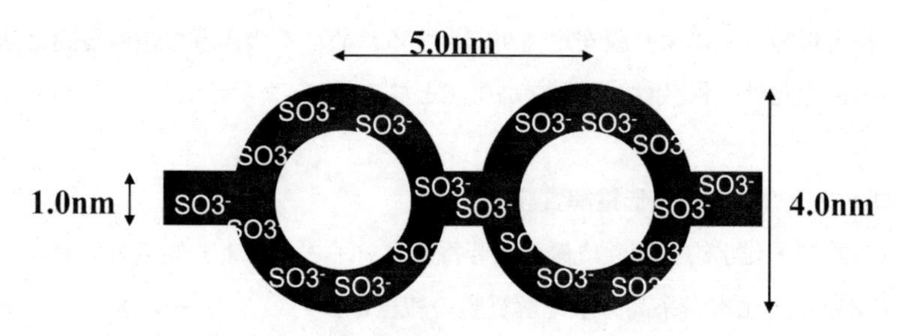

図1　フッ素系高分子電解質膜のイオンクラスターモデル

にデュポンのNafion膜は最も広く用いられている電解質膜で，含水時の膜のプロトン伝導性は80℃で約0.15 Scm^{-1}と高い伝導性を実現している。Nafion膜内では，図1に示すようなイオンクラスターモデルが形成され，このクラスターが高いプロトン伝導性に関与していると考えられている。フッ素系高分子電解質膜の優れた化学的安定性は既に実証済みであり，今後も電解質膜開発の中心的役割を果たすことは間違いないが，②，⑤，⑥，⑦に関する問題など解決すべき課題も多い。

一方，フッ素系高分子電解質膜に変わる電解質膜として注目されているのは，熱的・化学的安定性，機械的強度に優れている芳香族系高分子にスルホン酸基，ホスホン酸基を導入した炭化水素系高分子電解質膜である。一般に安価な原料から合成でき，製造過程もフッ素系高分子に比べれば簡便であり，Nafion膜に比べメタノールのクロスオーバーも低いため，メタノール型燃料電池（DMFC）としての実用化も期待されている。しかし，炭化水素系高分子電解質膜の耐久性はフッ素系高分子電解質膜には遠く及ばない。

これまで単にスルホン酸基を導入した炭化水素系高分子電解質膜は，イオンクラスター構造を取らないためフッ素系高分子電解質膜に比べると高いプロトン伝導性を実現することは難しいと考えられてきた。しかし，プロトン伝導性はイオン交換容量（スルホン化率）に依存するため，イオン交換容量の大きい炭化水素系高分子電解質膜を合成すれば高いプロトン伝導性が得られることが示された（図2）。一方，過度にイオン交換容量を大きくすると膜は容易に膨潤するなど膜安定性が損なわれることも示され，炭化水素系高分子電解質膜ではプロトン伝導性と膜安定性の間にはTrade-offの関係が存在することが多くの研究から明らかになった。従って，イオン交換容量を過度に高めずにNafion膜などのフッ素系高分子電解質膜と同等以上のプロトン伝導性を示す炭化水素系高分子電解質膜の開発が求められている。ま

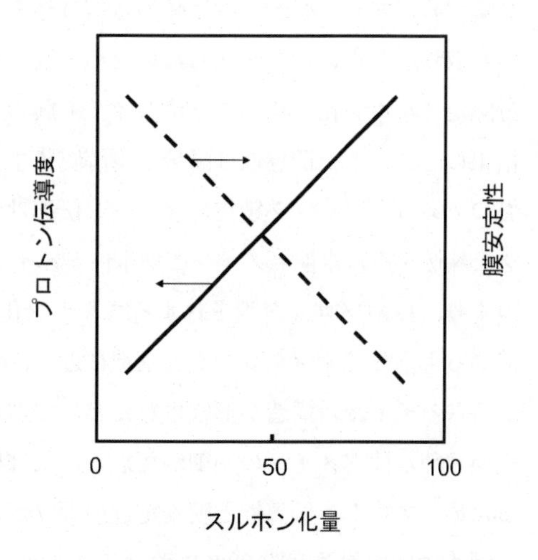

図2　スルホン化高分子膜のプロトン伝導性と膜安定性

た，イオン交換容量の低下により膜安定性が向上するため，そのような電解質膜は結果としてプロトン伝導性と膜安定性（耐久性）の両立が可能となる。

2.3 新規プロトン伝導性高分子形電解質膜

ポリイミドは熱的・化学的安定性に優れた芳香族高分子としてよく知られており，スルホン化ポリイミドを用いた炭化水素系高分子電解質膜の報告は多い[5,6]。一般にスルホン化ポリイミド膜のプロトン伝導性は良好で，80℃の含水状態でプロトン伝導性は0.1 Scm^{-1} 以上を示す。しかし，多くのポリイミド膜は，イオン交換容量をNafion膜の2－3倍としなければNafion膜と同等のプロトン伝導性を実現できない。従って，過度のスルホン化によりその膜の膨潤は著しく，膜の安定性は十分とはいえない。また，スルホン化ポリイミド膜のプロトン伝導性の湿度依存性を測定すると，低湿度下でプロトン伝導性は著しく低下するといった問題もあり，必ずしも現状のスルホン化ポリイミド膜ではプロトン伝導性と膜安定性の両立が図られているとはいい難い。

高分子電解質膜のプロトン伝導性は，高分子の化学構造だけでなく膜中の高分子ドメインの構造の影響も強く受ける。スルホン化ブロックコポリマーは，ミクロあるいはナノサイズでプロトン輸送部位となる親水性ドメインを制御できるため，高いプロトン伝導性を実現できると考えられる。しかし，これまでに報告されたスルホン化ブロックコポリマーのプロトン伝導性は，スルホン化ランダムコポリマーと比べ殆ど差がなく，ブロック化によるプロトン伝導性の向上は認められていない[7]。そこで，我々は2-pot法を用いブロック鎖長を制御した新規スルホン化ブロックコポリイミドを合成し，そのプロトン伝導性を評価した[8]（図3）。表1に見られるように，スルホン酸基含有率（イオン交換容量）を一定にしてスルホン酸基鎖長のみを増加させた場合，大変興味深いことにブロック鎖長依存的にプロトン伝導性が増大することを見出した。ここで，「m/n」は高分子の見かけの重合度を表している。一般に膜中のプロトン輸送は水を介して行われるため，プロトン伝導度は膜の水取り込み量に強く依存する。しかし，ブロック鎖長を変えても水取り込み量は殆ど変化しないため，膜中で形成された親水性ドメインと疎水性ドメインの相分離がスルホン化ブロックコポリイミド膜のプロトン伝導性に影響を与えたと考えられる。この結果は，プロトン伝導性は高分子電解質膜中の含水量に依存するという，従来の報告とは異なるものである。ブロック鎖長にプロトン伝導性が強く依存したのは，ブロック鎖長の長さがプロトンを輸送する親水性ドメインと疎水性ドメインの大きさに影響を与えたためであると考えられる。つまり，長鎖ブロック鎖を有するスルホン化ブロックコポリイミド膜では，Nafionで提案されているようなイオンクラスター構造に近い，プロトン移動を迅速に行えるような親水性ドメインからなるチャネル構造が形成されたためである。プロトンを輸送する親水性ドメインと，膜物性を担う疎水性ドメインの制御が可能となれば低イオン交換容量でも高いプロトン輸送が実現できるため，プロトン伝導性と膜安定性の両立が可能となる。

図4には相対湿度約98%におけるスルホン化ブロックコポリイミド膜のプロトン伝導度の温度依存性の結果を示す。スルホン化ブロックコポリイミド膜はスルホン酸基含有率（イオン交換

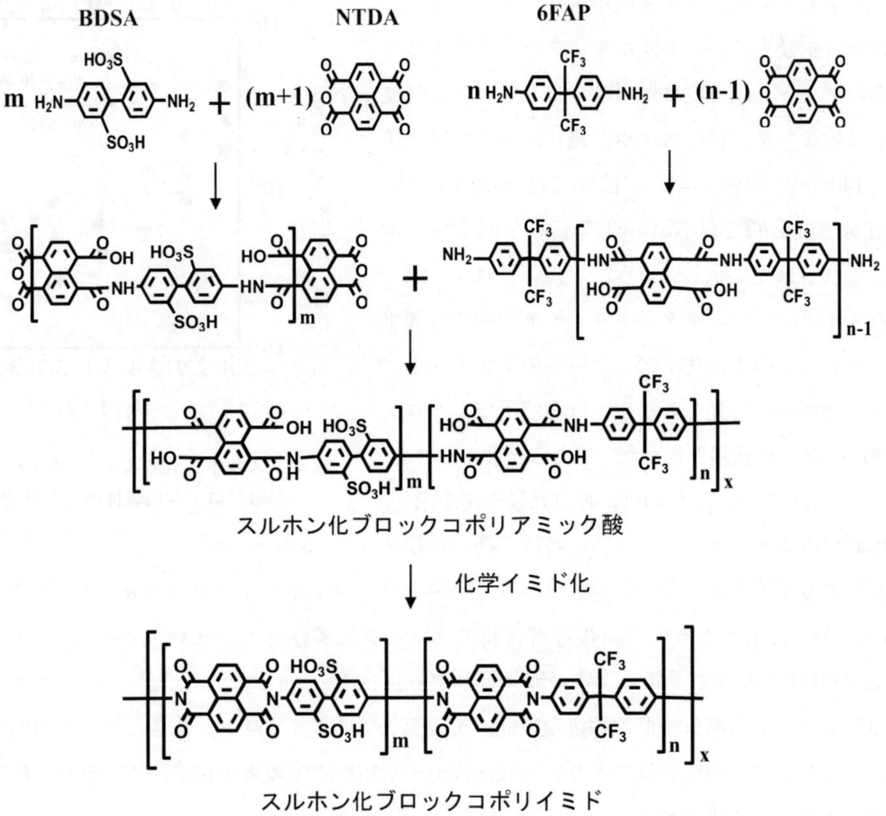

BDSA　NTDA　6FAP

スルホン化ブロックコポリアミック酸

化学イミド化

スルホン化ブロックコポリイミド

図3　スルホン化ブロックポリイミドの構造式

表1　スルホン化ブロックコポリイミドのプロトン伝導性

ポリイミド（m/n）	プロトン伝導性（Scm^{-1}, 80℃）
スルホン化ブロックコポリイミド（140/60）	0.45
スルホン化ブロックコポリイミド（112/48）	0.35
スルホン化ブロックコポリイミド（70/30）	0.25
スルホン化ブロックコポリイミド（49/21）	0.19
スルホン化ランダムコポリイミド（70/30）	0.15
Nafion117	0.15

相対湿度：98%RH

容量）が同じであるスルホン化ランダムコポリイミド膜，Nafion117膜に比べ全ての温度領域で高いプロトン伝導性を示し，しかもブロック鎖長依存的にプロトン伝導度が増加した。

一方，多くの炭化水素系高分子電解質膜は湿度依存性を強く受け，低湿度下ではプロトン伝導性が著しく低下することが問題となっている。スルホン化ランダムコポリイミド膜のプロトン伝導性も全ての湿度領域でNafion117膜を下回り，特に低湿度下ではプロトン伝導性が著しく低下した。しかし詳細は割愛するが，スルホン化ブロックコポリイミド膜のプロトン伝導度は低湿度下でも急激な伝導度の低下は起こらず，特にスルホン化ブロックコポリイミド（140/60）膜のプロトン伝導性は50%から100%の相対湿度範囲ではNafion117膜を上回る値を示した。これらは先に示したように，長いブロック鎖を有するスルホン化ブロックコポリイミド膜内では親水性ドメイン同士の集合化が起こり，そのドメインをプロトンが効率的に移動した結果，低湿度下でもプロトン伝導性の低下が抑制されたためであると考えられる。

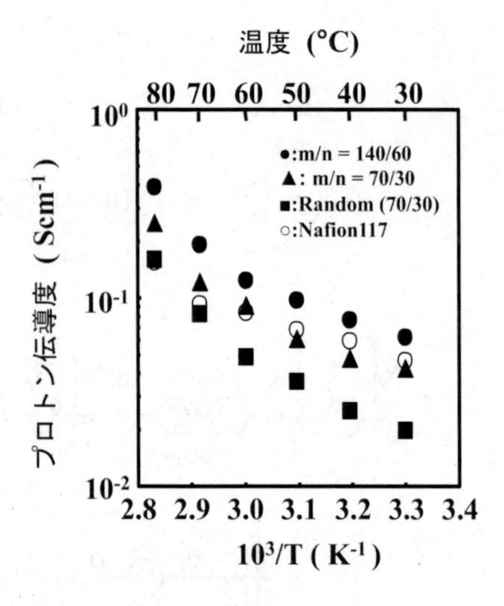

図4　スルホン化ブロックポリイミド膜のプロトン伝導性の温度依存性

さらに，高いプロトン伝導性，優れた膜安定を示し，かつ極めて低いガスクロスオーバー特性を持つ新規スルホン化グラフトポリイミド，スルホン化ブロックグラフトポリイミドの合成にも成功した[9~10]（図5）。表2に示すように，新規電解質膜のプロトン伝導性とガスクロスオーバーの性能は，Nafionの性能を大きく上回り，特にガスバリアー性はNafionより2桁低く，ガスクロスオーバーの抑制は従来の高分子形電解質膜の性能を凌駕している。プロトン輸送とガス透過性の両立に成功した初めての電解質膜であり，高性能高分子形電解質膜の実用化に向けて新しい材料設計指針を示す重要な成果である。

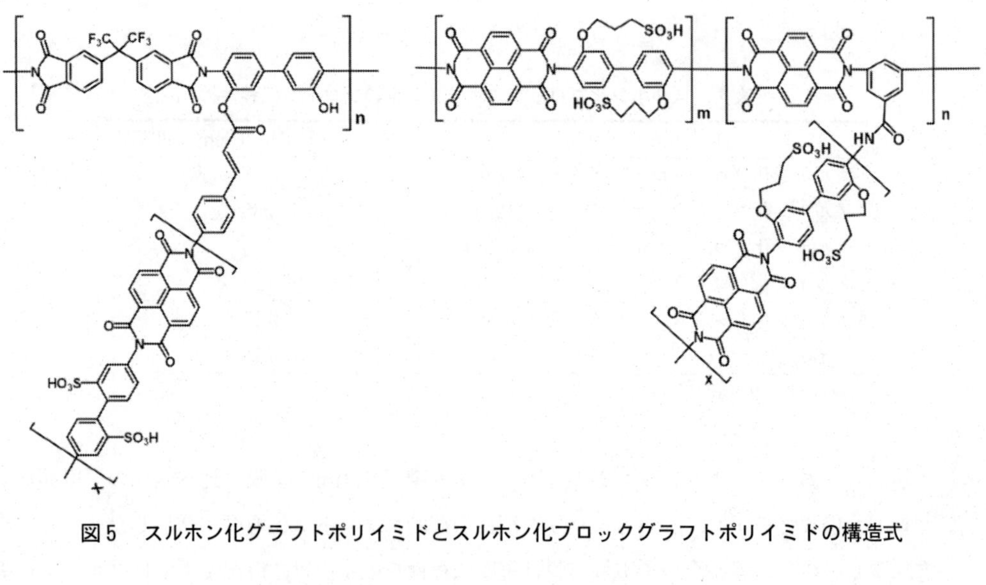

図5　スルホン化グラフトポリイミドとスルホン化ブロックグラフトポリイミドの構造式

表2　新規プロトン伝導性高分子形電解質膜の特性

ポリイミド	プロトン伝導性（Scm^{-1}, 90℃）	ガス透過性（35℃, 1 cmHg）
スルホン化ブロックグラフトポリイミド	0.70	0.0032
スルホン化グラフトコポリイミド	0.52	0.25
スルホン化ブロックコポリイミド	0.31	1.3
Nafion117	0.15	1.1

相対湿度：98%RH，ガス透過係数：10^{-8} [cm^3 (STP)cm/cm^2 sec cmHg]

2.4　プロトン伝導性ナノファイバー含有複合膜の電解質膜特性

ナノファイバーには，①超比表面積効果，②ナノサイズ効果，③超分子配列効果の3大効果が知られている。例えば，比表面積をマイクロファイバーとナノファイバーで比べれば，ナノファイバーで1,000倍向上する（図6）。ナノサイズ効果により，気体等の流体がナノファイバー表面上と接するとスリップ流を起こし，圧力損失が著しく減少することなども知られている。しかし，我々はナノファイバーが持つ3大効果の中でも特に超分子配列効果が，機能性ナノファイバーの特性に影響を与えると考えている。ファイバー中の高分子が一方向に配列することをこのように呼んでいるが，この効果により力学的特性，熱的特性等が著しく向上することは既に広く知られた効果である[11]。超分子配列は様々な方法で確認されているが，例えばKongkhlangらは，偏光子を用いたFTIRと広角X線測定からファイバー内の高分子構造を決定することにより，配

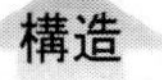

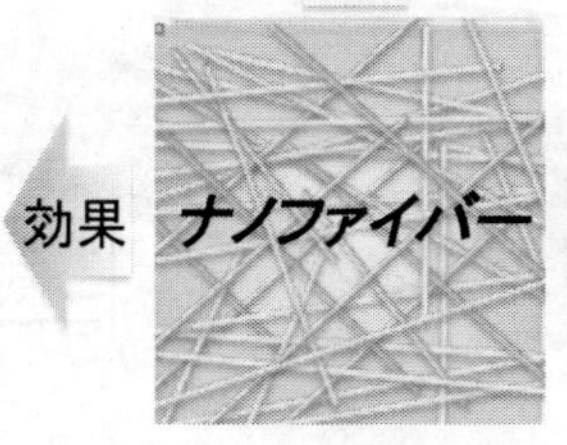

図6　ナノファイバーの特徴と応用可能な分野

列効果を明らかにしている[12]。

我々が超分子配列効果に注目したのは，ナノファイバー内では物質も高速で移動できるのではないかと考えたからである。1つはファイバー内で高分子が高度に配向されていることによる効果，さらには，高分子形電解質膜では，膜内でいかにプロトン輸送チャネルを構築するかが重要とされているが，エレクトロスピニング法を用いると，ナノファイバー内にプロトン輸送に関わる相分離構造を構築することもできると考えた（図7）。さらに，ナノファイバー化による力学的特性，熱的特性等の向上による高分子形電解質膜の安定性の著しい改善，ガスクロスオーバーに関わるガス透過性の抑制等，現在高分子形電解質膜で問題となっている様々な検討事項を，全て解決できる全く新しい高分子形電解質膜の設計が可能となる。ここでは，プロトン伝導性の更なる向上，優れた機械的・化学的安定性を得るため，ナノファイバーの特徴である超分子配列効果に着目したランダムコポリイミドからなるプロトン伝導性ポリイミドナノファイバーの電解質膜特性について紹介する。

スルホン化ランダムコポリイミド（NTDA-BDSA-r-p-APPF：図8）はBDSA：APPF＝50：50（仕込み比）として，化学イミド化法により合成した。ナノファイバーはエレクトロスピニング法により作製し，その直径はポリマーの粘度を調節することで制御した。ナノファイバー集合体の構造は特殊コレクターを用いることにより制御した（図2）。合成したスルホン化ランダムコポリイミド（NTDA-BDSA-r-p-APPF）の重量平均分子量は約3.9×10^5，分子量分布は1.8であった。SEM画像より作製したナノファイバーの平均ファイバー径を算出したが，条件を制御することによりナノファイバー径は200-800nmとなり，その分布を10%以内に抑えて均一に作製することに成功した[13, 14]。

図9には，膜と複合膜（NTDA-BDSA-r-p-APPFの膜と，そのプロトン伝導性ナノファイバーとポリイミドから作製した複合膜）のプロトン伝導性を示す。膜中のファイバー含有量が増加す

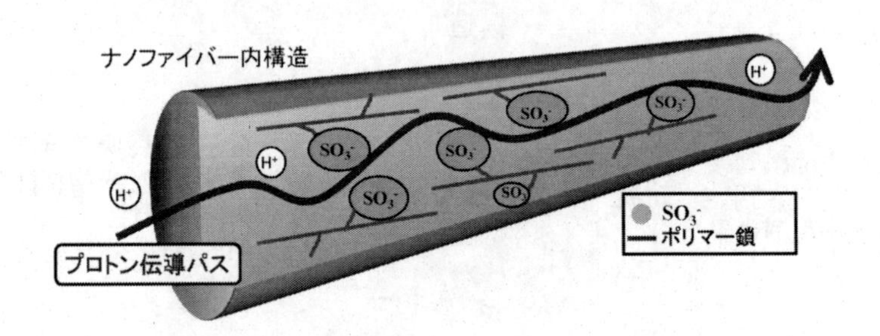

図7　プロトン伝導性ナノファイバーのプロトン輸送

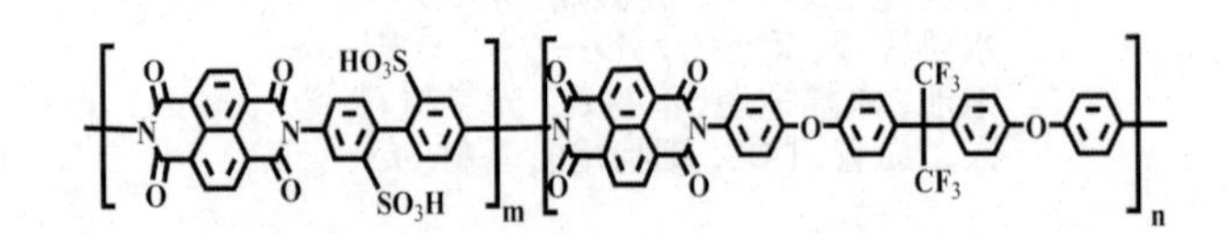

図8　スルホン化ランダムコポリイミド（NTDA-BDSA-r-APPF）

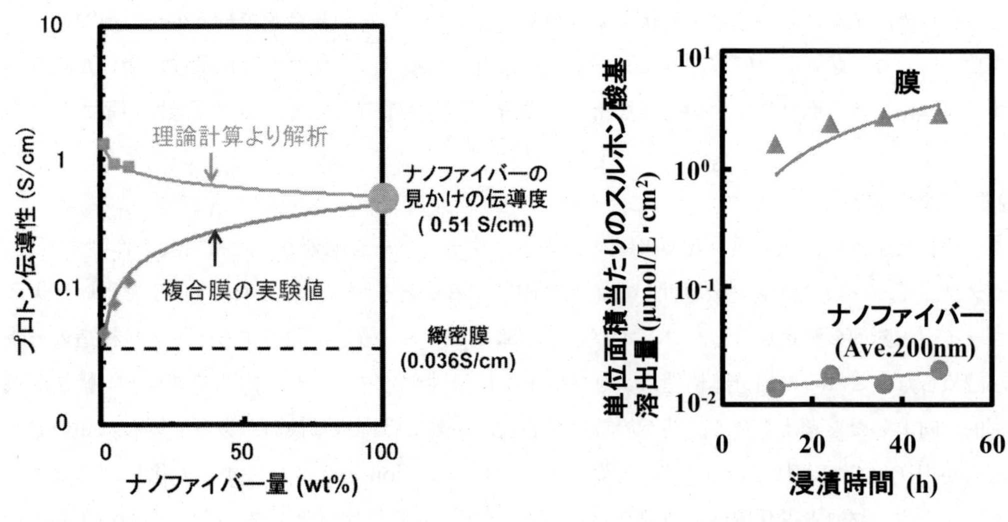

図9　ナノファイバー1本の見かけのプロトン伝導性

図10　フェントン試験を用いたナノファイバーのスルホン酸基溶出実験

るにつれて，プロトン伝導性は著しく増加した。膜中でプロトン伝導性ナノファイバーがプロトン伝導パスを形成し，その輸送パスを特異的に伝導していることを示す結果である。これは，複合膜のIEC値はナノファイバー量に依らず一定であることからも判る。つまり，ナノファイバーが含有されたことがプロトン伝導性に影響を与えていると考えられる。また，複合膜のプロトン伝導性は異方性を示し，ナノファイバー配列方向で高い伝導性が認められた（データは割愛)。プロトン輸送がナノファイバーの構造に依存する大変興味深い結果であり，ナノファイバーの軸方向にプロトンが選択的に輸送されていることを初めて実証した。

また，超分子配列効果は力学的強度，熱的特性等，ファイバーの物理化学的安定性を飛躍的に向上させることを上述したが，安定性加速度実験であるフェントン試験において，ナノファイバーは従来の炭化水素系高分子電解質膜（例えばポリイミド膜）に比べ安定性が2桁向上することを見出した（図10)。これら成果は，従来の高分子電解質膜で見られるプロトン伝導性と膜安定性のTrade-Offの関係を打破する新しい電解質膜の創出を意味している。一方，電解質膜の薄膜化も重要な課題である。薄膜化はセル抵抗の低減化を実現する上では避けては通れない問題であり，さらに，低加湿下あるいは無加湿下で生成水を有効活用するためには，水の逆拡散を容易にするために薄膜化は必要不可欠な重要な技術課題である。特にカソードで生成された水をアノードに効率よく輸送できるかが，低加湿下あるいは無加湿下で電解質膜が実用化レベルで機能するかを決める重要な問題である。NEDO等の報告によれば，世界の低温，低加湿となる寒冷地で現在最も機能が先行しているNafion系を用いた場合でも，燃料電池車を無理なく稼働させるには，10 μm以下の膜厚を実現しなければならないと報告されている。現状の電解質膜が30 μm程度であることを考えると，電池特性向上には薄膜化は緊急に解決すべき課題である。また，コストダウンも重要な問題であるが，薄膜化は使用する高分子電解質量を大幅に減らすことが可能となるため，結果として低コスト化にも繋がる。我々は既にこの複合膜で約5μmの薄膜化にも成功しており，プロトン伝導性ナノファイバー含有複合膜は，高プロトン伝導性，優れた膜安定性，薄膜化による低コスト化が可能な新しい高分子形固体電解質膜としての可能性が示された。

2.5 おわりに

上述したように，スルホン化ポリイミドのナノファイバーを配列させた複合膜を作製すると，ナノファイバーのプロトン伝導性が飛躍的に向上することを明らかにした。TEMを用いたナノファイバー断面の測定からも，ファイバー中心部でプロトン輸送に関与するチャネル構造の形成が認められ，これらの相分離構造によりプロトン伝導性ナノファイバー内部でプロトン輸送が飛躍的に向上したと考えられる。我々の論文発表後，海外では同様な検討が数多く行われ類似した報告が相次いでなされている[15,16]。一例を上げれば，Nafionをナノファイバー化し，そのファイバー1本のプロトン伝導性の評価が行われた。Nafion膜に比べナノファイバーの伝導性は10倍以上向上することが報告された。プロトン伝導性ポリマーのナノファイバー化は，広く一般的に応用が可能な新しい電界質膜の作製法に繋がることが示唆された。

今後はさらに，ナノファイバー機能（プロトン伝導性，物理的・化学的安定性等）が強調された機能を持つ高分子形固体電解質膜の創製を進める。

文　　献

1) L. Li *et al.*, *J. Membr. Sci.*, **246**, 167 (2005)
2) J. Ding *et al.*, *Macromolecules*, **35**, 1348 (2002)
3) A. Heinzel *et al.*, *Nature*, **414**, 345 (2001)
4) T. Tamura, H. Kawakami, *Nano Letters*, **10**, 1324 (2010)
5) X. Guo *et al.*, *Macromolecules*, **35**, 6707 (2002)
6) K. Miyatake *et al.*, *Chem. Commun.*, 368 (2003)
7) C. Genies *et al.*, *Polymer*, **42**, p359 (2001)
8) T. Nakano, S. Nagaoka, H. Kawakami, *PolymAdvTechnol*, **16**, 753 (2005)
9) Yamazaki K, Tang Y, Kawakami H, *J. Membr. Sci.*, **362**, 234 (2010)
10) Yamazaki K, Kawakami H, *Macromolecules*, **43**, 7185 (2010)
11) K. M. Manesh, P. Santhosh, A. Gopalan, Kwang-Pill Lee, *Analytical Biochemistry*, **360**, 189 (2007)
12) F. Yang, R. Murugan, S. Wang, S. Ramakrishn, *Biomaterials*, **26**, 2603 (2005)
13) Takemori R, Kawakami H, *Journal of Power Sources*, **195**, 5957 (2010)
14) Suda T, Yamazaki K, Kawakami H, *Journal of Power Sources*, **195**, 4641 (2010)
15) Dong B, Gwee L, Salas-De La Cruz D, Elabd YA, *Nano Letters*, **10**, 3785 (2010)
16) Shabani I, Haddadi-Asv V, Soleimani M, *J. Membr. Sci.*, **368**, 233 (2011)

第2章　エアフィルター用部材

1　エアフィルターの高機能化とナノファイバーエアフィルター

今野貴博*

1.1　はじめに

「エアフィルター」は空気中から塵埃等の浮遊粉じんを除去し空気質を改善する手段として，家庭用のエアコン・空気清浄機からクリーンルームまで，要求される空気質のレベルに応じて多種多様な製品が使用されている。国内においては，昭和30年代に産業用の空気清浄装置として使用され始めると共に，米国から放射性粉じん用エアフィルター（今でいうHEPAフィルタ）が輸入されるようになり，その後の高度成長期の訪れとともにエアフィルターの需要が急激に広まっていった。現代においては，浮遊粉じんの除去に止まらず，ウィルス除去や宇宙産業分野での使用といったより高性能化や，低圧損・長寿命・省スペース化による産業廃棄物の削減，CO_2排出量の削減といった地球環境に配慮したエアフィルターの開発が行われている。本節では，エアフィルターの高機能化の為に行われてきた種々の改良と共に，現在盛んに技術開発が行われている電界紡糸法によるナノファイバーエアフィルターについて解説する。

1.2　エアフィルターの高機能化

エアフィルターは，JIS B 9908規格にて試験方法が規定されており，粉じん捕集率により高性能，中性能，粗じん用に分類される。代表的な形状のエアフィルターを図1に示す。エアフィルターの性能として求められるものは，高い粉じん捕集率と寿命の長さ，そして圧力損失の低さである。これらを満たすために，ガラス繊維や合成繊維といった様々な繊維を用いたろ材によりエアフィルターが製品化されているが，一般的には粉じん捕集率の高いエアフィルターほど空隙

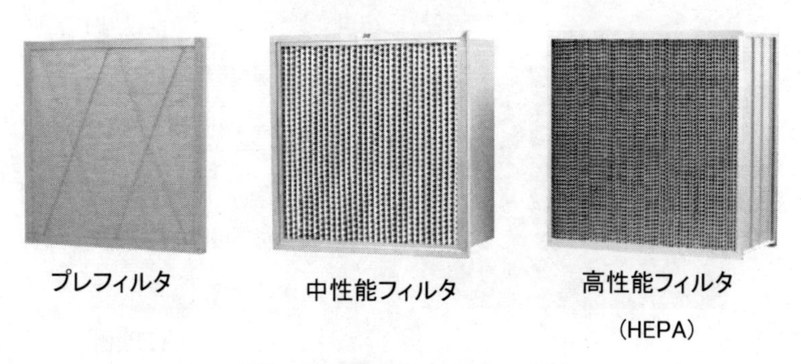

図1　空調用エアフィルターの例

* Takahiro Imano　日本エアーフィルター㈱　開発部　開発課　課長

率が低いために圧力損失が高くなる。高性能，中性能エアフィルターは，粉じん捕集率を維持しつつ，低圧損化を図るために，従来のセパレータを用いてろ材を折り込んでいた形状から，ホットメルトの使用によるセパレータレス化，更にはろ材自体にエンボス加工を施すことにより低圧損化を実現したエアフィルター（図2）が製品化されている。また，粉じん保持量を多くしエアフィルターの寿命を延ばす方法として，ろ材の多層化（密度勾配指向）が挙げられる。ろ材の多層化とは，一般的には気流に対して流入側に中～太い繊維，流出側に微細～超微細繊維を配し，繊維層に密度勾配をつけ，捕集する粉じんの大きさを変えることにより長寿命化を図るものである（図3）。

エアフィルターの高機能化という面では，上述した以外にもろ材に抗菌効果を持たせ，医薬・食品工場や病院向けとして製品化された抗菌機能付エアフィルターや，産業廃棄物の削減，CO_2排出量の削減といった地球環境への配慮に少しでも貢献できるよう，枠材の再利用によるろ材交

ろ材の特殊エンボス加工例

ろ材交換型特殊エンボス加工エアフィルター

図2　高機能化したエアフィルターの例

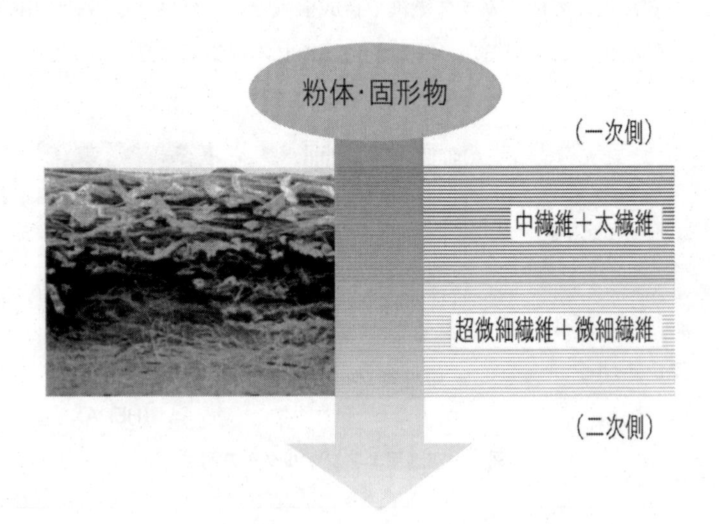

図3　多層ろ材の構成例

換型のエアフィルターや，生分解素材をろ材としたエアフィルター，ペットボトルリサイクル材をろ材や枠材として使用したもの，また洗浄により再生可能なエアフィルター等が製品化され，市場に供給されている。

以上は，エアフィルターの形状や構成等を工夫することにより高機能化を目指したものであるが，これらエアフィルター用のろ材に使用されているガラス繊維や合成繊維は，おおよそ0.3～10μmの繊維径のため，繊維間の空隙が大きく且つ空気抵抗も大きくなることから，エアフィルターとしての基本性能である，粉じん捕集率を高くし，圧力損失を小さくするためには，繊維径を細くして空隙を小さくし空気抵抗も小さくする必要がある。このことから，超極細繊維（ナノファイバー）をエアフィルターに応用する研究が2000年以降より産官学合わせて盛んに行われている[1]。

1.3　ナノファイバーエアフィルター

1.3.1　ナノファイバー紡糸

「ナノファイバー」とは，メルトブロー紡糸，複合溶融紡糸，電界紡糸といった紡糸方法により得ることができる，数～数百nmの繊維径を持つ繊維である。ナノファイバーは繊維径が極めて小さいことにより，①ナノサイズ効果，②超比表面積，③高配向効果，④ナノコンポジット，⑤ナノボイドなどの機能発現があると言われているが，エアフィルターの高機能化にはナノファイバーの効果として，ナノサイズ効果と超比表面積がもっとも期待できる。ナノファイバーは，一般的なガラス繊維や合成繊維に比べて，繊維直径が1/10～1/100と小さい為，繊維間の空隙が少なくなり，粉じん捕集効率が向上するとともに，従来のミクロンオーダーの繊維に対する気体ろ過理論（衝突・さえぎり・拡散）では説明できない「スリップフロー効果」（繊維と流体との接触面において流体が流れやすくなると言われている）と呼ばれる現象が発現し，低圧力損失が実現されるといった効果が表れる（図4）。このナノファイバーを作製する方法である複合溶融紡糸では，国内の繊維メーカーがナノオーダーの繊維を製造している。電界紡糸においては，

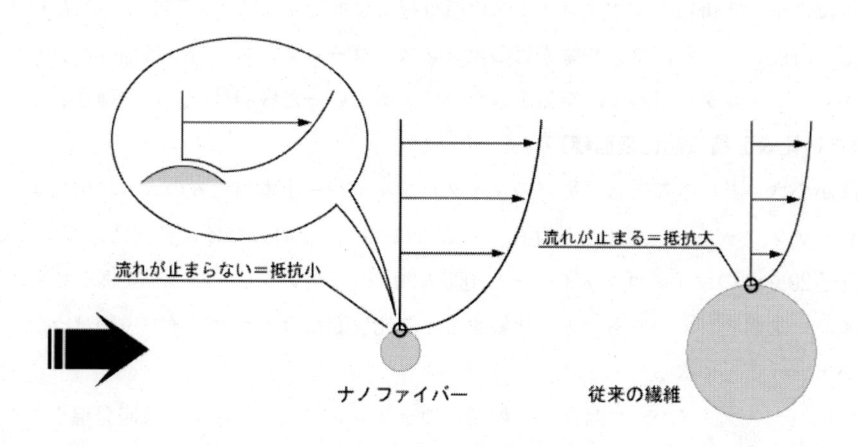

図4　スリップフロー効果

国内外のメーカーにより紡糸装置開発，ナノファイバーの製造が行われている。

国内における大きな動きとしては，NEDO「先端機能発現型新構造繊維部材基盤技術開発」（通称ナノファイバープロジェクト）が2006年からの5ヵ年間で東京工業大学を中心として，産官学によって推進され，電界紡糸において超高性能ノズルによる大量紡糸生産方式が開発されたことにより，今後ナノファイバーを用いた製品化が活発になると思われる。

メルトブロー紡糸，複合溶融紡糸，電界紡糸といったナノファイバー紡糸技術において，現時点ではエアフィルターに使用するナノファイバーの作製方法として，電界紡糸（エレクトロスピニング法）が広く用いられている。電界紡糸法そのものは，1930年代に開発された方法であり，工業的には1970年代後半より電界紡糸による不織布エアフィルターの製造が開始されていたが広く活用されるには至らず，1990年代にようやく大学における種々の研究が盛んになり，2000年以降に初めは軍事用として，その後民生用として米国を中心に電界紡糸とナノファイバーフィルターの研究が大きく進展した。現在ではドイツ，イギリス，スペイン，スイス，イタリア，スウェーデン，ポーランド，中国，韓国，台湾，オーストラリア，シンガポール，インド，イラン，南アフリカ等でも装置開発が進んでいる[2]。

1.3.2　ナノファイバーエアフィルターの特長

ナノファイバーの特長としては，先にも挙げた様に①ナノサイズ効果，②超比表面積，③高配向効果，④ナノコンポジット，⑤ナノボイドがあるが，その中でも①ナノサイズ効果，②超比表面積がエアフィルターにおける高機能化に大きく寄与すると考えられる。

ナノファイバーエアフィルターは，従来のガラス繊維や合成繊維を使用したエアフィルターに比べ，ろ材となる繊維径が1/10～1/100の大きさであることから，(1) 繊維間の空隙が小さい（ナノサイズ効果），(2) 比表面積が大きい（超比表面積）といった特長に起因する高機能が発現すると考えられる。

(1)　繊維間の空隙が小さい（ナノサイズ効果）

繊維間の空隙が小さいということは，それだけ微小な粒子が捕捉可能ということであり，従来のガラス繊維や合成繊維のマイクロサイズの繊維径では捕捉することが難しかった微粒子や微生物の捕捉が可能となるが，酸素や窒素等のオングストロームサイズの分子は捕捉されずに透過することから，フィルターとして，空気をきれいにするといった機能は十分に発揮される[3]。

(2)　大きい比表面積（超比表面積）

繊維径が小さいということは，従来のマイクロファイバー1本当たりの太さに相当する空間においては，ナノファイバーが相当数存在することになり，その分だけ比表面積に差が出てくる。仮に，直径20 μmのマイクロファイバーと，直径20 nmのナノファイバーが集まって直径20 μmのファイバーを構成しているものとを比較すると，比表面積はナノファイバーのほうが100倍以上大きいということになる[3]。

その他にもナノファイバーには，ナノ粒子とのナノコンポジットによる機能発現や，ナノボイドによる高吸着・高反応性といった機能発現が期待できる。

1.3.3 ナノファイバーエアフィルターの実用化

電界紡糸により作製されるナノファイバー自体は繊維径が小さいために，ナノファイバーだけでエアフィルターのろ材となる不織布を作製するためには厚みが必要であり，相当量のナノファイバーの積層が必要となるが，ナノファイバー単独でのろ材作製は生産性，コスト面でメリットが出にくいものとなる。そのため，一般的にはマイクロサイズの繊維を支持体として，その上にナノファイバーを積層させたものをナノファイバーろ材としている（図5，6）。

このナノファイバーろ材を使用したナノファイバーエアフィルターは，ナノサイズ効果，超比表面積特性により汎用エアフィルターに比べて，同レベルの粉じん捕集効率であれば圧力損失が約1/2程度になり，低圧損化が実現できる（図7）。また，ナノファイバーの積層量を多くし，汎用エアフィルターと同程度の圧力損失とした場合には，粉じん捕集率が向上する。

現状では，除じんを目的としたナノファイバーエアフィルターの製品化が先行しているところであるが，空隙が小さく，比表面積が大きいということから，ナノファイバー1本当たりの吸着特性も大きいと考えられる。さらには，ナノサイズ効果による抗菌作用の機能発現も考えられるため，ナノファイバーとなる原料を変えることにより既存の脱臭エアフィルターやナノコンポジットにより抗菌エアフィルターと同様な製品化も可能になる。

ナノファイバーエアフィルターは，ナノファイバーの特性を活かして低圧損，高粉じん捕集率といった優れた機能を発揮することは言うまでもないが，その実用化においては品質安定，製作コスト等クリアしなければならない課題も残されている。

また，電界紡糸法において使用できるナノファイバーの原料となるポリマーの種類としては，ポリビニルアルコール（PVA）などの水溶系ポリマーやポリアクリロニトリル（PAN）などの有機溶剤系のポリマーと多岐にわたるが，有機溶剤系のポリマーを使用した大量紡糸生産には揮発した有機溶媒に起因する爆発防止や溶媒回収処理の課題もある。

実用化の推進においてはポリマー溶液濃度（粘度），溶媒処理（回収），印加電圧制御，紡糸環

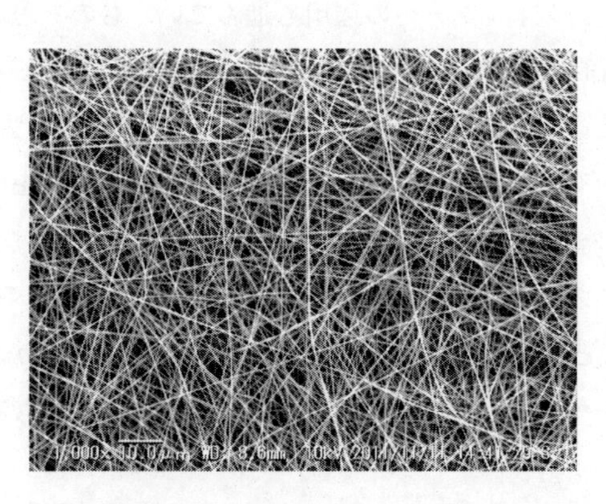

図5　電界紡糸により作製したナノファイバー

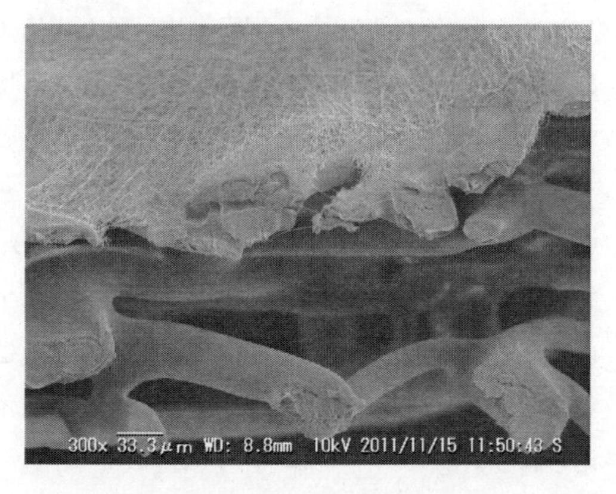

図6　電界紡糸によりマイクロファイバー上にナノファイバーを積層させたエアフィルターの例

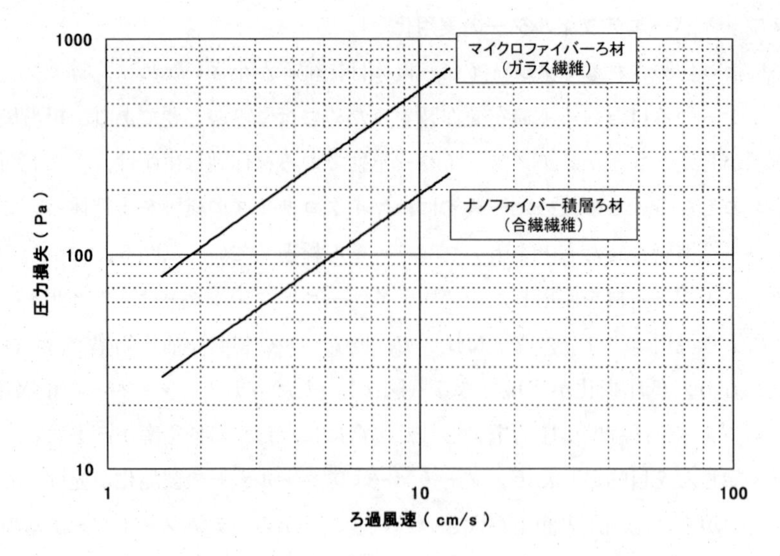

図7　ナノファイバー積層ろ材とマイクロファイバーろ材の圧力損失

境条件などの最適化が，今後共に連続生産において非常に重要な因子となると思われる。

また，ナノファイバーは繊維径が細く，極めて薄い膜厚となり強度的に弱いことから，通常はマイクロファイバーからなる支持体に積層させるが，支持体の繊維径や空隙率，支持体との固定，折り加工等，エアフィルター用ろ材及びエアフィルターユニットとしての製作時における配慮も必要となる。

1.4　ナノファイバーエアフィルターの用途展開

ナノファイバーエアフィルターは，ビル空調や工場空調といった産業用エアフィルターへの展開が進んでいるが，安定した品質でナノファイバーの大量紡糸生産が可能になれば，生産コストも下がり，一般家庭で使用されているエアコン・空気清浄機用のエアフィルターや自動車用のキャビンフィルターといった，裾野の広い除じん用エアフィルターへの適用も進んでいくものと思われる。また，ナノサイズ効果を利用した除じん目的以外に，空気中の微量汚染ガスを吸着するガス除去フィルターといった用途にも展開できると考えられる。

さらに，現在実用化が進められているナノファイバーエアフィルターは有機系のポリマーを用いてナノファイバー作製をしているが，セラミックス等の無機系素材を紡糸によりナノファイバーを作製し，ろ材とした無機系ナノファイバーエアフィルターにおいては，有機系ナノファイバーにはない耐熱性といった機能発現が考えられることから，焼却炉排ガス集じんや，乾燥炉排ガス集じんといった高温排ガスを処理するナノファイバーバグフィルターといった用途への展開も考えられる。

エアフィルター用ろ材としてのナノファイバーのみならず，素材としてナノファイバー不織布の利用を考えた場合，再生医療や太陽電池といった先端技術分野や，服飾，コスメといった生活に密接した分野，さらには海水の淡水化や汚染水浄化といった水処理分野における活用も考えられ，事実，分野によっては，国内外で多くの研究・応用例の報告がなされ，実用化に近いものが出てきている。

1.5 おわりに

ナノファイバーエアフィルターは，ナノサイズ効果により汎用エアフィルターに比べて低圧損，高粉じん捕集率といった付加価値の高いエアフィルターとなりうるが，現在の汎用エアフィルター市場に広く流通していくためには，要求される性能に応じた安定した品質のナノファイバーを大量生産する製造技術，フィルタアッセンブリー技術，コスト等への更なる努力が重要である。

これらの課題を解決出来れば，ナノファイバーエアフィルターの市場への展開が活発に行われ，プレフィルター，中高性能フィルター，超高性能フィルター，脱臭フィルター，抗菌フィルターといった既存エアフィルターに取って換わる，高付加価値エアフィルターとなることも考えられる。

さらには，エアフィルター用のナノファイバー不織布としての利用にとどまらず，ナノ効果，高比表面積，高配向効果やナノコンポジット，ナノボイドなどによる機能発現を有効に利用することにより，ナノファイバー不織布として様々な用途への展開も十分に考えられ，幅広い分野においてナノファイバー不織布が活用されていくものと思われる。

文　　献

1） 今野貴博，NONWOVENS REVIEW，**21**（2），P 7-10（2010）
2） 谷岡明彦，繊維と工業，**66**（12），P 394-395（2010）
3） 谷岡明彦，ナノファイバーテクノロジーを用いた高度産業発掘戦略，シーエムシー出版（2004）

第3章　水処理用部材

1　ナノファイバー水処理膜

向井康人*

1.1　はじめに

近年，膜分離技術に関する研究・開発が盛んに進められ，広範な産業分野で適用されている。水処理分野でも，たとえば，従来の急速砂濾過を主体とした浄水処理に代わる膜利用型浄水処理法，排水二次処理の高速・高精度化をめざした膜分離活性汚泥法，逆浸透膜による海水の淡水化など，実用化・事業化されている膜分離技術は多岐にわたり[1]，高度水処理技術の主流となりつつある。一方，織布や不織布などの繊維濾材も水処理分野において欠かせない濾材であり，凝集汚泥の処理など，比較的粗大な粒子の処理に用いられている。織布や不織布は膜で行われるような精密な分離には適さないが，最近脚光を浴びているナノファイバーを積層させて不織布を製造すれば，微細な空孔が形成され膜に匹敵する分離性能が得られるものと期待される[2]。さらに，ナノファイバー特有の超比表面積効果，ナノサイズ効果，超分子配列効果を活用すれば，従来の膜にはない新しい機能が付与できることも示唆され[2]，新規な水処理用濾材として有望である。しかし，実用に供するためにはまだ解決すべき課題が数多く残されており，さらなる研究・開発の進歩が切望される。

以下では，ナノファイバーを積層させて薄膜状にした不織布をナノファイバー膜と称し，その基本的な水処理性能について解説する。具体的には，ナイロン6を原料として調製したナノファイバー膜の水透過性能および粒子捕捉性能の評価試験結果について述べる。また，比較対照のため，ラボ試験などで広く用いられているセルロース混合エステル製の高分子精密濾過膜を選定した。

1.2　膜の物性および試験方法

図1には，1.3および1.4で比較する2種の膜のSEM写真を示した。左側のナイロン製ナノファイバー膜は，エレクトロスピニング法により製造した直径100～200 nmの繊維（平均繊維径147 nm）を，基材の表面に目付量2.6 g/m^{2}となるように積層させて調製したものである。一方，右側のセルロース混合エステル製精密濾過膜は，公称孔径1.0 μmの市販品である。両膜の厚さと空隙率を比較すると，以下の通りである。

---

*　Yasuhito Mukai　名古屋大学　大学院工学研究科　化学・生物工学専攻　准教授

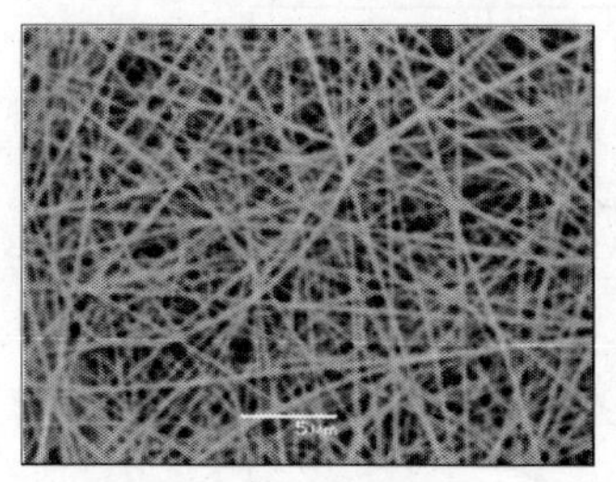

ナノファイバー膜

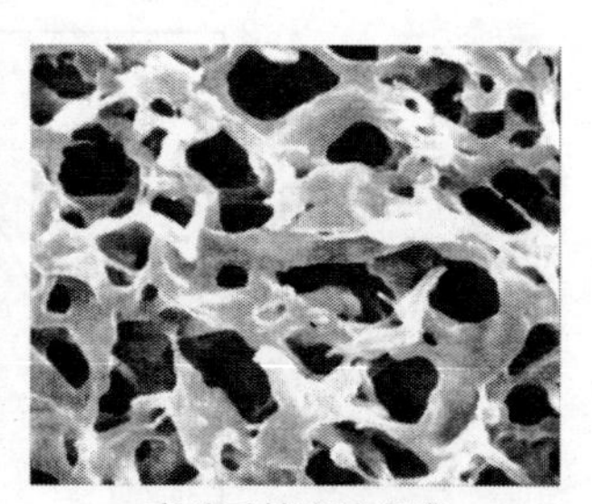

高分子精密濾過膜

※両者の倍率は異なる

図1　2種の膜のSEM写真

ナノファイバー膜：　厚さ42 μm※1　空隙率0.89※2

精密濾過膜：　厚さ150 μm　空隙率0.80

（※1　基材の厚さは含まない，※2　厚さと目付量から算出）

すなわち，ナノファイバー膜は，①有効厚さが薄い，②空隙率が大きいという特徴を有する。

これらの膜を用いて水透過試験および濾過試験を行った。水透過試験とその評価はJIS R 1671[3]に，濾過試験とその評価はJIS R 1680[4]にそれぞれ準拠して実施した。主な試験手順は，次の通りである。

水透過試験方法

① フィルターホルダーに膜をセットし，純水が満たされたタンクと接続する。

② 窒素ガスで一定圧力pを作用させて膜に水を透過し，電子天秤により単位透過面積あたりの透過液量v 対 時間tを測定する。

③ v 対 tのデータは比例関係を示すので，その直線勾配から透過流束qを求める。

濾過試験方法

① 粒子径d_p=0.100，0.143，0.196 μmの単分散球形ポリスチレン・ラテックス（PSL）標準粒子を試料に用い，濃度c_0=2 ppmの希薄懸濁液を調製する。

② タンク内を試料懸濁液で満たし，p=50 kPaの一定圧力を作用させて濾過試験を行う。

③ 濾液を受ける容器をこまめに取り換えながら濾液サンプルを分取し，各サンプルの吸光度を測定することにより，濾液中のPSL濃度c_fの経時変化を測定する。

1.3　水透過性能の評価

2種の膜を用いて種々の透過圧力pで水透過試験を行い，透過流束qを測定した。図2には，qとpとの関係をプロットしてそれぞれの膜の結果を比較した。プロットはいずれの膜も(1)式で表されるDarcyの式に従う比例関係を示した。

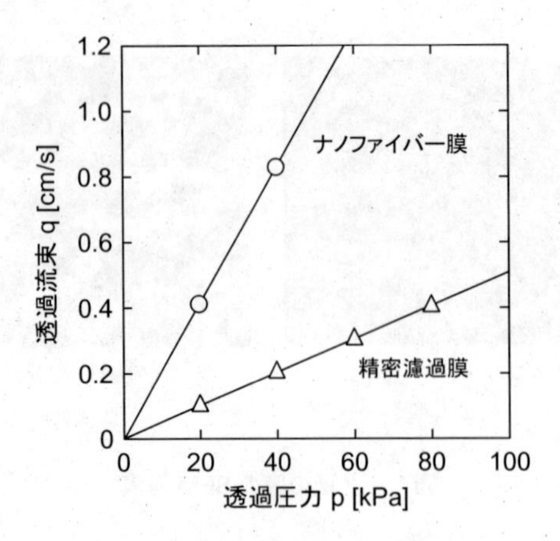

図2　透過流束と透過圧力との関係

$$q = K\frac{p}{\mu L} \tag{1}$$

ここで，K はDarcyの透過率，μ は水の粘度，L は膜の有効厚さである。Darcyの透過率 K は透過しやすさの指標となる膜の重要な特性値であり，q 対 p の直線勾配から求められる。さらに，(2)式を用いれば，分離機能に関係する膜の孔径が水力学的相当直径 d_e として透過率 K の値から推算できる[5]。

$$d_e = 8.9\sqrt{\frac{K}{\varepsilon}} \tag{2}$$

ここで，ε は膜の空隙率である。

表1に，各膜に対する q 対 p の傾き，透過率 K，水力学的相当直径 d_e の値をそれぞれまとめた。同じ圧力で比較すると，ナノファイバー膜の透過流束は精密濾過膜の約4倍であった。しかし，ナノファイバー膜の厚さは精密濾過膜の約1/4であるので，結果として両膜の透過率 K は

表1　各膜の物性および水透過特性

膜	ナノファイバー膜 (D_f=147 nm，w=2.6 g/m^2)	精密濾過膜 (公称孔径1.0 μm)
材質	ナイロン6	セルロース混合エステル
厚さ L [μm]	42	150
空隙率 ε [−]	0.89	0.80
図2の傾き q/p [m/(Pa・s)]	20.8×10^{-8}	5.1×10^{-8}
透過率 K [m^2]	8.8×10^{-15}	7.7×10^{-15}
水力学的相当直径 d_e [μm]	0.88	0.87

同程度の値になった。空隙率の大きさから高い透過率が期待されたが，実状はそれほど大きな値にはならないようである。一方，d_e の値は両者の膜でほぼ同一であった。

以上より，従来の膜と孔径が同じでも，厚さが薄いぶん，高い透過流束が得られる点がナノファイバー膜の大きな特徴と結論づけられる。このことから，ナノファイバー膜はごく希薄な濁水の処理に有利であることが示唆される。

1.4　粒子捕捉性能の評価

2種の膜を用いてPSL懸濁液の濾過試験を行い，PSL粒子の阻止率 R を測定した。粒子阻止率 R は，試料液濃度 c_0 と濾液濃度 c_f の値を用いて，次式より算出される。

$$R = 1 - \frac{c_f}{c_0} \tag{3}$$

(3)式は $R=0$ ならすべての粒子が膜を透過し，$R=1$ ならすべての粒子が膜に捕捉されていることを意味している。

図3には，3種のPSL粒子の阻止率 R を単位濾過面積あたりの濾液量 v に対してプロットし，両膜の粒子捕捉性能を比較した。前節において2種の膜の孔径はほぼ同じであることを示したが，粒子阻止率は総じてナノファイバー膜の方が高いと考えられる。大局的には，いずれの膜も $d_p=0.196\,\mu m$ のPSL粒子の阻止率はかなり1に近く，それより小さい粒子は部分的な透過が目立つという点で共通しており，これらの膜の分離限界粒子径は $0.2\,\mu m$ 近傍にあると見積もることができる。この値は水力学的相当直径の1/4程度に相当し，粒子が細孔より小さくても，ある程度までであれば捕捉可能であることを示している。

図4には，濾過過程にあるナノファイバー膜のSEM写真を示した。細孔より小さい粒子（$d_p=0.100\,\mu m$）が細孔内部に侵入して捕捉される様子が観察されている。このように，ナノファイ

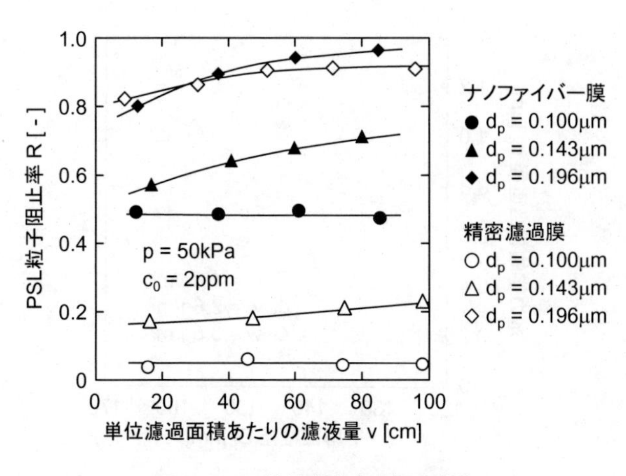

図3　PSL粒子阻止率の経時変化

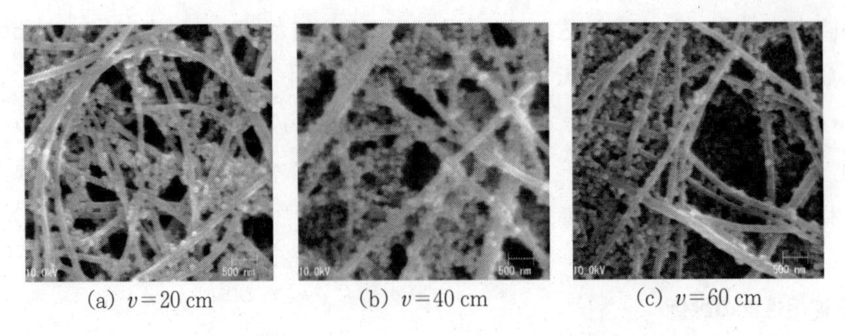

(a) $v=20$ cm (b) $v=40$ cm (c) $v=60$ cm

図4 濾過過程におけるナノファイバー膜内部の SEM 写真

バー膜を用いた濾過では，複雑な三次元ネットワーク構造により粒子の透過がさえぎられ，粒子が繊維表面に付着し，複数の粒子が互いに接触しながら徐々に空隙を埋めるようにして粒子捕捉が進行する。

1.5 膜の調製条件の影響

ナノファイバーをエレクトロスピニングによって作製する際，原料溶液の濃度を大きくすると，繊維がより太くなる傾向を示す。これは，濃度が大きくなると溶液の粘度が増加し，電界中へ噴流する際に溶液が引き伸ばされにくくなるためである。実際にナイロン 6 溶液を 12.5，15，17.5，20 wt%の濃度に調整してナノファイバーを作製したところ，平均繊維径 D_f は順に 126，147，157，162 nm であった。また，種々の目付量（$w=1.8$，2.6，3.5 g/m^2）の繊維層を形成させた。

種々の条件で調製したナノファイバー膜を用いて水透過試験を行い，透過率 K を求め，(2)式より水力学的相当直径 d_e を算出した。図5には，d_e を平均繊維径 D_f に対してプロットした。K の値は D_f の減少とともに減少し，その結果，D_f が小さいほど孔径 d_e は小さくなる傾向を示した。これは，繊維径の減少とともに繊維層の比表面積が増大することに起因すると推察される。

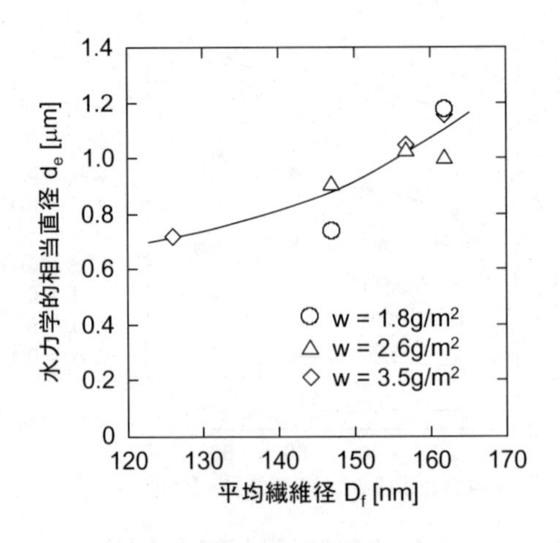

図5 膜調製条件と孔径との関係

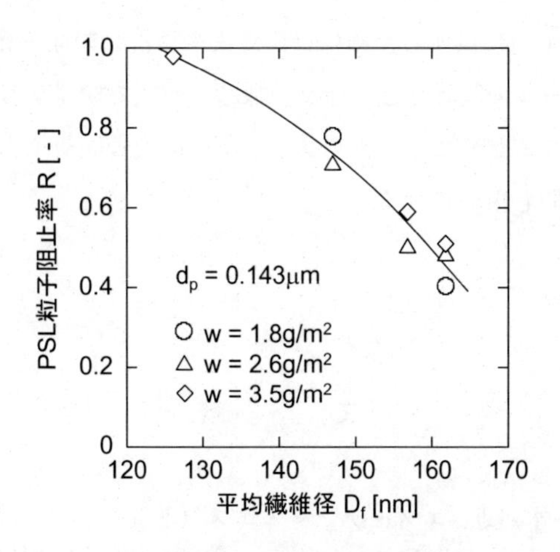

図6　膜調製条件と阻止率との関係

次に，PSL懸濁液の濾過試験を行い，粒子阻止率 R に及ぼす繊維径 D_f と目付量 w の影響を調査した。ここでは紙面の都合上，d_p=0.143 μm の PSL 粒子を用いた濾過試験の結果についてのみ述べる。図6には，種々の条件で調製したナノファイバー膜の粒子阻止率 R を繊維径 D_f に対してプロットした。なお，R は時間的に変化するので，v=100 cm の時点での阻止率の値で比較することとした。阻止率は繊維径に大きく依存し，繊維径の減少とともに粒子捕捉性能は向上する傾向を示した。この傾向は，図5において，繊維径が小さいほど細孔が微細化する結果とも対応している。図4の SEM 写真を見ると，同じ不織布の内部でも太い繊維の表面より細い繊維の表面や細い繊維が重なり合った間隙で PSL 粒子の捕捉が顕著となる傾向が見られる。また，図6のデータは，d_p=0.143 μm の粒子を完全に捕捉するには 125 nm 以下の繊維径が必要であるということを示唆している。一方，目付量 w の影響は，図の範囲ではそれほど大きくないようである。

1.6　総括および課題

ナノファイバー膜の水処理用濾材としての適用性を評価するため，水透過試験および標準粒子を用いた濾過試験を行い，次の基本性能をもつことを明らかにした。

①　水透過流束が極めて大きい。

②　サブミクロンオーダーの微粒子の分離に有効である。

③　繊維径が小さいほど高い分離性能が得られる。

ナノファイバーの材質や繊維径，積層構造などを検討することにより，さらに高度な分離が可能になるものと考えられる。

こうしたナノファイバー膜の基本性能は，従来の濾材の高性能化にも応用されている。たとえば，濾布や濾紙にナノファイバー層を組み合わせて分離性能を向上させたり，逆浸透膜の支持体にナノファイバー層を用いて水透過性能を向上させたりするなどである。

今後，水処理膜として実用に供するためには，逆洗や薬洗に対する耐性，耐ファウリング性，繰り返し利用性，モジュールの設計など，種々の課題について検討する必要がある。また，新たな水処理膜として注目されるためには，ナノファイバーに吸着能やイオン交換能などを付与して高機能化を図るなどの展開も求められる。

文　献

1） 膜を利用した新しい水処理，エヌ・ティー・エス（2000）
2） 本宮達也，図解 よくわかるナノファイバー，p.21-34，日刊工業新聞社（2006）
3） JIS R 1671，ファインセラミックス多孔体の水透過率及び水力等価直径試験方法（2006）
4） JIS R 1680，ファインセラミックス多孔体の液中粒子捕捉性能試験方法（2007）
5） 古田雅也，向井康人，入谷英司，中倉英雄，化学工学論文集，**30**(5)，611-614（2004）

2 次世代ナノ構造水処理膜

比嘉　充*

2.1 はじめに

「21世紀は水の世紀」と言われるように，水不足は地球規模での深刻な問題となっている。これを解決するには海水・かん水・下水・汚染河川水の有効利用が必要不可欠であり，そのため淡水化の未来を担う新規な技術が求められている。次世代技術として期待されているのは，半透膜（正浸透膜）と高浸透圧溶液を用いる正浸透法，カーボンナノチューブ（CNT）内では水分子が透過する際の抵抗が非常に低いという性質を利用したCNT膜，生物の細胞膜にあるたんぱく質の一種であり，効率的に水を通す穴を有するアクアポリンを用いたバイオミメティクス膜，が挙げられている（図1）。これらの膜において高い水透過性と高い塩除去性を有するためには正浸透膜の支持体層，CNT及びこのアクアポリンに存在するナノオーダーの孔径の制御が重要となる。ナノファイバーを用いた水処理膜については前節で述べられていることから，本節ではナノ構造の構築が重要となる次世代水処理膜の中で最も実用化に近いと考えられる正浸透膜とCNT膜の構造と透過性能について述べる。

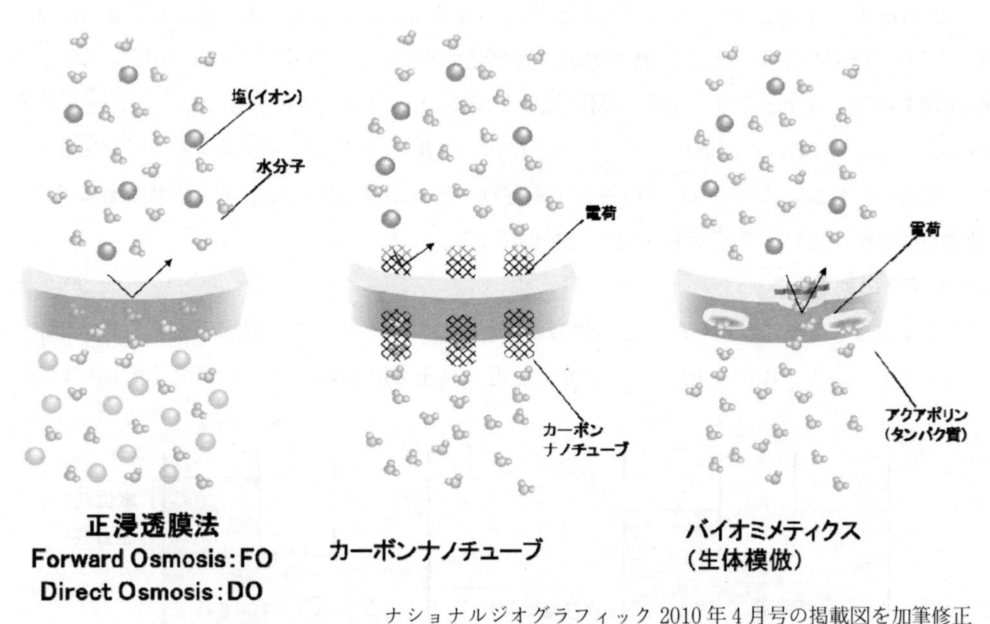

図1　淡水化の未来を担う技術

* Mitsuru Higa　山口大学　大学院理工学研究科　物質化学専攻　教授

2.2 正浸透膜

2.2.1 正浸透法とは

正浸透法はDirect Osmosis（DO）またはForward Osmosis（FO）と呼ばれている。これは図2に示すように半透膜（理想的にはイオンなどの溶質は透過せず，水分子などの溶媒のみを透過させる膜）の片側に淡水，その反対側に塩水が存在する系において水分子が淡水側から塩水側へ移動し，充分時間が経過した後に塩水側の水位が淡水側より高くなる現象である。この水位差に相当する静水圧差が浸透圧差である。この現象は漬け物製造など古くから知られているが，ここで述べるFO法は狭い意味で高浸透圧溶液（Draw Solution：駆動溶液）の浸透圧を駆動力として水を移動させる水処理技術である。

2.2.2 FO法とRO法の違い

現在，海水淡水化で用いられている逆浸透（Reverse Osmosis：RO）法では塩水（海水）側に浸透圧以上の静水圧を加え，塩水側から淡水側へ水を移動させることで脱塩を行う。このRO法とFO法との関係を図3にまとめる。この図で横軸は塩水側に加える静水圧，縦軸は半透膜を透過する水流束であり塩水側から淡水側への流れを正とする。静水圧が0の場合，上述のように淡水側から塩水側への水の流れが生じ，この点がFO法の作動点である。静水圧を加えると，淡水側から塩水側への水の流れが減少し，静水圧＝浸透圧となるとき，水流束が0となる。さらにそれ以上の圧力を加えると逆に塩水側から淡水側へ水の流れが生じる。この領域がRO法の作動領域である。また，FOとROの間の領域がPressure Retarded Osmosis（PRO）の作動領域である。このPROは浸透圧発電システムにおいて塩水と淡水から電気エネルギーを取り出す場合に用いられる。このようにFO法は①水移動の向きが淡水側→塩水側，②水移動に対する駆動力が浸透圧，という2点でRO法と大きく異なる。

2.2.3 FOの利点

上述のようにFO法は浸透圧差を駆動力としているためシステムに静水圧を加えないで水処理が可能である。また現在のRO法では90気圧近い高圧を加えて約60％の回収率を得ている。さ

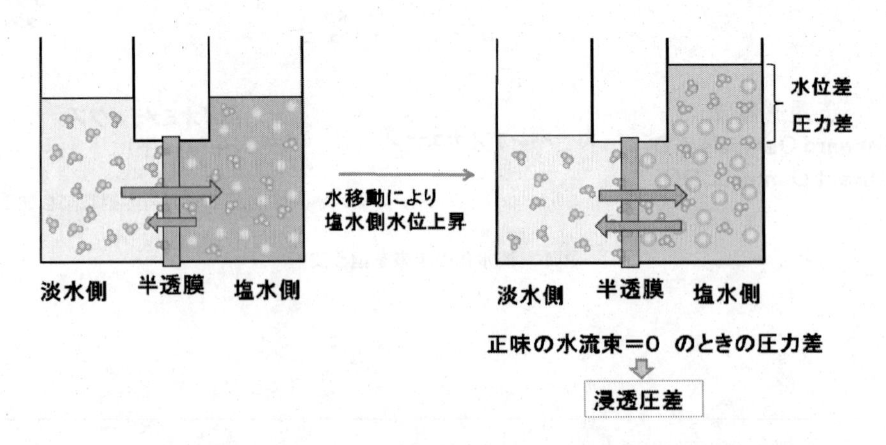

図2 半透膜と濃度の異なる溶液から構成される透析系での水の移動と浸透圧差

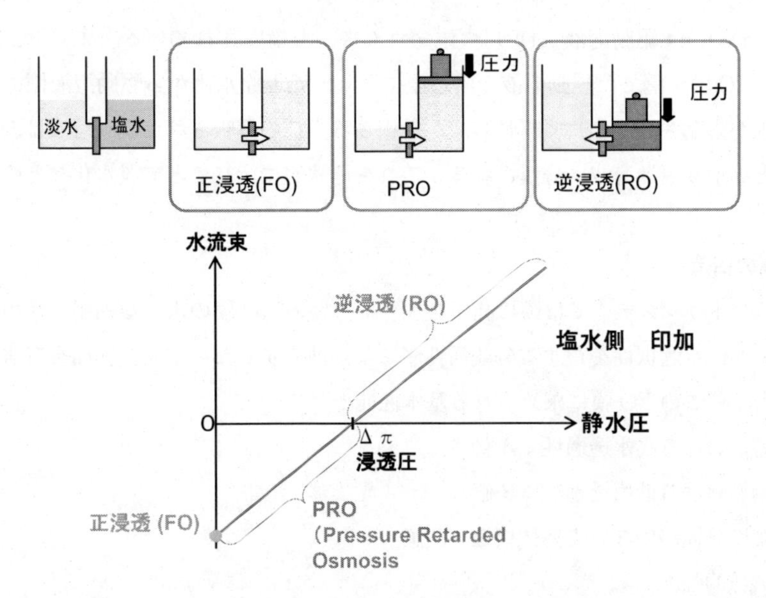

図3　正浸透（FO），Pressure Retarded Osmosis（PRO）と逆浸透（RO）における水流束と塩水側に印加する静水圧との関係

らに回収率を上げるためには，より高い圧力が必要であり，そのため高圧ポンプや高耐圧配管などの設備コストやランニングコストが高額になる。一方FO法では$MgCl_2$などの塩溶液を駆動溶液として使用した場合，5Mの濃度で1000気圧相当の駆動力が得られる。これより高圧ポンプを使用せずに海水などの高濃度塩溶液から80％以上という高回収率で水を回収可能である[1]。このようにFO法水処理システムは印加圧力がほぼゼロで高水流束，高回収率が得られるため，処理原水からの水回収プロセスでのエネルギーコストはRO法と比較して非常に低い。しかし連続的に水処理を行うためには駆動溶液の再生が必要となり，FO法ではこの再生プロセスが全体のエネルギーコストの大部分を占める。

2.2.4　FO水処理システム

図4にFO水処理システムの模式図を示す。このシステムは①FO膜，②FO膜モジュール，

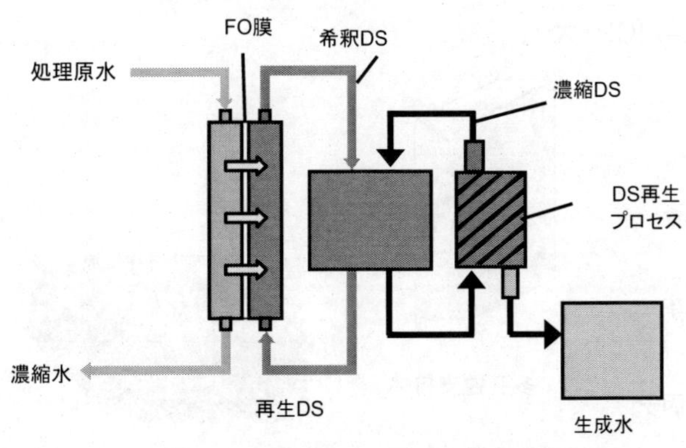

図4　FO水処理システムの模式図

③駆動溶液（DS），④駆動溶液（DS）再生プロセス，で構成されている。まずFO膜モジュールにおいて，FO膜を隔てた駆動溶液の浸透圧により，処理原水側から駆動溶液側に水移動が生じて処理原水が濃縮されると共に駆動溶液が希釈さる。この希釈された駆動溶液は，再生装置により生成水と高濃度駆動溶液に分離される。これを連続的に行うことで淡水化などの水処理が行える。

2.2.5 FO膜の構造

前述のようにFOシステムでは膜に高圧を加えないためRO膜のような高耐圧性の支持体を必要とはしないが，水選択性を有する分離活性層をより薄くするために支持体層を有する膜が多く報告されている。このFO膜に求められる基本性能として

① 活性層における高水透過性：A 値

② 活性層における低塩透過性：B 値

③ 内部濃度分極が少ない支持体構造：S 値

④ 高い機械的強度

が挙げられる。ここで①と②はRO膜においても要求される性能であるが，FO膜では浸透圧駆動であるために，これらに加えて内部濃度分極が低い支持体構造が求められる。

膜の支持体中における内部濃度分極は膜構造因子（S）として評価される。図5に示すように多孔支持体中での曲路率（τ）は多孔支持体中の孔の平均長さ（λ）と支持体の厚み（d）の比と定義される。また空孔率は孔の断面積の総和（Σa_i）に対する支持体面積（A）の比である。膜構造因子 S は支持体厚に曲路率をかけ，空孔率で割った値で定義される。この値が低い膜ほどICPの影響は低下する。つまり，より薄く，より多くの孔が出来るだけ直線上に形成された支持体が高性能なFO膜には必要と言える。このように圧力駆動のRO膜よりも，浸透圧駆動のFO膜では膜構造因子 S を可能な限り小さくする必要があるため，FO膜の支持体構造はナノオーダーの構造最適化が求められる。

FO膜はRO膜と同様に中空糸膜と平膜の2種類の形状がある。またポリスルフォンなどの支持体上にポリアミド（PA）性活性層を界面重合により形成した複合膜と，主にセルローストリ

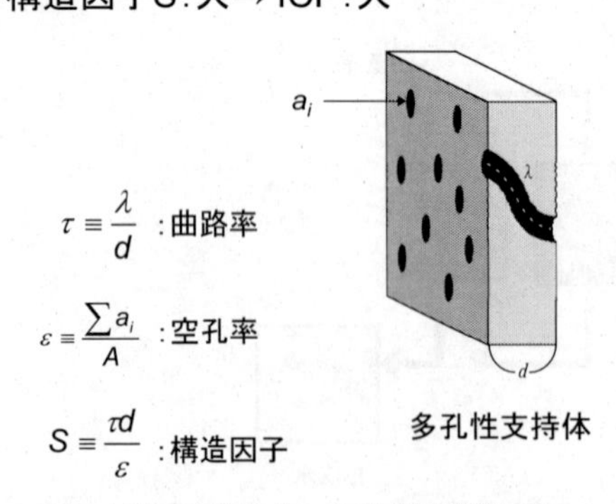

図5　膜の支持体中における膜構造因子

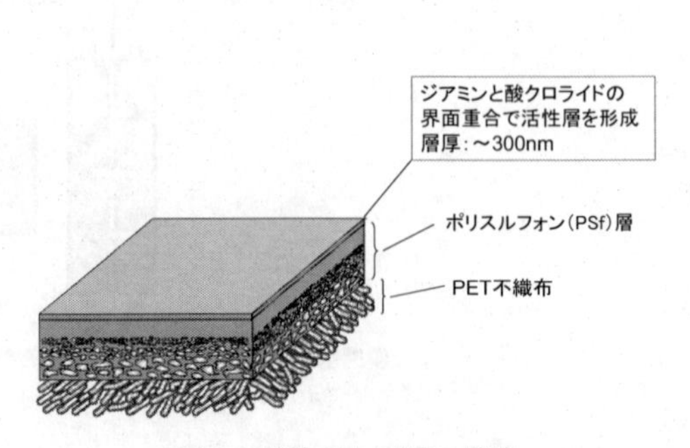

図6　複合PA平膜の構造

アセテート（CTA）性の非対称膜がある。これらの構造について下記に述べる。

(1)　複合PA平膜

市販RO用の複合PA平膜の多くは図6に示すようにPET不織布などの上にポリスルフォン層があり，その最上部にジアミンと酸クロライドを界面重合することで約300 nmのポリアミド活性層を形成している。界面重合により活性層の厚さを薄く形成可能なため，この膜は高い水透過係数と，高い塩排除率が得られることから圧力駆動のRO膜に適している。しかし現行のRO膜では支持体となるポリスルフォン層などの*S*値が大きな値となるためFO膜としての性能は低い。

(2)　非対称平膜

非対称平膜として市販されているのはCTA製のFO膜がある。この膜は図7に示すように複合平膜のような支持体部分が存在しないかわりにCTA製非対称膜の内部にポリエステル製網が存在する構造を有する。図では分かりやすいようにかなり誇張して描かれているが膜厚方向に非対称な構造を有している。この膜はいわゆる分離機能を有する活性層と支持体部分が明確に分かれているのではなく，その境界は不明確であり，水透過性は複合PA平膜の1桁ほど低い値を示す。そのため圧力駆動のRO膜としての性能は低いが，膜全体の*S*値が複合PA平膜より小さいため浸透圧駆動のFO膜としての性能は高い。

(3)　非対称中空糸膜

非対称中空糸膜としてはCTA製のRO膜が市販されている。図8はかなり誇張して描いているが，中空糸の外側により緻密な活性層を有する。活性層と支持体部分の境界は不明確であり，水透過性は複合PA平膜の1桁ほど低い値を示す。しかし中空糸RO膜の場合，膜モジュールにおいての単位体積あたりの膜面積が平膜より約10倍高いため，膜モジュールあたりの水透過量にはRO用複合PA平膜の膜モジュールと大きな差はない。

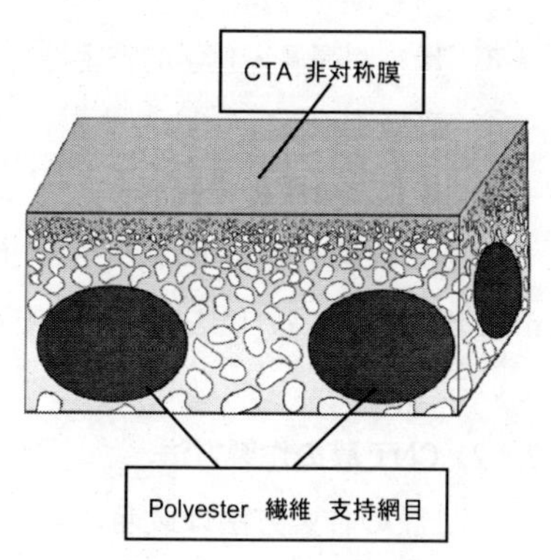

図7　非対称平膜の構造

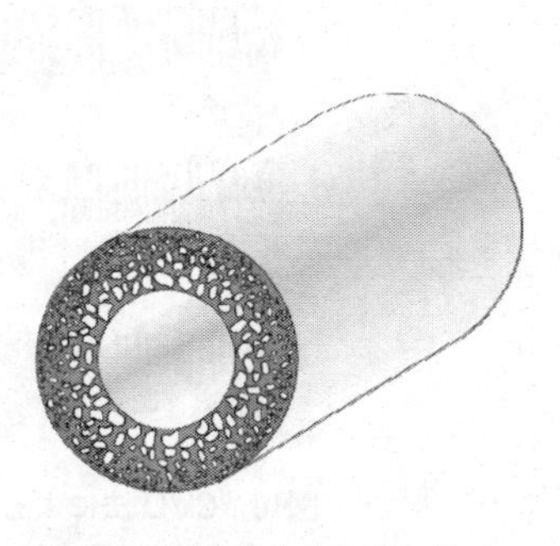
図8　非対称中空糸膜の構造

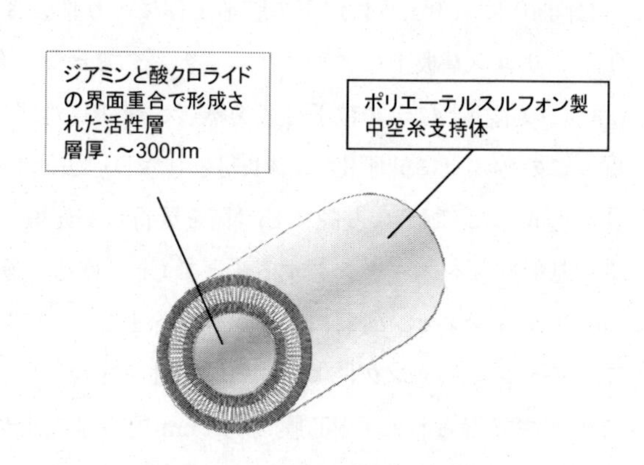

図9　複合中空糸膜の構造

また中空糸膜は平膜よりもFO膜用モジュールの作製が容易という利点を有する。

(4) 複合中空糸膜

複合中空糸膜は現在，市販されていないが，FO膜としての報告例がある[2]。これは図9に示すようにポリエーテルスルフォンの中空糸支持体の内部にジアミンと酸クロライドの界面重合によりポリアミド活性層を形成させている。この膜は水透過性も高く，また膜モジュールあたりの膜面積も複合PA平膜より高くなるため，高性能が期待できるが，現時点では量産化が困難であると考えられる。

2.3 カーボンナノチューブ（CNT）膜

CNT膜は最近，次世代分離膜の新しいプラットフォームとして注目されている。これは下記に示すようにこれまでの高分子膜や無機膜にはない高性能が期待できるからである。ここではその特長，報告されている作製法と物質透過性能について紹介する。

2.3.1 CNT膜の特長

CNT膜と従来高分子膜との比較を以下に示す。

① 従来の高分子膜よりも10倍以上高い透過速度

② 高い機械的強度

③ 優れた高温・化学的安定性

④ 高い選択性

⑤ 優れた耐膜汚染性

例えば水透過速度はアクアポリンが 3.9×10^9 moec/sに対してCNT膜は $6 \sim 17 \times 10^9$ moec/sという高い値を有することがシミュレーションから予測されている[3]。

2.3.2 CNT膜の作製方法

CNT膜の作製方法は最近いくつかの手法が報告されている[4]。その一例として低圧化学気相成長（CVD）法でのCNT膜の作製を示す。これは図10に示すように以下の製造工程により作製される。

① シリコン基板上にアルカリエッチングでピットを形成

② この基板上にナノ粒子触媒を蒸着させて熱処理

③ この触媒上に低圧化学気相成長（CVD）法によりCNTを成長

④ 形成したCNTの間隙に Si_3N_4 を蒸着して充填

⑤ 基盤底部をエッチングすることでCNT底辺に膜透過部を形成

⑥ アルゴンイオン研磨により触媒を除去し，CNTを露出

⑦ イオンエッチングにより物質透過性を発現

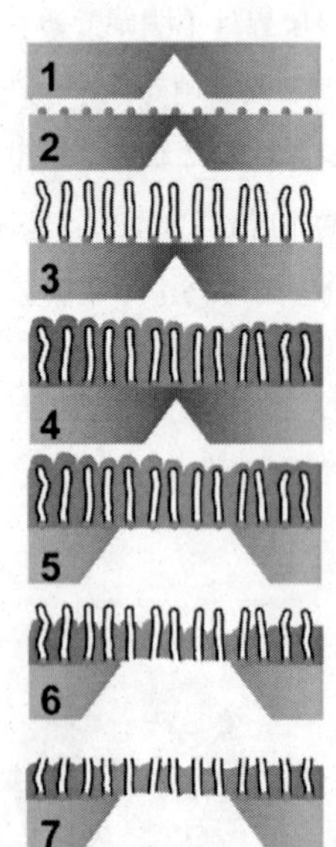

図10 CVD法によるCNT膜の作製方法[5]

この方法で得られたCNT膜は約1 cm角の基板上に700 μm角の大きさの89の膜チップが存在し，各々の膜チップには約50 μmの開

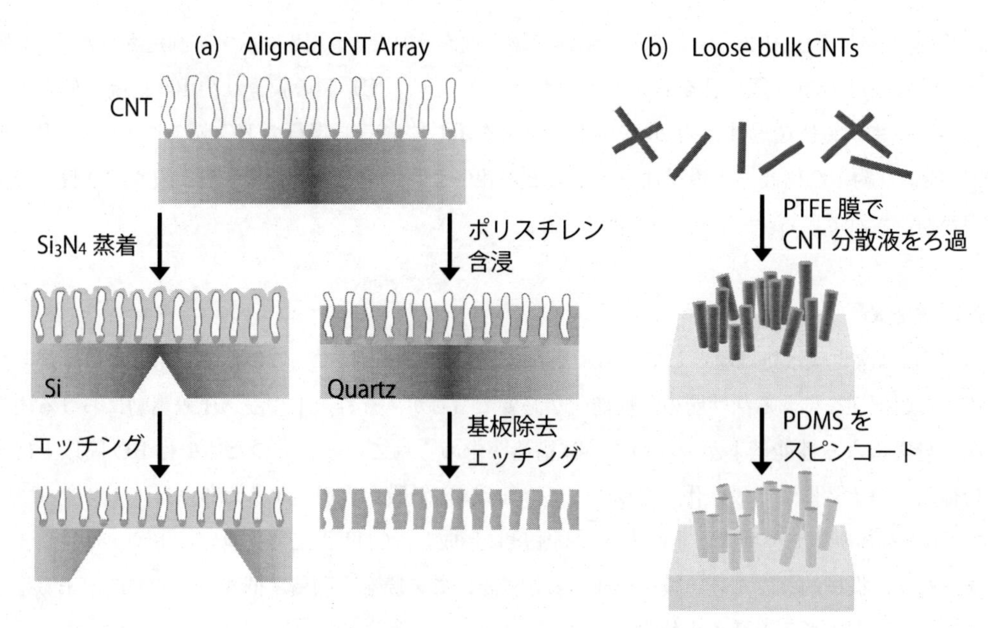

図11　CVD 法やその他の CNT 膜の作製方法[8)]

口部が形成されている。この開口部を TEM で観察した結果，CNT 内孔の平均外孔径は 2.3 nm であり，CNT 孔の密度は約 $2.5\times10^{11}/cm^2$ ということが判明している。また CNT 周辺は Si_3N_4 で覆われており，ミクロクラックやミクロボイドは存在しないことが確認されている。

上記の作製方法とは別に，より簡易な CNT 方法として，Hind ら[6)]はシリコン基板上に成長させた CNT の間隙を Si_3N_4 で覆うかわりに図 11 に示すように CNT アレイにポリスチレンを含浸させ，基板を除去した後に，プラズマエッチングにより平均孔径が約 7 nm の自立高分子 CNT 膜を作製している。また Maranda ら[7)]はアミン基修飾の CNT をテトラヒドロフラン分散させた溶液を 0.2 μm 径のポリテトラフルオロエチレン濾過膜で濾過し，その上にポリスルフォンをスピンコートすることで支持体となる濾過膜上部に CNT 薄膜層を形成させた濾過材サポート CNT 膜を作製している。この作製方法は CVD でシリコン基板上に CNT アレイを形成する方法よりも，大面積化が容易で，より低コストで CNT 膜の作製が可能である。しかしまだ CVD 法で作製した CNT 膜よりも有効に機能するナノチューブ密度が小さいという問題点がある。

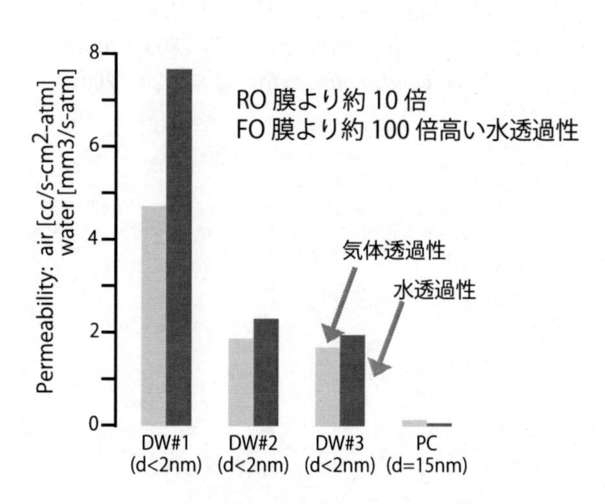

図12　CNT 膜の水透過性と気体透過性[4)]

2.3.3　CNT 膜の物質透過性能

上述の方法で作製した約 2 nm 径の

CNT膜における圧力駆動による水と気体の透過性をそれぞれ図12に示す。測定されたCNT膜の水透過性は15 nm径の孔を有するポリカーボネート（PC）製の膜より約100倍高い値を示している。また気体透過性は約20倍以上高い値を示している。現行のRO膜より10倍，現行のFO膜より約100倍高い水透過性を示すことが報告されていることから，RO膜やFO膜への応用が期待されている。

2.4 まとめ

FO膜は次世代水処理膜として最も実用化に近いと考えられる。この膜の実用化には上述したように選択性を与える活性層の高性能化が必要であるが，それ以上に浸透圧差駆動における内部濃度分極による性能低下が少ない支持体構造が求められている。そのためにはRO膜以上に支持体内部のナノ構造の最適化が必要となる。またCNT膜が実用化するためには，ナノオーダーでCNTを規則正しく膜面と垂直方向に高密度に形成し，CNT間をミクロボイドやミクロクラックがなく，機械的強度が高い膜を形成する技術と，この膜を大面積，低コストで製造出来る手法の確立が必要であると考えられる。

文　　献

1） S. Lee *et al.*, *J. Membr. Sci.*, **365**, 34-39（2010）
2） S. Chou *et al.*, *Desalination*, **261**, 365-372（2010）
3） Hummer *et al.*, *Nature*, **414**, 188（2001）
4） J. K. Holt *et al.*, *Science*, **312**, 1034-1037（2006）
5） J. K. Holt *et al.*, *Nano Lett.*, **4**, 2245（2004）
6） B. J. Hinds, *Science*, **303**, 62（2004）
7） S. Kim *et al.*, *Nano Lett.*, **7**, 2806（2007）
8） A. Noy *et al.*, *nanotoday*, **2**, 22-29（2007）

3　混合紡糸型キレート繊維

井上嘉則*

3.1　はじめに

ナノファイバーは高精度ろ過材としての実用化が進められているが，微細繊維のため高い表面積を有しており，吸着機能を付与することにより既存のイオン交換樹脂やキレート樹脂に代わる水処理用固体吸着材としても期待される。

キレート樹脂としては，イミノ二酢酸（IDA），低分子ポリアミン，アミノリン酸，イソチオニウム，ジチオカルバミン酸，グルカミン等が導入されたものが市販されている[1~4]。これらの内，広範囲な金属を吸着可能なIDA型キレート樹脂が主に利用されている。しかしながら，IDAの錯体の安定度定数はエチレンジアミン四酢酸（EDTA）と比べるとかなり低く，共存イオンの妨害により除去率や回収率が変動するという問題を抱えている。これらの問題を解消するため，長鎖アミノカルボン酸基を導入したキレート樹脂が開発されている[5~9]。キレート官能基の長鎖化により錯体の安定度定数が向上すると共に，酸性条件下でアルカリ土類金属を排除するという特徴的な機能も発現する。

ナノファイバーを金属の除去・回収に適用させるには，高い吸着容量と共に吸着性官能基の多様化が要求される。本節では，特許や報文及び筆者等の研究結果を基に，繊維への金属吸着機能の付与手法に関して概説する。

3.2　キレート繊維の調製

金属吸着能を有するキレート繊維に関してはすでに多くの研究がなされている。キレート繊維の調製法は，表面修飾法，グラフト（接ぎ木）法，混合紡糸法に大別できる。表1に，その概要と関連特許及び報文を示す。

表面修飾法は，繊維表面の水酸基，ニトリル基，エポキシ基等にキレート性化合物を化学反応により導入するものである。繊維表面へのキレート性官能基の導入に関しては，多くの報告があるがその操作は煩雑である。繊維への金属吸着能の付与方法として有望なのはグラフト法である。

表1　キレート繊維の調製法

調製法	概要
表面修飾法	繊維表面の官能基を化学的に処理してキレート性官能基に変換，または繊維表面の官能基にキレート性化合物を化学的に導入する[10~12]
グラフト法	化学反応[12~17]，放射線・電子線照射[18~24]により繊維表面に反応性部位（ラジカル）を生成させ，キレート性化合物を化学的に導入，または反応性部位を起点として高分子鎖を形成した後キレート性化合物を導入する
混合紡糸法	繊維母材溶液に金属吸着性物質（化合物・粒子）を混合し，湿式あるいは乾式紡糸法により繊維とする[25~33]

*　Yoshinori Inoue　日本フイルコン㈱　総合研究開発部　新規事業開発部　主任研究員

化学グラフト法では適用可能な繊維が限定されてしまうが，放射線グラフト法は多種多彩な繊維に高効率でグラフト可能である。グラフトにはグリシジルメタクリレートが多用されており，グリシジル基にキレート性化合物がペンダント状に導入される。しかし，グラフトのための特殊な製造設備が必要となる。詳細は次項に記述するが，混合紡糸法は，繊維母材溶液にキレート性化合物を混合して湿式紡糸あるいは乾式紡糸で繊維とする方法であり，既存設備を用いて多種多彩なキレート繊維を製造することが可能である。また，キレート性化合物の融点が繊維母材の溶融温度と近く，耐熱性があれば溶融混合紡糸も可能である。

3.3　湿式混合紡糸法によるキレート繊維の調製

湿式混合紡糸法による繊維の機能化に関しては古くから検討されており，主にレーヨンとの混合紡糸が行われている。レーヨンとの混合紡糸は，原料ビスコースに溶液状あるいはエマルジョン状の混合剤を添加して公知のビスコース法により紡糸する。主に，染色性，耐水性，防皺性，熱固定性等の目的で，ポリアクリル酸，部分鹸化ポリアクリロニトリル，ポリビニルアルコール等の合成高分子，カゼイン等の天然高分子等が混合剤として用いられている[34]。また，凝固速度調節を目的に低分子ポリアミン化合物[35]を，陽イオン交換能付与を目的にポリアリルアミン[36]を混合した例もある。また，この紡糸法では微粒子も混合可能であり，キレート樹脂微粒子の混合紡糸も試みられている[33]。さらに，ジルコニア，チタニア，セリア等の無機イオン交換体[37]を混合すれば，有機—無機ハイブリッド型のイオン交換繊維も調製可能である。レーヨン以外に，ポリビニルアルコール繊維でも湿式混合紡糸が可能で，ポリビニルアルコールにスルホン化ポリスチレンを混合したイオン交換繊維が作られている[38,39]。

3.4　キレート性高分子混合紡糸型キレート繊維の調製とその吸着特性

キレート性官能基を有し，ビスコースと再生可能な水溶性高分子を混合剤とすれば，湿式混合紡糸法によりキレート繊維を調製可能である。そこで，カルボキシメチル化ポリアリルアミン(CM-PAA)[27,31]及びカルボキシメチル化ポリエチレンイミン（CM-PEI)[25,30,31](図１）をビスコースと混合紡糸してキレート繊維を調製した。これらの高分子はアルカリ性水溶液に可溶であるため，ビスコース法で容易に繊維化が可能である。高分子化合物を用いることにより，繊維からの脱離を防ぐと共に，錯体の安定度定数の向上も図ることができる。図２に，CM-PEI 混合紡糸キレート繊維の電子顕微鏡写真と銅吸着後の EDX パターンを示す。繊維形状はレーヨンと同様で，均一に銅を吸着していることが判る。

図３に，試料溶液の pH を変化させた時の混合紡糸型キレート繊維の吸着特性を示す。比較対象には，市販 IDA 型キレート樹脂を用いた。CM-PAA 型の官能基は IDA であるため，市販 IDA 型キレート樹脂とほぼ同様の吸着特性を示す。一方，CM-PEI 型は，酸性側において Cd，Cu，Ni，Pb に対して高い吸着率を示す。CM-PEI 型の特徴的な特性は Ca と Mo である。Ca は pH 6 付近まではまったく吸着されることはなく，pH 6 以上で急激に吸着率が向上する。こ

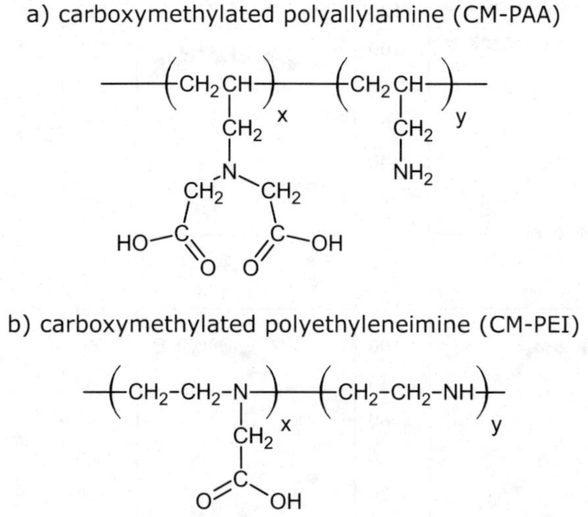
a) carboxymethylated polyallylamine (CM-PAA)
b) carboxymethylated polyethyleneimine (CM-PEI)

図1　レーヨンに混合紡糸したキレート性高分子の構造

a)
10 μm
b)
10 μm
Cu L

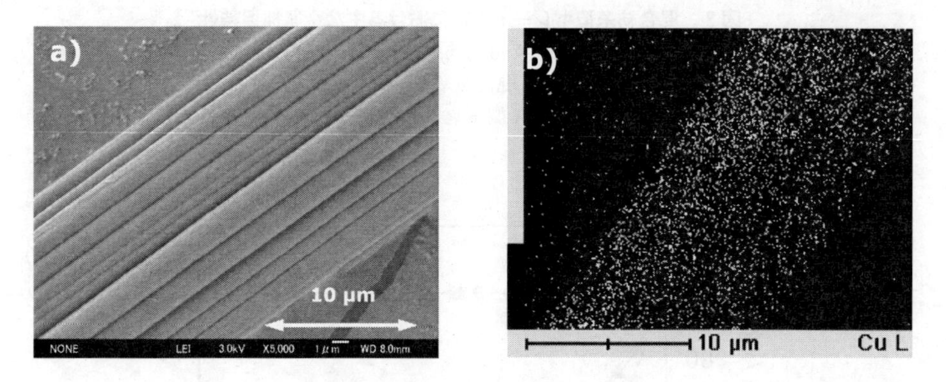

図2　CM-PEI 混合紡糸キレート繊維
a）電子顕微鏡写真　b）銅吸着後の EDX パターン

の傾向は，Mg，Ba 及び Sr でも同様である。一方，Mo に対しては Ca とほぼ逆の特性で，酸性側で高い吸着率を示し，pH 7以上ではほとんど吸着されない。これらの特徴的吸着特性は長鎖アミノカルボン酸型官能基を導入したキレート樹脂[8,9]と同様で，共存イオンの妨害を受けずに効率良く重金属を除去・回収可能であることを示す。

図4に，濃度の異なる銅溶液を用いて調べた CM-PAA 混合紡糸キレート繊維の流速依存性を示す。比較対象には，市販 IDA 型キレート樹脂を用いた。市販 IDA 型キレート樹脂は，SV 100 以上で吸着率が 70 %を下回り，低濃度では 50 %以下となった。一方，CM-PAA 型は SV 370 でもほぼ 100 %の吸着率を維持しており，高流速下においても高い吸着能力を有している。

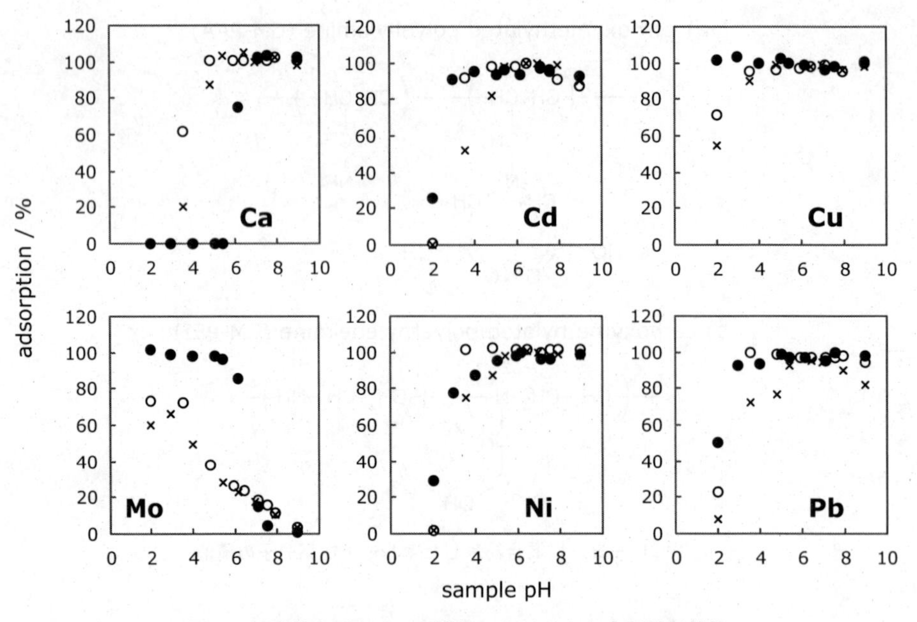

図3　混合紡糸型キレート繊維における主な金属捕捉特性
○＝CM-PAA 混合紡糸キレート繊維
●＝CM-PEI 混合紡糸キレート繊維
×＝市販 IDA 型キレート樹脂

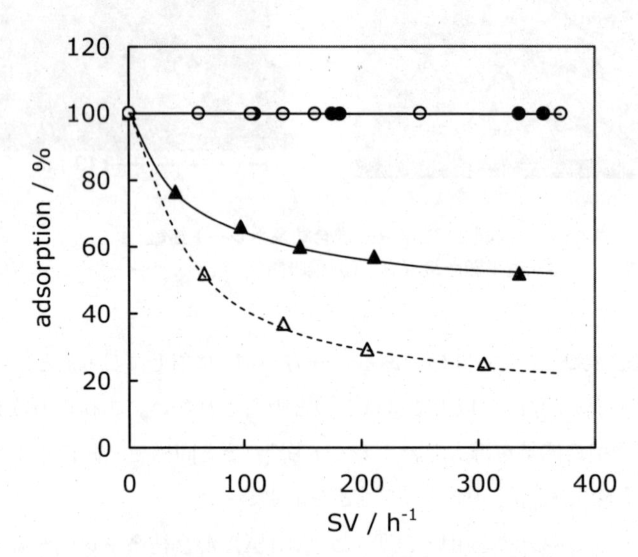

図4　CM-PAA 混合紡糸キレート繊維における吸着特性
○＝CM-PAA 混合紡糸キレート繊維（5 mg Cu/L）
●＝CM-PAA 混合紡糸キレート繊維（20 mg Cu/L）
△＝市販 IDA 型キレート樹脂（5 mg Cu/L）
▲＝市販 IDA 型キレート樹脂（20 mg Cu/L）

3.5　ナノファイバーへの展開

吸着性ナノファイバーに関しては，チタンやジルコニウム等の金属酸化物[40~42]，活性炭[43]等の開発例がある。また，セルロースやキチン・キトサンのナノファイバーも報告されており，高圧噴射[44]やグラインダー処理[45]でバイオマスからナノファイバーが調製されている。キチン・キトサンは金属吸着能を有するが，さらにキレート性官能基を導入して高機能化することが可能である[46]。

前項で述べたキレート性高分子を直接ナノファイバー化できれば，広範囲な金属の除去・回収に利用可能なキレート性ナノファイバーとなり得る。しかしながら，これらの高分子は吸水性が高く，繊維形状を維持することは困難であるため，何らかの繊維形成性高分子に混合してナノファイバー化する必要がある。例えば，これらの高分子をセルロース紡糸原液に混合し，上記方法[44,45]を用いればセルロース系キレートナノファイバーの調製が可能である。

一方，これらのキレート性高分子は極性有機溶媒に溶解可能であるため，例えば，ポリアクリロニトリル等と共に適切な有機溶媒に混合溶解すれば，公知のエレクトロスピニング法によりナノファイバーを得ることができる。また，キレート性高分子の代わりに，ハロゲン化アルキル基やエポキシ基等の反応性官能基を有する高分子を混合してナノファイバーとし，その後にキレート性化合物を導入するという方法も可能である。図5に，ポリアクリロニトリルとエポキシ基を有する高分子とをジメチルホルムアミドに溶解後，エレクトロスピニング法により調製したナノファイバーの電子顕微鏡写真を示す。この混合紡糸ナノファイバーのエポキシ基に図1b）に示したカルボキシメチル化ポリエチレンイミンを導入したところ，希薄な硫酸銅溶液から銅を効率よく吸着除去することが可能であった。キレートナノファイバーに関してはまだ試作段階であるが，キレート性高分子の構造や官能基の最適化により既存金属吸着材に代わる高機能金属吸着材となりうるものと考えられ，今後の発展が期待される。

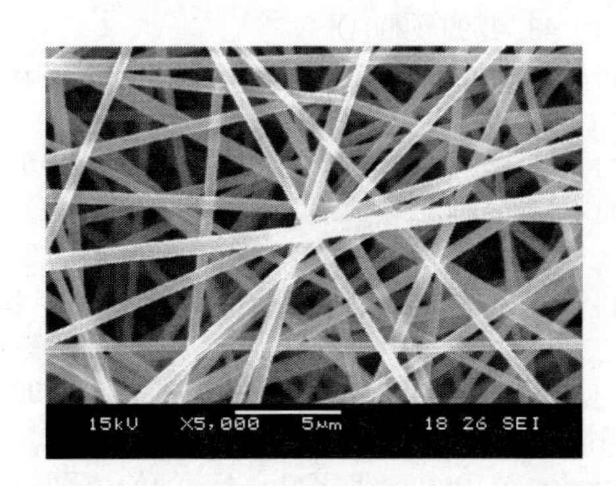

図5　試作エポキシ化高分子混合 PAN ナノファイバーの電子顕微鏡写真

文　献

1) 北条舒正，キレート樹脂・イオン交換樹脂，講談社サイエンティフィク（1976）
2) 妹尾学，阿部光雄，鈴木喬，イオン交換，講談社サイエンティフィク（1991）
3) 戸嶋直樹，遠藤剛，山本隆一，機能性高分子材料の化学，朝倉書店（1998）
4) 神崎愷監修，日本イオン交換学会，最先端イオン交換技術のすべて，工業調査会（2009）
5) 日立化成工業㈱，日本特許公開公報，特開 2005-213477（2005）
6) Y. Sohrin, S. Urushihara, S. Nakatsuka, T. Kono, E. Higo, T. Minami, K. Norisuye, S. Umetani, *Anal. Chem.*, **80**, 6267（2008）
7) 坂本秀之，山本和子，白崎俊浩，井上嘉則，分析化学，**55**，133（2006）
8) 日本フイルコン㈱，日本特許公開公報，特開 2010-194509（2010）
9) S. Kagaya, E. Maeba, Y. Inoue, W. Kamichatani, T. Kajiwara, H. Yanai, M. Saito, K. Tohda, *Talanta*, **79**, 146（2009）
10) ヘキスト・アクチェンゲゼルシャフト，日本特許公開公報，特開平 7-70231（1995）
11) L. Zhang, X. Zhang, P. Li, W. Zhang, *React. Funct. Polym.*, **69**, 48（2009）
12) T. Yoshioka, *Bull. Chem. Soc. Jpn.*, **58**, 2618（1985）
13) キレスト㈱，中部キレスト㈱，日本特許公開公報，特開 2000-248467（2000）
14) 工業技術院，㈱キレスト，㈱中部キレスト，日本特許公開公報，特開 2001-113272（2001）
15) M. Monier, N. Nawar, D. A. Abdel-Latif, *J. Hazard. Mater.*, **184**, 118（2010）
16) M. Monier, D. M. Ayad, A. A. Sarhan, *J. Hazard. Mater.*, **176**, 348（2010）
17) R. Coskun, C. Soykan, *J. Appl. Polym. Sci.*, **112**, 1798（2009）
18) 日本原子力研究開発機構，日本特許公開公報，特許 4119966 号（2008）
19) 日本原子力研究開発機構，日本特許公開公報，特許 3247704 号（2001）
20) 日本原子力研究開発機構，日本特許公開公報，特開平 8-199480（1996）
21) K. Ikeda, D. Umeno, K. Saito, F. Koide, E. Miyata, T. Sugo, *Ind. Eng. Chem. Res.*, **50**, 5727（2011）
22) A. Jyo, Y. Hamabe, H. Matsuura, Y. Shibata, Y. Fujii, M. Tamada, A. Katakai, *React. Funct. Polym.*, **70**, 508（2010）
23) A. Jyo, J. Kugara, H. Trobradovic, K. Yamabe, T. Sugo, M. Tamada, T. Kume, *Ind. Eng. Chem. Res.*, **43**, 1599（2004）
24) S. Tsuneda, K. Saito, S. Furusaki, T. Sugo, J. Okamoto, *J. Membr. Sci.*, **58**, 221（1991）
25) 日本フイルコン㈱，日本特許公開公報，特開 2010-253359（2010）
26) 日本フイルコン㈱，日本特許公開公報，特開 2011-56350（2011）
27) 日本フイルコン㈱，オーミケンシ㈱，日本特許公開公報，特開 2011-92864（2011）
28) H. Lin, M. Kimura, K. Hanabusa, H. Shirai, N. Ueno, Y. Mori, *J. Appl. Polym. Sci.*, **85**, 1378（2002）
29) Q. Chen, L. Dong, G. Ye, J. Xu, *J. Appl. Polym. Sci.*, **109**, 2636（2008）
30) 井上嘉則，齊藤満，機能紙研究会誌，**49**，21（2010）
31) S. Kagaya, H. Miyazaki, Y. Inoue, T. Kato, H. Yanai, W. Kamichatani, T. Kajiwara, M. Saito, K. Tohda, *J. Hazard. Mater.*, **203-204**, 370（2012）
32) 東レ㈱，日本特許公開公報，特開平 6-299412（1994）
33) 日本フイルコン㈱，オーミケンシ㈱，日本特許公開公報，特開 2011-92865（2011）
34) 東洋紡績㈱，日本特許公開公報，特公昭 38-18562（1963）

35） 帝国人造絹糸㈱，日本特許公開公報，特公昭 34-3557（1959）
36） 日東紡績㈱，日本特許公開公報，特開昭 61-258801（1986）
37） 大井健太，無機イオン交換体，エヌ・ティー・エス（2010）
38） ㈱ニチビ，日本特許公開公報，特開 2005-82933（2005）
39） ㈱ニチビ，日本特許公開公報，特許 2619812 号（1997）
40） 理化学研究所，一ノ瀬泉，日本特許公開公報，特開 2004-262692（2004）
41） 京都大学，岩谷産業㈱，日本特許公開公報，特開 2006-240949（2006）
42） 帝人㈱，日本特許公開公報，特開 2006-336121（2006）
43） ㈱KRI，九州大学，日本特許公開公報，特開 2010-274178（2007）
44） 産業総合研究所，㈱スギノマシン，日本特許公開公報，特開 2011-56456（2011）
45） 矢野裕之，機能紙研究会誌，**49**，15（2010）
46） 大下浩司，本水昌二，分析化学，**57**，291（2008）

第 4 章　先進医療・衛生用部材

1　先進医療のためのナノファイバー材料

兼子博章*

1.1　医療分野におけるナノファイバーの隆盛

医療の現場では様々な繊維製品が利用されており，たとえばガーゼ，包帯，縫合糸や不織布などがすでに実用化されている。数ある繊維材料の中で，ポリ乳酸やポリグリコール酸などの生分解性の脂肪族ポリエステルは，生体内において少しずつ分解され，代謝・排泄され，やがては消えてなくなる特徴を有する。これらの繊維から製造される手術用の縫合糸は，手術後の傷の治りとともに糸が徐々に分解し，治癒が完了するころには糸が消えてなくなるめ，抜糸の必要がなく，医療現場に浸透している材料と言える。

生分解性材料の浸透とともに，近年，医療用の繊維材料においてナノファイバーの応用が注目されている。ナノファイバーは文字通り従来の繊維材料よりも繊維径が細い繊維であるが，細胞や組織との親和性が高い特徴があるため，従来の繊維製品では実現しなかった応用法が見出されており，医療現場に新しい利用法を提供する可能性を秘めている材料である。

時を重ねるかのように，1990 年代から再生医療のコンセプトが提唱され，自己細胞や幹細胞，あるいは組織の再生を促す成長因子などを駆使することにより，失われた臓器を修復する試みが進められている。ナノファイバーは細胞接着性に優れ，培養組織の生育に必要な連続孔を多く有するため，再生医療の足場材料としても非常にポテンシャルの高い材料であると考えられている。

以下，ナノファイバーの医療応用に関して，生分解性の脂肪族ポリエステルのナノファイバーを中心に紹介する。

1.2　ナノファイバーの特徴と細胞接着性

ナノファイバーの作成方法にはいくつかの方法が知られているが，電界紡糸法が最もポピュラーな方法の一つである。電界紡糸法は，静電紡糸法，エレクトロスピニング法，エレクトロスプレー法などと言われるが，ポリマーの高濃度溶液（ドープ）に高電圧を印加することによって電極上に極細繊維が得られる方法である。電界紡糸法によって得られる繊維の太さ（繊維径）は，太くても数ミクロン，細いものでは 10 ナノメートルのオーダーのものまで得られることが知られている。

電界紡糸法は，①比較的シンプルな卓上の小型装置で作成することができる，②様々なポリマーをナノファイバーに加工できる，③室温での作成が可能である，④複数のポリマーの組み合わせ

＊　Hiroaki Kaneko　帝人㈱　新事業開発グループ　融合技術研究所　第三研究室　室長

や，タンパク質，低分子化合物との組み合わせも容易にできる，⑤シートやチューブなど意図した形状に加工することが比較的簡単であるなどの特徴がある。そのため，複雑な形状を有する生体組織に適応した形状のものを作成しやすく，特に医療への応用において効果を発揮する材料であると考えられる。

医療用のナノファイバーには生分解性のポリマーが原料として良く用いられる。ポリ乳酸やポリグリコール酸などの脂肪族ポリエステルは，すでに人工骨や補綴材などに応用されている材料であり，医療材料として使用実績が高い材料である。ポリ乳酸はジクロロメタンなどの揮発性の有機溶媒に溶解できるため，電界紡糸法により比較的単純にナノファイバーの不織布を得ることができる。ポリ乳酸は結晶性で硬い材料であるが，電界紡糸法で得られたナノファイバー不織布は柔軟性に富み，肌など生体表面に馴染むような柔らかい性質の不織布を得ることができる。

繊維材料を細胞培養の足場材料に用いる場合，従来の工業繊維，とりわけ溶融紡糸法や湿式紡糸法などで得られる工業繊維においては，その繊維径が10マイクロメートル前後のものやそれよりも太いものが多かった。細胞1個の大きさを10～100 μm とすると，繊維1本が細胞にとっては柱のような存在であり，細胞を包み込むような場とはならず，細胞の接着性や増殖性は高いものではなかった。ナノファイバーは従来の繊維よりも繊維径が細いものであり，細胞のまわりを細い繊維で包み込むような状態を提供することが可能となる。細胞培養にナノファイバーを利用すると，従来の工業繊維よりも細胞接着性，増殖性が優れる傾向にある。

哺乳類の細胞が繊維表面に接着する場合，材料表面へのタンパク質吸着，繊維表面の微小な凹凸形状の有無，繊維の表面加工やコーティング，繊維の水膨潤性，繊維と繊維の間の空間，繊維の硬さや自由度，繊維の伸縮性などを例示することができる。

ポリ乳酸を使って細胞接着に影響を与える諸因子を検討した例として，繊維表面に微小な孔が形成されかつ繊維径も太い（～5ミクロン程度）不織布と，繊維径が細い（数百ナノメートル程度）ナノファイバーの不織布を用いた際の細胞接着性の違いが検討されている[1]。表面が平滑で繊維径も細いポリ乳酸の繊維表面のほうが，繊維径の太い繊維よりもマウス胎児線維芽細胞の接着・増殖が優れていることが示されている。電界紡糸法は繊維の形状や表面特性を紡糸条件や紡

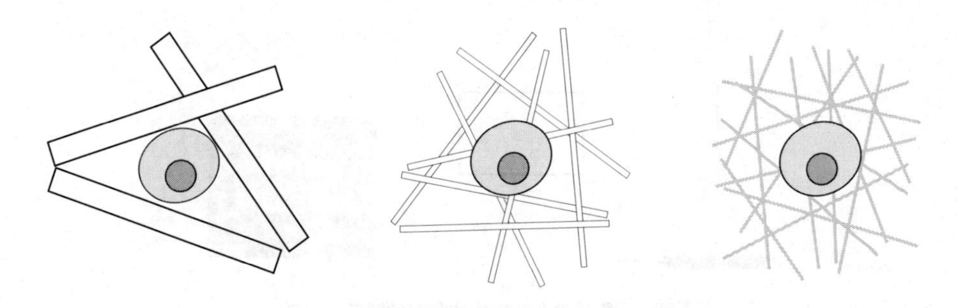

図1　繊維の太さが細胞培養に与える影響（模式図）
繊維が太いと細胞にとっては柱のような存在であり，繊維が細いと細胞が接着しやすい足場となりやすい

糸プロセスで制御することが可能であり，得られる繊維形状が幅広く設計できる方法であるといえる。

1.3　ナノファイバー成型体の立体加工とその利用

電界紡糸法のもう一つの特徴は，繊維を集積する電極の形状を工夫することによって，その形状に合った不織布を作成することができる。たとえば，電極に円柱状の金属棒を用いればチューブ状の成型体が得られる。チューブ状のナノファイバー成型体は，直径数ミリメートルの小さい血管や末梢神経などの再生への応用が検討されている。電界紡糸によって得られたポリ乳酸のチューブは，繊維が細いため成型体全体の力学強度が高くはなく，神経再生の場合は折れ曲がりや圧迫に対して耐えうる構造を持たせる工夫が重要である。チューブそのものに蛇腹状の加工を施すことで，埋め込んだ後にチューブも折れ曲がりにくくする工夫が報告されている[2]。乳酸－グリコール酸共重合体（PLGA）を原料とし，塩化メチレン／エタノールの混合溶媒で電界紡糸したナノファイバーチューブに蛇腹状の加工を施し，得られたチューブの内部にラット骨髄単核球細胞を導入し，神経再生を検討した例が開示されている[3]。ラット大腿部の坐骨神経に 10 mm の欠損を作成し，長さ 12 mm のチューブ内部に別途単離した骨髄単核球細胞液を注入し神経断端を縫合した結果，4 週間後，再生された坐骨神経組織を確認することができた。

また，電極に弁の構造を模倣した金属片を用いることにより，心臓弁に似た構造を形成できることが開示されている[4]。電界紡糸法にて紡糸を行う際，コレクタ上に弁尖形状の金属を用いて繊維構造体を得，さらに得られた繊維構造体の上から静電紡糸法にて紡糸を行い弁尖と筒状の基体の複合化を行うことによって人工心臓弁の形状を持つナノファイバー成型体が得られる。この成型体は微細な繊維構造体からなるため，細胞の接着・増殖性に優れていることが期待される。電極の形状を変えることで得られる成型体の形状を変化させることも可能であり，患者の組織の形状に合わせた医療材料を提供できるような技術に発展することが期待される。

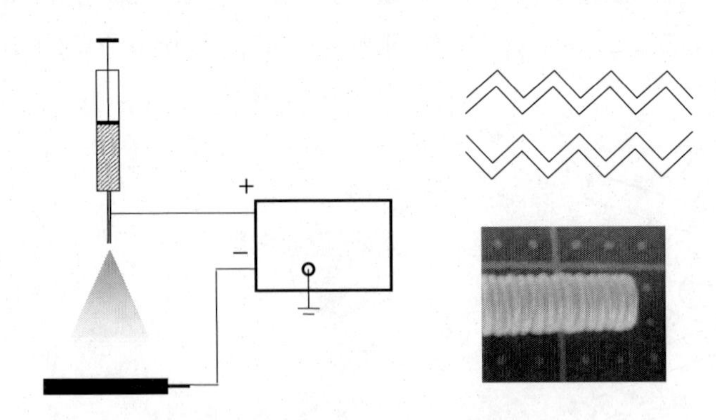

図 2　電界紡糸法で作成した蛇腹チューブ

（左）電界紡糸法の模式図（円柱状の電極を利用），（右上）蛇腹構造の模式図，（右下）蛇腹チューブの写真

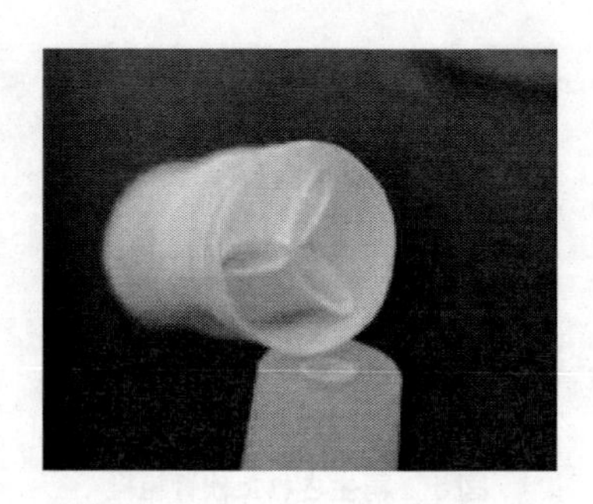

図3　心臓弁の構造を模倣して作成したエレクトロスピニング繊維による三葉弁（試作品）

1.4　ナノファイバー立体成型体（多孔体）による軟骨・骨の再生

電界紡糸法によるナノファイバーの立体加工をさらに工夫し，多孔体のような成型体を得ることもできる。ポリ乳酸－グリコール酸共重合体（PLGA）の電界紡糸法で積層される層を積み重ねることで層構造を有する成型体を作成し，これを一定の方向に切り出すことで，繊維の方向性が異なる成型体を得ることが開示されている[5]。得られた直径5 mm，高さ5 mmの円筒体は，繊維の方向によって異なる力学強度を示し，空隙率が80%を超え，繊維のみからなる多孔体であるため，細胞の成育に有利な連続孔が多孔体内部にまでいきわたっている。

このナノファイバー多孔体の医療応用として，軟骨・骨の再生があげられる。ウサギの膝軟骨に欠損部を作成し，これにPLGA製の直径5 mm，高さ5 mmの円筒体（滅菌済み）を埋め込むことにより，関節軟骨および関節軟骨の下骨が修復されることを確認している。PLGA繊維そのものは2～3ヶ月程度で消失し，欠損した部分が骨と軟骨組織に置き換わっていくことが観察された[6]。ナノファイバー多孔体そのものの力学強度は決して高くはないが，硬い組織の骨や軟骨の再生の場として機能し，おそらく骨髄から幹細胞が供給され，組織が新生され，自己修復によって骨・軟骨が再生されることは大変興味深い。

組織の再生をさらに早めるため，骨髄からの細胞の供給を起こりやすくするために，円筒体の中央部に大きな穴をあけた。これを上記と同様のウサギ軟骨欠損モデルに埋め込むことにより，組織の再生がより円滑に行われることを確認している。このようにナノファイバーからなる成型

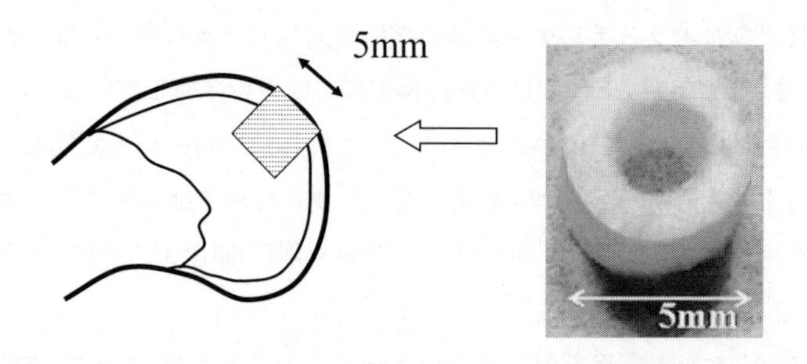

図4　エレクトロスピニング多孔体の外観写真（中央に孔をあけたもの）と軟骨欠損部の模式図

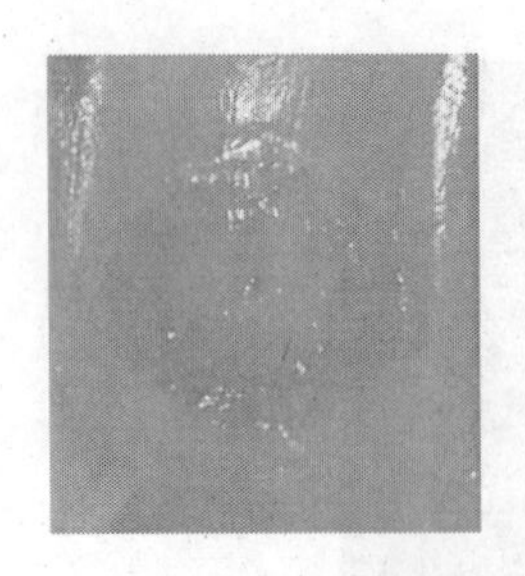
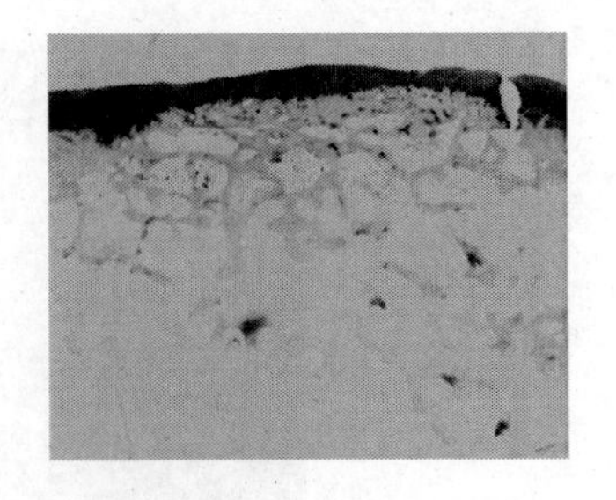

図5　再生された軟骨組織
（左写真）軟骨組織面の外観，（右写真）組織切片像（トルイジンブルー染色）

体は，その形状を巧みに制御することにより，培養細胞や成長因子を用いることなく組織を再生する場として機能することが示された。

生分解性の素材を組織再生用の材料として体の中に埋め込む際には，時間と共に新生組織が形成され，繊維そのものは加水分解（または酵素による分解）を受けて消失していく。ナノファイバー多孔体を軟骨欠損部に埋めた際の組織修復メカニズムの解析例として，成長因子であるVEGF（血管内皮成長因子）が産出され局在し，軟骨組織の再生に重要な役割を果たしていることが明らかとなっている[7)]。ナノファイバー多孔体は，生体の自然治癒力をうまく活用するための場として機能していると考えられる。

1.5　ナノファイバー複合材料への展開

成型体の物性をさらに向上させるために，あるいはナノファイバー成型体の機能をより高めるために，異なる材料との複合化や機能性因子との複合化が行われる。細胞との接着性を高めるために，コラーゲン，ゼラチンやキトサンなどの天然高分子のコーティングや複合化，骨組織との親和性を高めるために，ハイドロキシアパタイト粒子の複合化，組織の再生をより積極的に行うために成長因子を組み合わせるなど，多くの試みが行われている。

ナノファイバー成型体の力学特性を改善する例として，ナノファイバーチューブの折れ曲がりに対する耐性（耐キンク性）を高めたエラスチンゲルとの複合材料が報告されている。エラスチンは圧縮時の反発性に優れる材料であり，繊維単独の材料の欠点であった耐圧縮性や耐キンク性が大きく改善され，またエラスチンゲル単独の材料の欠点であった縫合強度に優れた複合体が得られている。この材料は，ラットにおける神経再生にも効力を発揮していることが示されている。素材を複合する場合はお互いの長所が合わさって，さらに良い材料へと変換していくような材料設計が大事であると考えられる[8)]。エラスチンを架橋する技術を活用すれば，エラスチンからなる電界紡糸繊維も得ることができる。血管を構成する平滑筋細胞の足場としてその影響が検討されている[9)]。

またナノファイバーに低分子医薬品を複合化させることによる新しい治療方法の提案も行われている。血管を吻合する手術において吻合部が手術後に肥厚し，それが時には血流の乱流を生じ，血管の閉塞や動脈瘤につながる恐れがあるとされていた。吻合部の血管肥厚を抑える方法として，免疫抑制剤であるタクロリムスを混合したPLGA電解紡糸ナノファイバーで作成された綿状の繊維を新たに調製し，血管吻合部の外部に巻きつけるという簡便な方法で血管肥厚を抑制することが明らかとなった[10]。血管肥厚の抑制効果は混合した薬物の濃度に依存しており，目立った炎症や異物反応は観察されていない。ナノファイバー綿を手術後に患部にまきつけるという簡便な方法は，柔軟性に優れ，薬物との複合化が容易にでき，生体適合性の高いといったナノファイバーの諸特性がうまく利用された新しい活用法であるといえる。

1.6　人工細胞外マトリックスを目指して

我々の人体を構成する最小単位は細胞であり，細胞は細胞外基質というコラーゲンやグリコサミノグリカンなどからなる微細な線維構造体で占められている。コラーゲンは3重らせん構造を基本とするナノフィブリル構造を形成し，その直径は数十ナノメートルから百数十ナノメートルとされている。

工業的に生産できるナノファイバーの構造や機能が，生体外マトリクスを構成するナノファイバーの構造や機能に近似することができれば，人工的に生体外マトリクスを作成し細胞の接着や増殖，分化を制御する技術へ発展することが期待されている。

電界紡糸方法で形成された繊維の表面に，材料接着因子として免疫グロブリンのユニットを有し細胞接着部位にカドヘリンユニットを導入したキメラタンパク質を固定化し，幹細胞を培養するための立体的な足場材料としての検討が進められている。ポリ乳酸繊維表面にN-カドヘリン部位を持つキメラタンパクを固定化した繊維上でマウス胚性腫瘍細胞P19を培養したところ，繊維上に固定化したタンパクとP19細胞が接着することで凝集塊を形成せず，幹細胞の特性を損なうことなく良好に培養できることが確認されている[11]。この技術は，所望の幹細胞を大量に増殖・生産するためのバイオリアクターとしての応用が期待される。さらには幹細胞を用いた再生医療へと応用が進むことに期待がもたれる。

1.7　今後の課題

以上，ポリ乳酸やその共重合体を中心とした電界紡糸ナノファイバー成型体の医療応用について紹介してきた。これらの材料が着実に実用化され，医療現場に浸透していくことによって，未来の医療が発展していくことを願っている。ナノファイバーは繊維径のオーダーがナノ領域に近づくほど，細胞外マトリクスの機能を人工的に作り出すことに期待が高まる。しかし細胞外マトリクスは「線維」と表現され，工業生産される「繊維」とは用いる漢字も異なっており，両者の間にはまだ超えなければいけない技術的ハードルが多く横たわっている。今後のナノファイバー研究がブレイクスルーを生み出し，工業「繊維」が生体「線維」として活用されることによって，未来の医療の発展や再生医療の実現に大きく貢献することを期待している。

文　献

1） 北薗英一，兼子博章，三好孝則，宮本啓一，有機合成化学協会誌，**62** 巻，No5，108-113（2004）
2） WO2004/087012 号明細書
3） 特開 2007-167366 号公報
4） 特開 2006-158494 号公報
5） WO2007/102606 号明細書
6） N. Toyokawa *et al.*, *Arthroscopy: The Journal of Arthroscopic & Related Surgery*, **26**, 375-383（2009）
7） R. Sakata *et al.*, *Journal of Orthopaedic Research*, **30**, 252-259（2009）
8） 鷲見芳彦，化学と工業，**57** 巻，12 号，1291-1293（2004）
9） K. Miyamoto *et al.*, *International Journal of Biological Macromolecules*, **45**, 33-41（2009）
10） M. Mutsuga *et al.*, *Interact Cardiovasc. Thorac. Surg.*, **8**, 402-407（2009）
11） 特開 2010-63411 号公報

2 ファイバー材料と再生医療

山岡哲二[*]

2.1 はじめに

医療分野で用いられているファイバー材料は，多くの場合“ナノファイバー”と呼ぶには少し太い。日常的に使われている縫合糸の場合，モノフィラメント糸の直径は50から500 μm程度，マルチフィラメント糸（編み糸）の単繊維径でも数ミクロン程度である。1990年代に，ポリグリコール酸（PGA）製の生体吸収性縫合糸から作成した不織布をスキャホールドとして用いて組織工学（現在の再生医療）が提唱され，ファイバー材料は再生医療発展の一つの重要なツールとなった。この時に用いられた繊維径は14 μmであったが，近年，電界紡糸法で作成した少し細いファイバー材料の再生医療への応用が多く報告されるようになってきた。一方，ペプチドをはじめとする機能性分子の自己組織化を利用した数十nm程度のナノファイバーの研究も組織再生制御を目指して注目されている。本項では，組織再生を目指して開発されているファイバー材料について概説するとともに，我々が進めているファイバー材料の機能性修飾について紹介したい。

2.2 再生医療とファイバー材料

1991年，VacantiとLangerらは，PGA繊維で作成した不織布をスキャホールド（Scaffold，足場材料）と呼び，そこに軟骨細胞を播種してヌードマウスの皮下に埋入することで，異所的な軟骨の再生に成功したことを報告し[1]，さらに，この手法が，肝臓，腸，尿管，骨などへ展開できる可能性を示唆した[2]。彼らは，3次元の組織形状を保持できるスキャホールドとして，PGA短繊維をポリ乳酸（PLA）と混合して熱処理することでPGA繊維どうしがPLAで接合されている“bonded fiber structure”を作成して利用し[3]，また，軟骨細胞を播種・培養するためのバイオリアクターについても詳細に研究を進めている[4]。1996年以降，我が国では“再生医療”という新たな領域として発展し，現在では，その訳語である"Regenerative Medicine"が世界中で広く使われている[5]。

再生医療は，さまざまな戦略で検討されているが，上述した軟骨再生のように，生分解性スキャホールドに細胞を播種するタイプが広く知られている（図1－②）。これに対して，より古くから研究されていたのは，スキャホールドのみを使って，*in vivo*で，組織再生を試みる組織再生誘導法（GTR，Guided Tissue Regeneration）である（図1－①）。たとえばBurkeとYannasらは，1981年にコラーゲンをマトリックスとした真皮の再生を報告している[6]。さらに，図2のように，断裂した末梢神経を生体吸収性チューブでつないで空間を確保することで，末梢神経の再生を誘導することも可能である[7]。前者では三次元マトリックス内への組織浸潤，後者では

＊ Tetsuji Yamaoka 国立循環器病研究センター研究所 生体医工学部 部長

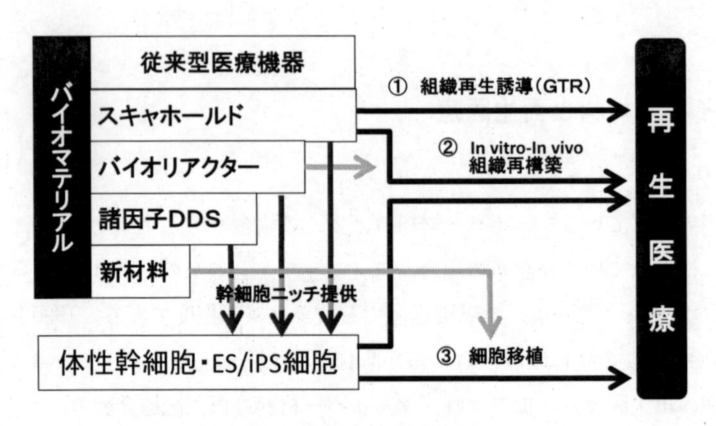

図1　再生医療の諸戦略

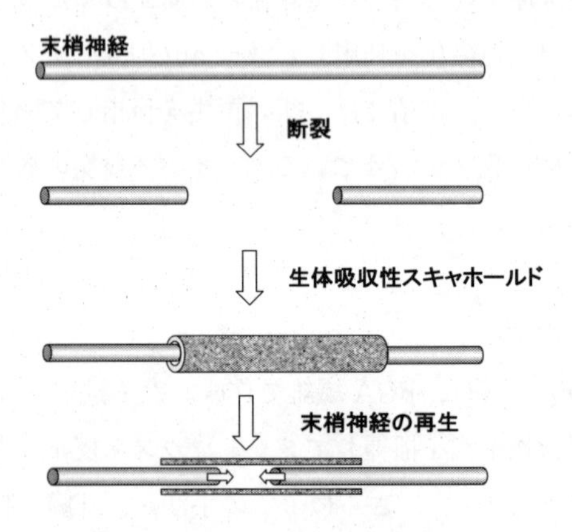

図2　GTR による末梢神経組織の再生

材料で囲まれた空間での組織再生と，異なるメカニズムが期待されているので，おのずと，スキャホールドの設計も異なってくる。一方，近年，マトリックスを利用することなく，幹細胞や体細胞などを欠損部位に注入する細胞移植療法の研究が大きく進歩している（図1－③）。再生医療の臨床化という意味で最も進んでいるのがこの細胞移植である[8]。平成22年11月にはヒト幹細胞を用いる臨床研究に関する指針が全面改正され，特に自己の幹細胞を利用する細胞移植療法への配慮も盛り込まれた。国内でも140を超えるプロトコールが実施されており，その臨床化が心疾患[9]や下肢虚血[10]をターゲット疾患として急速に進んでいる。

このような，細胞を用いた医療機器開発において，有用細胞の入手に大きく貢献したのは，様々な幹細胞の発見である。1981年にマウス胚性幹細胞が[11,12]，さらに1998年には，ヒト胚性幹細胞の単離が報告され[13]，allogeneic な（他人の）体細胞の入手が可能になると期待された。その後，2006年，2007年には山中らがマウス iPS 細胞（induced Pluripotent Stem Cell）[14]，ヒト iPS 細胞[15]をあいついで発表し，自己体細胞の入手までもが可能となりつつあり，大きな転換期を迎えた。これに伴って，幹細胞の分化増殖を適切にコントロールする細胞周囲の微小環境（ニッチ・Niche）が次々と報告された。生化学的環境のみならず，合成スキャホールド材料の物理化学的特性の重要性も注目され[16, 17]，ナノファイバーを中心とするスキャホールド材料には幹細胞ニッチとしての機能も要求されるようになった[18, 19]。その結果，バルク特性や表面特性，さらには3次元構造体としての形状的特性が要求されている（表1）。

十分な単繊維強度を得るために，いろいろな材料がナノファイバー素材として選択されている。ポリαヒドロキシ酸[20]，シルク[21, 22]，キチンやキトサン[23]，を用いたスキャホールドが報告されているが，それぞれに特徴的な組織再建を目的としているわけではない。組織再生と同調するような生体内分解特性が重要であり，従来とは違うナノファイバー化による分解挙動の加速を新たに配慮する必要がある。また，高圧系の血管再生などの場合には，構造破壊の回避と拍動に追随する柔軟性が重要とされている[20, 24, 25]。単繊維の強度としては，いずれの材料の場合でも対応が可能であるが，柔軟性・伸縮性に関しては検討が十分とはいえず，生体血管とのコンプライアンスマッチングの重要性が注目される[26]。また，増殖因子をはじめとする，さまざまな薬物を徐放するナノファイバーも有望なスキャホールドと期待され[27, 28]，食道[29]や気管用[30]再建用のステントに複合化させたナノファイバーの応用も報告されている。

2.3　細胞・組織とファイバー材料の相互作用

ナノファイバーの最も注目されるべき特徴は構造的特性である（表1）。前述の単繊維の力学強度とは異なる意味で，三次元的構造体としての高強度性（形状安定性）もきわめて重要である。ナノファイバーは，破断強度は高くても曲げや変形には柔軟であるために，その三次元構造体は一般的に外力によって圧縮されやすく，たとえば皮膚組織再生においては創部のれん縮につながが

表1　再生医療分野におけるナノファイバー

	特　性	機　能
バルク特性（単繊維）	分解速度	組織再生との同調　（諸組織）
	高強度	破損回避　（血管など）
	柔軟性	拍動との同期　（血管） 細胞分化制御　（諸組織）
	薬物徐放	組織増殖　（諸組織） 組織肥厚化抑制　（血管・弁・ステントなど）
構造的特性	形状安定性	再生組織の保持　（皮膚・軟骨など）
	繊維径	細胞接着　（諸組織）
	繊維間空隙（サイズ・空隙度）	細胞浸潤　（諸組織） 物質透過性　（神経誘導管・癒着防止材）
	異方性	繊維の配列　（細胞分化・神経再生）
表面特性	物理化学的特性	抗血栓性　（血管・弁など） 組織非付着性　（癒着防止材）
	生理活性	細胞接着・増殖・分化　（諸組織）

る。また，スキャホールド上に幹細胞を培養するだけでもスキャホールドは収縮する[31]。

繊維の直径が細胞との相互作用に大きく影響することが古くから知られている[32]。小林らは4，10，500 nmの電界紡糸ファイバーを利用して単一細胞との相互作用について詳細に検討している[33]。また，繊維間隙のサイズや連通性は，細胞や組織の浸潤，組織反応を大きく左右するパラメーターとしてきわめて重要である[34~37]。細胞の大きさは10～数十μmであり，細胞が浸潤しやすい孔径は100～200μmとされている。一般的には，繊維径が小さい方が，細胞が良く接着すると言われるが，たとえば直径0.1μmのナノファイバーで作成した多孔質不織布の孔径は，細胞や組織が浸潤できる大きさではない。その孔径を100μm程度にするには全く新たな紡糸法が必要である。反面，組織の進入を防ぐためには，ナノファイバー構造体の小さな孔径は有効である。たとえば，図2に示した神経誘導管の場合，周囲組織が内腔へと進入することを防ぐこと，さらに，管腔内で再生する神経組織に対して酸素や栄養素を供給するための低分子透過性が重要であることから，ナノファイバー膜構造は極めて有力である。さらに，繊維の等方的配列は，細胞の分化と増殖に大きく影響を与えることが報告されており，整列ナノファイバーでの神経組織の再生が報告されている[38]。同様に，ステント外周にナノファイバーを付したカバードステントは，組織浸潤と，その結果起こる内膜肥厚を有効に抑制できると期待される[39]。このような物質透過性と組織浸潤阻止機能は，術後の臓器と組織との癒着を防ぐ癒着防止材としての応用も有効であろう。

ペプチドなどの自己組織化ナノファイバーはその分子構造に従って，ミセル構造，ナノファイバー構造，ナノチューブ構造などさまざまな形態をとる[40, 41]。しかしながら，そのサイズは小さく，また共有結合性でないことから，強度は弱いために，そのままではスキャホールドなどの構造体としての利用は容易ではなく，薬物送達用のミセルやナノチューブとしての利用が多く報告されている[42]。Ceylanらは，両親媒性ペプチド分子の自己組織化による線維化を利用し，さらに，一成分には金属等とも結合出来ることが報告されているDOPAを導入し，もう一成分には血管内皮細胞特異的配列として知られているREDV配列を導入した。形成した繊維構造がメタルステント表面に結合し，内皮化に有効な環境を提示できたと報告している[43]。

2.4　再生型人工血管への組織浸潤性のコントロール

我々は，ポリ乳酸系ナノファイバーからなる図3に示すような二重構造の生体吸収性再生型人工血管の開発を進めている。外層部分にはポリ-L-乳酸を選択し，強度保持と血管壁再生のための遅い分解を期待して直径4 μmの繊維をクロロフォルム溶媒からの電界紡糸により作成した。さらに内層部分で最も重要な抗血栓性を達成するための生体吸収性高分子として，我々のグループで開発したPLAとポリエチレングリコールとのマルチブロック共重合体を選択し，HFIPを溶媒として用いて繊維径1 μmとした（図3）[44]。一般的なPLAとPEGとのブロック共重合体は，PLA-PEG-PLAのトリブロック共重合体であるが，高いPEG組成にした場合全体の分子量が低下し不織布などへの成形加工が困難であるが，このマルチブロック共重合体は共重合組成

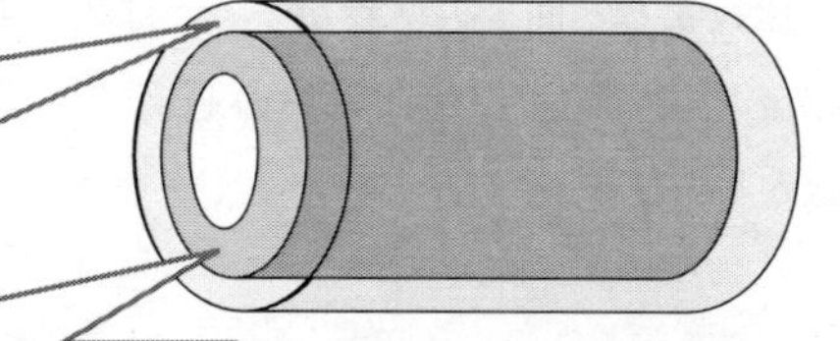

$$HO\!\left(\left[\overset{O}{\overset{\|}{C}}-\underset{CH_3}{\overset{H}{C}}-O\right]_n\overset{O}{\overset{\|}{C}}\!\left(CH_2\right)_{10}\overset{O}{\overset{\|}{C}}-O\!\left(CH_2-CH_2-O\right)_m\right)_x\!H$$

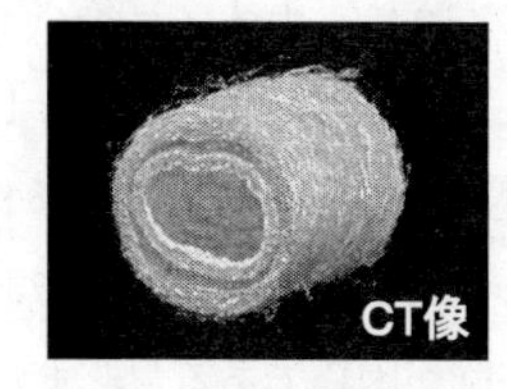

図 3　二重構造再生型人工血管

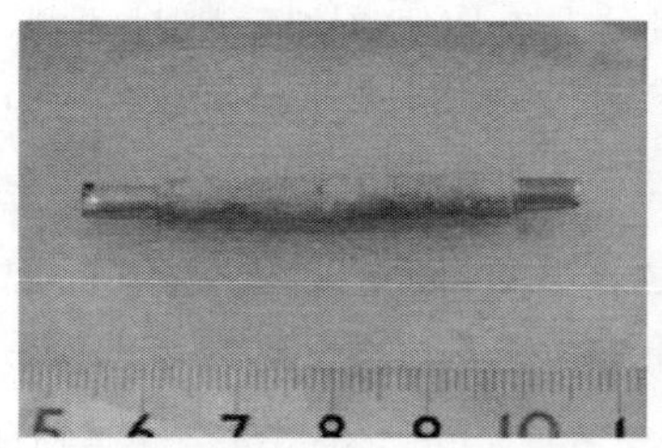
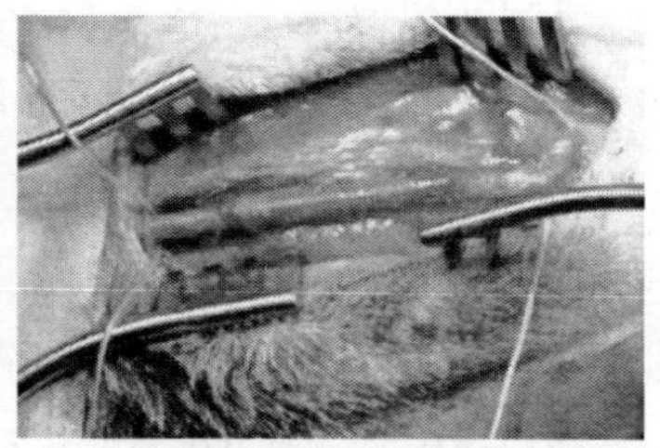

図 4　皮下埋入後の血管（左）とイヌ頸動脈置換モデル（右）

に依存せず分子量 10 万以上を達成できることからスキャホールド用材料として利用するための十分な力学強度が得られる。マルチブロック共重合体より作成したナノファイバー構造体の *in vitro* 全血接触試験の結果，PLA に比較して血栓形成・付着を大きく抑制することを示してきた。

一方，この親水性や含水性は *in vivo* 組織浸潤性にも大きく影響した。PLA とマルチブロック共重合体のナノファイバー構造体をラット皮下に埋入すると，PLA には周囲組織が活発に浸潤するのに対して，マルチブロック共重合体の方は組織浸潤が大きく抑制された。さらに，この組織浸潤性は，ナノファイバー繊維径に大きく影響され，1 μm 程度のナノファイバーから作成される構造体の空隙の平均径が極めて小さくなるために組織浸潤が困難となった。すなわち，図 4 に示した様に，二層構造再生型人工血管の外層と内層は，強度に影響するバルク特性，組織浸潤に影響する構造的特性，および，抗血栓性に影響する表面物理化学的特性を考慮したものとなっている。さらに，イヌ頸動脈を用いた諸検討の結果，埋入早期の組織親和性を更に向上させる必要が示唆され，皮下に数日間移植した後に，適応部位血管の置換術に供している（図 4 ）。上述したように，ナノファイバー構造は細胞が接着しやすい性質を有する。同様の理由から，平滑表面に比較すると血小板粘着が多く，また，フィブリンクロットも付着しやすい。そのことから，1 mm 程度の超小口径血管への適応ではなく，3〜4 mm 程度の血管への適応が適しているのではないかと考えている。

2.5 ナノファイバーの表面機能化修飾

上述したように，ナノファイバー構造は，細胞親和性が高く，物質透過性に優れ，細胞浸潤を阻止出来ることから神経誘導管として有望である。しかしながら，さらなる神経組織の再生を促すためには，生理活性分子による機能化修飾が有効であり広く検討されている。PLA は，官能基を持たないために修飾が困難である。水溶性に富むペプチド分子は単純な物理コーティングでは安定な修飾が困難である[45]。また，側鎖にカルボキシル基などの官能基を有するポリ乳酸誘導体は化学修飾が可能な有用な共重合体であるがバルク特性も大きく変化する[46, 47]。そこで，強度低下を伴わずにポリ乳酸材料を化学修飾する新たな修飾プローブとしてオリゴ乳酸（OLA）とペプチド（peptide）との結合体（OLA-peptide）を設計・合成した（図 5）。まずは，細胞親和性を簡便に観測することが可能なモデルペプチドとして RGD 配列を選択した[48]。まず，L-乳酸を 150℃で減圧直接脱水重縮合を行なうことで OLA を合成し，末端水酸基をアセチル化することでアセチル化オリゴ乳酸（acOLA）を合成した。目的ペプチド配列を Fmoc 固相法により合成した後に樹脂から切り出さずに，上述の acOLA 5 倍等量とカップリングを行ない，常法によって樹脂からの切り出しと精製を行うことで，この修飾プローブを合成した。

PLA の 5 w/v%の HFIP 溶液に 0.05%になるように，OLA-peptide，あるいはコントロールペプチド（OLA を含まないペプチド）を添加してキャストしたフィルムを走査型電子顕微鏡にて観察した結果を図 6 に示した。ペプチドのみを混合した PLA フィルムでは完全な相分離が観察された。リン酸緩衝溶液に所定時間浸漬すると多くの粒子状成分が急速に消失した。一方，OLA-peptide でも部分的に粒子構造が見出されたが，その状況は大きく改善されていた。さらに，FITC ラベルした OLA-peptide を用いて，共焦点レーザー顕微鏡にて相分離の様子を詳細に検討した結果，脱溶媒速度が早いエレクトロスピニング法では，相分離が起こらず，さらに，その安定性も確認された。

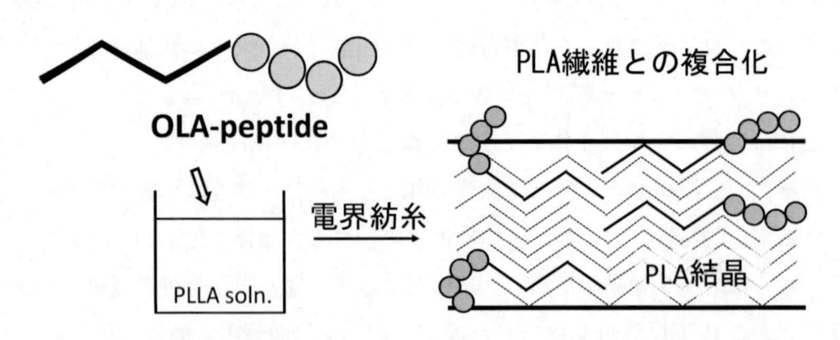

図 5　ポリ乳酸ナノファイバーの機能性ペプチドによる修飾

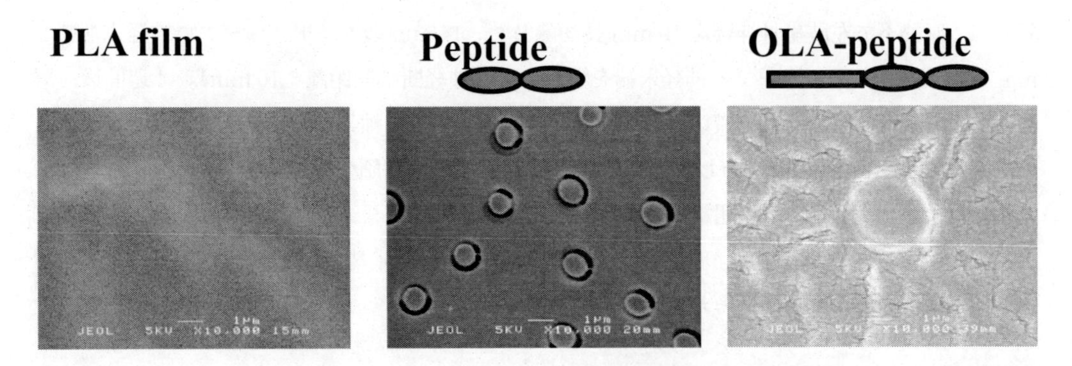

図6　修飾プローブとPLAマトリックスとの相溶性

そこで，機能性神経誘導管を検討している[49]。IKVAVペプチドは，神経細胞接着，増殖，神経突起伸長を促進するペプチド配列であることが1989年Tashiroらによって，ラミニン内から見出された[50]。このIKVAVペプチドを用いて，Fibrinゲル[51]，PEGゲル[52]でそれぞれ神経突起の伸長促進が報告された。また，Silva GAらによって，神経前駆細胞から神経細胞へ分化を促進することも発見されている[53]。神経突起の伸長を促進するために，OLA-IKVAVを合成し，エレクトロスピニング法により内径1.2 mm，長さ14 mmのポリ乳酸ナノファイバー膜チューブを作製した（図7）。内層は1％のOLA-IKVAVを混合したPLAで作製し，外層は柔軟性を持たせるためにPLAにPEGを添加した。ラット（Wister rat，メス，8週齢，180-210 g）に

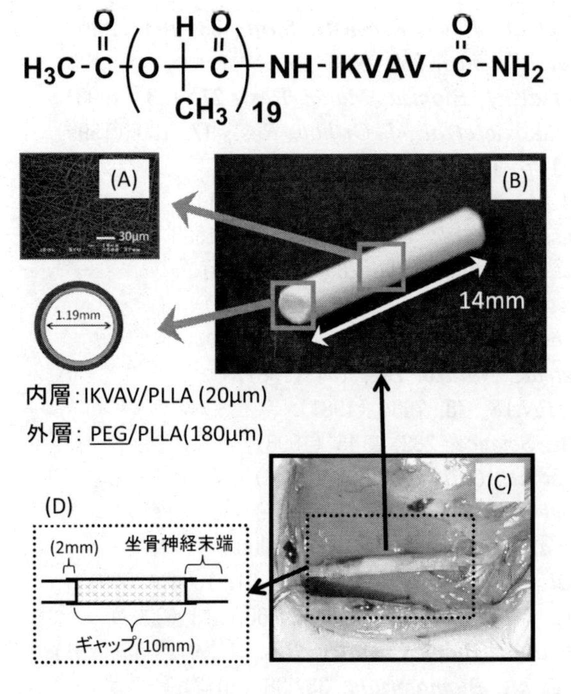

図7　作成した神経誘導管（A・B）とラット坐骨神経への移植（C）

対して，麻酔下で左肢坐骨神経を10 mm長切除した。14 mmのガイドチューブに神経末端を2 mm挿入し，ガイドチューブと神経末端を縫合した（神経断端間距離：10 mm）。4週間後，屠殺して組織を取り出した。組織切片はパラフィンで固定化後，軸索を蛍光免疫染色により評価した結果，OLA-IKVAVで修飾した神経誘導管において，未修飾のPLA神経誘導管よりも顕著に軸索再生が誘導され，その組織像からは自家神経移植群（ポジティブコントロール）の25～30％程度に達すると考えられる。現在，中空構造を用いているが，超軸方向に神経誘導をガイドできる配列構造の導入が有効と考えさらなる検討を続けている。

2.6 おわりに

ナノファイバーの構造は，細胞・生体に対してさまざまな影響を与える。繊維径が小さいことは，細胞接着性に優れたスキャホールドとして望ましい一方で，同時に起こる繊維間隙のサイズの減少は組織再生の大きな妨げになる。また，抗血栓性は低下する反面，血管偽内膜形成は促進する。場面に応じてナノファイバー素材の利点と欠点を冷静に判断して応用開発を進める必要がある。

文　　献

1） C. A. Vacanti *et al.*, *Plast. Reconstr. Surg.*, **88**, 753 (1991)
2） R. Langer *et al.*, *Science*, **260**, 920 (1993)
3） A. G. Mikos *et al.*, *J. Biomed. Mater. Res.*, **27**, 183 (1993)
4） G. Vunjak-Novakovic *et al.*, *J. Orthop. Res.*, **17**, 130 (1999)
5） 筏義人，再生医工学，化学同人（2001）
6） J. F. Burke *et al.*, *Ann. Surg.*, **194**, 413 (1981)
7） J. IJkema-Paassena *et al.*, *Biomaterials*, **25**, 1583 (2004)
8） H. K. Salem *et al.*, *Stem Cells*, **28**, 585 (2010)
9） Y. Miyahara *et al.*, *Nat. Med.*, **12**, 459 (2006)
10） S. W. Kim *et al.*, *Stem Cell*, **24**, 1620 (2006)
11） M. J. Evans *et al.*, *Nature*, **292**, 154 (1981)
12） G. R. Martin, *PNAS*, **78**, 7634 (1981)
13） J. A. Thomson, *Science*, **282**, 1145 (1998)
14） K. Takahashi *et al.*, *Cell*, **126**, 663 (2006)
15） K. Takahashi *et al.*, *Cell*, **131**, 861 (2007)
16） F. M. Watt *et al.*, *Science*, **287**, 1427 (2000)
17） S. H. Lim *et al.*, *Adv. Drug Deliv. Rev.*, **61**, 1084 (2009)
18） W. J. Li *et al.*, *J. Biomed. Mater. Res.*, **60**, 613 (2002)
19） S. Y. Chew *et al.*, *J. Biomed. Mater. Res. A.*, **97**, 355 (2011)
20） S. de Valence *et al.*, *Biomaterials*, **33**, 38 (2012)

21) W. Huang *et al.*, *Biomaterials*, **33**, 59 (2012)
22) X. Zhang *et al.*, *Adv. Drug Deliv. Rev.*, **61**, 988 (2009)
23) R. Jayakumar *et al.*, *Biotechnol. Adv.*, **28**, 142 (2010)
24) L. Soletti *et al.*, *Acta Biomater.*, **6**, 110 (2010)
25) S. J. Lee *et al.*, *J. Biomed. Mater. Res. A.*, **83**, 999 (2007)
26) H. Inoguchi *et al.*, *Biomaterials*, **27**, 1470 (2006)
27) J. Venugopal *et al.*, *Curr. Pharm. Des.*, **14**, 2184 (2008)
28) C. Y. Xu *et al.*, *Biomaterials*, **25**, 877, (2004)
29) C. G. Park *et al.*, *Macromolecular Research*, **19**, 1210 (2011)
30) D. N. Heo *et al.*, *J. Nanosci. Nanotechnol.*, **11**, 5711 (2011)
31) H. A. Awad *et al.*, *J. Biomed. Mater. Res.*, **51**, 233 (2000)
32) L. Moroni *et al.*, *Biomaterials*, **27**, 4911 (2006)
33) F. Tian *et al.*, *J. Biomed. Mater. Res. A.*, **84**, 291 (2008)
34) V. Karageorgiou *et al.*, *Biomaterials*, **26**, 5474 (2005)
35) M. C. Wake *et al.*, *Cell Transplant.*, **3**, 339 (1994)
36) T. H. Ying *et al.*, *Biomaterials*, **29**, 1307 (2008)
37) D. Ishii *et al.*, *Biomacromolecules*, **10**, 237 (2009)
38) C. Huang *et al.*, *Biomaterials*, **33**, 1791 (2012)
39) K. Kuraishi *et al.*, *J. Biomed. Mater. Res. B Appl. Biomater.*, **88**, 230 (2009)
40) K. Subramani *et al.*, *Current Nanoscience*, **4**, 201 (2008)
41) A. Pepe *et al.*, *Nanomedicine*, **2**, 203 (2007)
42) G. Modi *et al.*, *Prog. Neurobiol.*, **88**, 272 (2009)
43) H. Ceylan *et al.*, *Biomaterials*, **32**, 8797 (2011)
44) T. Yamaoka *et al.*, *Polym. Sci. Part A : Polym. Chem.*, **37**, 1513 (1999)
45) H. Shin *et al.*, *Biomaterials*, **24**, 4353 (2003)
46) Y. Kimura *et al.*, *Polymer*, **34**, 1741 (1993)
47) T. Yamaoka *et al.*, *J. Biol. Macromol.*, **25**, 265 (1999)
48) M. D. Pierschbacher *et al.*, *Nature*, **309**, 30 (1984)
49) S. Kakinoki *et al.*, *Polymers*, **3**, 820 (2011)
50) K. Tashiro *et al.*, *J. Biol. Chem.*, **264**, 16174 (1989)
51) J. C. Schense *et al.*, *Nat. Biotech.*, **18**, 415 (2000)
52) J. W. Gunn *et al.*, *J. Biomed. Mat. Res. -Part A*, **72**, 91 (2005)
53) G. A. Silva *et al.*, *Science*, **303**, 1352 (2004)

3　ビタミンC添加ナノファイバー

白鳥世明*

3.1　スキンケア応用としてのナノファイバー

ナノファイバーには様々な特性が存在するが，その中の一つである「放出性」について本項では注目した。ナノファイバーに微粒子等をコンポジットする技術が多数報告されているが，コンポジットした物質をファイバーの外に放出させることを考えた時，ナノファイバーは高比表面積であるために外界との接触面積が大きく，初期段階に素早い放出挙動を示すことが知られている。ナノファイバーはドラッグデリバリーシステムへの応用として，放出速度の制御を目的とした研究が盛んに行われている。また，スキンケア製品への応用を目指した研究がされているが，その報告例は少ない。

近年，シーエスラボ社が，ナノファイバーを用いたスキンケア製品の特許を出願した。また，帝人ファイバー社がスキンケア製品として用いるポリエステルナノファイバーを開発し，ナノファイバーをコットンなどの代わりに用いることで，肌への密着性，柔軟性，保液性などが向上すると報告した。

本項では，ナノファイバーの基材としての利点と前述の放出性を合わせ，有効成分を含有し素早く放出するナノファイバースキンケアシートの作製を試みたので紹介する。

3.2　ビタミンC

1928年にA. Szent-Gyorgiがウシ副腎から新しい糖類似物質を結晶状に分離して，ヘキスロン酸と命名した。その後1932年にC. G. KingらによってレモンからStrip分離されたビタミンCがさきのヘキスロン酸と同一物質であることを報告し，アスコルビン酸（Ascorbic Acid）と命名した。1933年にはW. N. Haworthによってその構造が決定され，同年T. Reichsteinによって合成が完了している。「A」はanti（抗），「scorbic」は「scurvy（壊血病）」を意味し，文字通り「抗壊血病に役立つ酸」という意味で命名された。

ビタミンは5大栄養素の一つであるが，人間の体内で生成することができないので必ず食品から摂取しなければならない。ビタミンには水溶性，脂溶性合わせて13種類の化合物があるが，中でも水溶性のビタミンCは生活習慣病を防ぐ物質として近年大きな注目を浴びている。

L-アスコルビン酸はエンジオール基を持つことから，体内の酸化ストレスを防ぐ抗酸化物質として注目されている。

酸化ストレスとは様々な原因で体内に生じる活性酸素種が体内の抗酸化機能を上回っている状態であり，老化やガン，生活習慣病などを発症させる。特に，皮膚においては常に酸素に暴露され，活性酸素を発生させる紫外線を浴びているため，皮膚の老化を考える場合に活性酸素の影響は非常に大きいと言える。活性酸素は皮膚の表皮細胞を攻撃し，機能を低下させる。また真皮の

*　Seimei Shiratori　慶應義塾大学　理工学部　准教授

構成成分であるコラーゲン，エラスチン，ヒアルロン酸などの変性を引き起こす。これらが蓄積し老化へとつながる。この活性酸素に対してL-アスコルビン酸などの抗酸化物質を利用することにより，老化や生活習慣病の予防，皮膚の老化が抑制されることが期待できる。

また，化粧品分野においても美白剤としてビタミンC類が広く用いられている。皮膚の異常色素沈着を抑制する作用があることが知られており，日焼けによるシミ・ソバカスを防ぐことを目的とした医薬部外品や化粧品に配合されている。皮膚内でのメラニン産生機構，すなわちチロシン代謝の過程においてチロシン―チロシナーゼ反応を抑制する抗チロシナーゼ作用，またメラニン生成中間体ドーパキノンを還元する作用によって，メラニンの生成を抑制するとされている。

また，アスコルビン酸欠乏により，発症する疾患として壊血病が挙げられる。アスコルビン酸がコラーゲン生成に必須であるため，欠乏状態では骨，粘膜および皮膚に異常が現れる。現在，日本では壊血病を引き起こすことはまれだが，経済的理由で国民が充分に食物を摂取できない国では発症している。

L-アスコルビン酸は食品の酸化防止剤としても広く利用されている。例えば酸化による変色を防止する目的で，ペットボトルの緑茶などには必ずと言っていいほど「ビタミンC」が添加されている。

以上のことを踏まえて，表1に報告されているL-アスコルビン酸の主な生理作用をまとめる。

L-アスコルビン酸は様々な作用が知られており，優れた安全性を持つことから医薬品，食品，化粧品などに汎用され我々の生活の中で大変馴染みの深いビタミンである。しかし，自身の優れた抗酸化作用ゆえに，空気中の酸素や熱，光等により容易に酸化され不活性化してしまう。粉末

表1　L-アスコルビン酸の主な生理作用

抗酸化，還元反応	抗酸化作用　活性酸素消去機能　老化防止
	生体内ヒドロキシル化反応　抗炎症
皮膚	メラニン生成抑制（美白）　紫外線照射障害抑制
ガン	抗腫瘍作用　ガン転移抑制　抗ガン作用
免疫	免疫増強作用　ウィルス不活性化
	病原性細菌の抑制と有用細菌の生育促進
コラーゲン	コラーゲン産生　細胞増殖の促進（ガン細胞増殖抑制）
	組織形成誘導　抗壊血病作用
物質代謝	カルニチン生成（抗疲労作用）アミノ酸代謝　葉酸代謝　糖代謝
	抗ヒスタミン作用（抗アレルギー作用）
脂質	LDLコレステロール抑制とHDLコレステロールの増加
	中性脂肪抑制（抗動脈硬化）
ストレス	コルチゾール抑制　寒冷抵抗性
神経	鎮痛作用　神経細胞生長促進　抗痴呆症作用
血液	圧上昇抑制　血糖低下作用
利尿	利尿作用　尿酸低下作用
腸管吸収	カルシウム吸収促進　鉄吸収の促進（抗貧血作用）

状体で乾燥させ，空気中に暴露していなければ比較的安定に保存が可能であるが，水溶液中では数時間で劣化し始めてしまう。劣化の早さは水溶液の濃度，温度などによって変化し，アスコルビン酸濃度が薄い，すなわち酸素が多いほど，また温度が高いほど劣化が早く進む。

現在，L-アスコルビン酸が自動酸化されないように改良した，多くの安定型アスコルビン酸誘導体が開発されている。化粧品に配合するにあたっては製品中で安定に保存され，かつ経皮吸収しやすいアスコルビン酸誘導体を用いるのが好ましいと考えられ，広く利用されるようになった。例えばアスコルビン酸の2位の水酸基がグルコース1分子で置換された，アスコルビン酸2-グルコシド（ascorbic acid 2-O-α-glucoside）と呼ばれる誘導体は自動酸化を受けにくく，分子として安定性が十分保持されている。しかも生体に投与された後は加水分解されてアスコルビン酸として作用することが明らかになっている。

以上述べたように，L-アスコルビン酸，別名ビタミンCは多くの効果的な作用を持つ，我々にとって非常に重要な物質であると言える。中でも抗酸化作用は様々な分野で用いられており，化粧品においても肌の老化抑制，美白効果が期待されている。現在では化粧品に用いる際純粋なアスコルビン酸ではなく誘導体を用いることがほとんどであるが，本項においては「有効成分を含有し，放出する新たなナノファイバーの作製」および「ナノファイバーからの放出性調査」を念頭に置き，誘導体は用いずに安価に手に入る純粋なL-アスコルビン酸を用いることとした。

3.3 L-アスコルビン酸含有PVACナノファイバー

本項の目的は，スキンケアフェイスマスクへの応用を踏まえた新たなナノファイバーの作製である。そのため，使用するポリマーが人体に触れても害のないものである必要がある。ポリマーの選択をする上で，現在市場に出回っている化粧品の材料に注目した。

L-アスコルビン酸は水溶液の状態だと自身が酸化しやすく，すみやかに劣化してしまう。水溶性ポリマーを用いると，エレクトロスピニングの過程でその劣化が進んでしまい，作製したファイバーには抗酸化力を失ったデヒドロアスコルビン酸が多く含まれると考えられるので，溶媒にはL-アスコルビン酸が溶解しないものが望ましい。

以上の点を踏まえ，本研究ではポリ酢酸ビニル（polyvinyl acetate，PVAC）を採用した。ポリ酢酸ビニルの構造式を図1に，含有させたビタミンC（L-アスコルビン酸）の構造式を図2に示す。また，作製したビタミンC含有ナノファイバーの走査型電子顕微鏡（SEM）像を図3に示す。

次に作製したファイバー内にL-アスコルビン酸が含有されていることを確認するために，赤外分光装置（FT-IR）での測定を行ったところ，仕込み量が増えるほどナノファイバー中のL-アスコルビン酸濃度も増加傾向にあることが明らかになった。

さらに，作製したファイバー径の異なるナノファイバーおよびキャスト膜を水に浸漬し，ビタミンC累積放出量を測定して時間による変化を比較した。さらに，ナノファイバー，キャスト膜に水を含ませた濾紙をあて，ビタミンCの移動率を測定した。

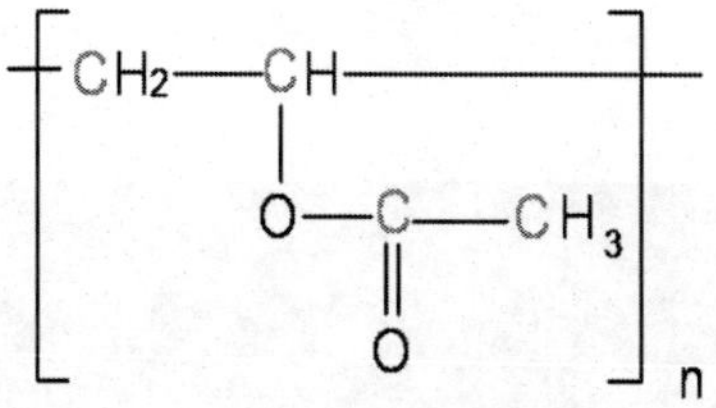

図1　ポリ酢酸ビニル

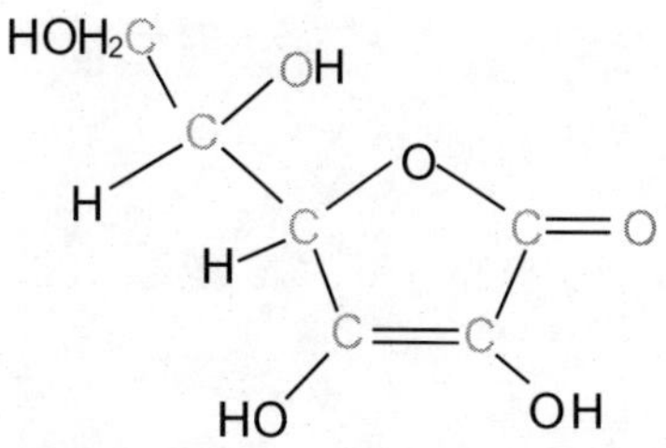

図2　ビタミンC（L-アスコルビン酸）

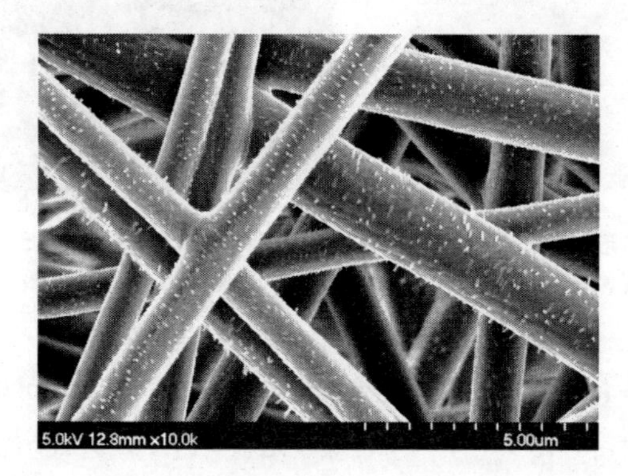

図3　ビタミンC含有PVACナノファイバーのSEM像

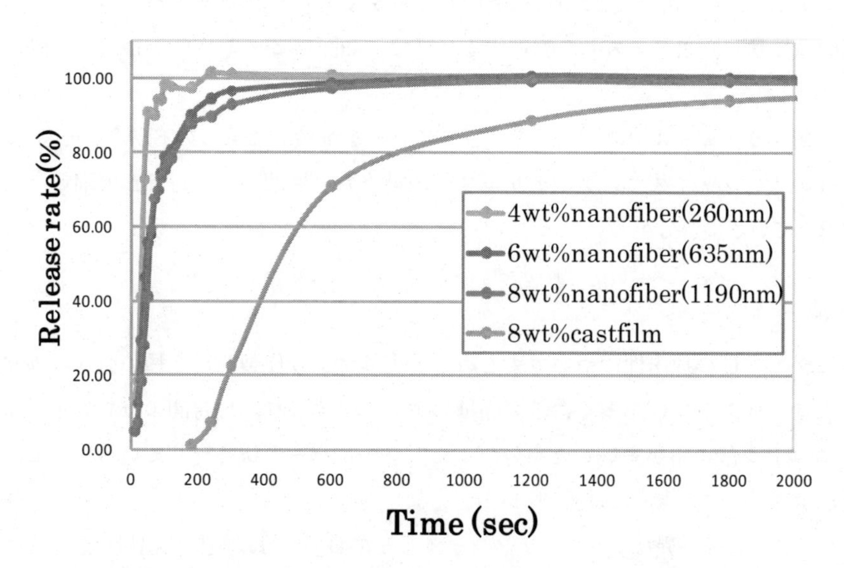

図4　ナノファイバーの直径によるビタミンCの放出挙動の変化

図5　フェイスパック用に形成したビタミンC含有ナノファイバー

図6　不織布上に形成されたビタミンC含ナノファイバーのSEM像

PVACナノファイバーはビタミンCを含有することで構造に変化が見られ，図1に示したようにポリマーの表面に付着したファイバーとなった。一方，ビタミンCの放出挙動は図4のように，ファイバー径によって違いが生じた。ナノファイバーはキャスト膜よりも濾紙へのビタミンC移動率が高く，残存率が少なかった。

図5にファイスマスク用に不織布状に形成したビタミンCナノファイバーの外観を示す。そのまま顔面に接触し，水のミストを噴霧するだけで，顔面にビタミンCが移動し，効率的に皮膚に吸収される。

実際に，図5のフェイスマスク上にナノファイバーを堆積したもののSEM像を図6に示す。10〜20 μm の太いフェイスマスクのポリエステル繊維の上に数十〜数百nmの細いナノファイバーが付着しているのが分かる。

3.4　まとめ

上述のビタミンCの放出性についてまとめる。実験により作製した3種の直径の異なるナノファイバーは，ビタミンCを多く含む同面積のキャスト膜より，短時間のうちに水中に放出するL-アスコルビン酸の量が多いことが分かった。ファイバー形状を有していることで，素早い放出を実現することができると言える。

また，ファイバー径の異なる3つのナノファイバーにおいては，飽和放出量に達するまでの速さはファイバー径が細いほど速いという結果を得た。Fickian diffusion に当てはめることで，ファイバー径と拡散係数を含む定数kの線形的な関係性を示すことができた。そのため，ドラッグデリバリー分野で求められる「放出速度の制御」をファイバー径で制御することが実現できる可能性を示すことができた。

さらに，ビタミンCの安定性について作製から30日間評価を行い，30日後の放出量は作製時とほぼ変化しないという結果が得られた。

以上のように，ビタミンC含有PVACナノファイバーの作製に成功し，PVACの濃度を変化させることでファイバー径を制御可能であることがわかった。また，ファイバー径が小さいほどビタミンC放出速度が速くなることを確認した。さらに，作製したナノファイバーは効率的に有効成分を放出するフェイスマスクとして応用できる可能性を示した。

謝辞

本項の実験は慶應義塾大学理工学部物理情報工学科平成22年度卒業生星野由佳君の協力による。

文　献

1） 日本ビタミン学会編，ビタミンの事典，朝倉書店（2010）
2） 日本ビタミン学会編，ビタミン学Ⅱ，東京化学同人（1980）
3） 秋山純一，柳田満廣，宮井恵理子，ビタミンCの色素沈着抑制作用，*Fragrance Journal*，Vol.**25**，No.3，55-61（1997）
4） 坂本哲夫，ビタミンCの安定化技術とビタミンC作用の持続性，*Fragrance Journal*，Vol.**25**，No.3，62-70
5） 住吉義通，中国製ビタミンCの現状と食品分野における応用，*Fragrance Journal*，Vol.**25**，No.3，86-93
6） M. Angberg，C. Nystriim，S. Castensson，*Internationa Journal of Pharmaceutics*，Vol.**90**，No.1，19-33（1993）
7） 山下義裕，エレクトロスピニング最前線―ナノファイバー創製への挑戦―，繊維社（2007）
8） 吉田亮，高分子ゲル，共立出版（2004）
9） 齋藤勝裕，山下啓二，絶対わかる化学シリーズ　絶対わかる高分子化学，講談社（2009）
10） 西敏夫，中嶋健，高分子ナノ材料，共立出版（2005）

第5章　バイオナノファイバー

1　セルロース系バイオナノファイバー

磯貝　明*

1.1　はじめに

バイオマス資源として地球上で最大量の年間生産量，蓄積量のセルロースは，植物の乾燥重量の約40%を占めており，幅約4 nmと超極細で長さ数ミクロン以上の繊維状の高結晶性セルロースミクロフィブリルをセルロース分子に次ぐ最小エレメントとしている。セルロースミクロフィブリルは，非晶性のヘミセルロース（非セルロース系多糖），ベンゼン環を有する疎水性のリグニンをマトリックスとして分子レベルからナノレベルの天然の強固な複合体として植物細胞壁を形成し，外的応力や生物攻撃から植物体生命を守っている。最近，このセルロースミクロフィブリルの高結晶性，高弾性率，超極細繊維幅，生分解性，再生産可能な資源由来であること等が注目され，バイオ系ナノ材料としての研究開発が世界レベルで活発になっている。本項では，主に当研究室で検討を進めているTEMPO酸化セルロースナノファイバーの基礎的知見と応用展開について紹介する。なお，TEMPO酸化セルロースナノファイバーに関しては既に総説や著書が多数報告されている[1~8]。

1.2　セルロースのTEMPO触媒酸化

セルロースを水に分散させ，TEMPO（2,2,6,6-テトラメチルピペリジニル-1-オキシラジカルの略）と臭化ナトリウムを触媒量加え，共酸化剤である次亜塩素酸ナトリウムを加えて常温常圧で希NaOH水溶液を常時添加してpH 10を保つように撹拌すると，セルロースの1級水酸基であるC6-OHが位置選択的に酸化されてC6-アルデヒド基を経てC6-カルボキシル基のNa塩に変換される（図1）。出発セルロース試料として再生セルロース，アルカリ膨潤処理セルロース，ボールミル粉砕処理した非晶化セルロースを用いると，2時間以内にセルロースは反応媒体である水に溶解する。単離精製することで，セルロースのC6位の水酸基が全てカルボキシル基のNa塩に変換されて均一な化学構造を有する水溶性で生分解性のあるβ-1,4-ポリグルクロン酸である「セロウロン酸」が得られる。セロウロン酸は多糖系の新規高分子電解質としての利用が検討されている。

一方，木材由来の製紙用漂白クラフトパルプ（セルロース含有量約90%），リンターセルロース（セルロース含有量98%以上）等の高結晶性の天然セルロース繊維を同様に水に分散させ，pH 10でTEMPO/NaBr/NaClO系の触媒酸化を行うと，カルボキシル基の生成に伴って希

---

*　Akira Isogai　東京大学　大学院農学生命科学研究科　生物材料科学専攻　教授

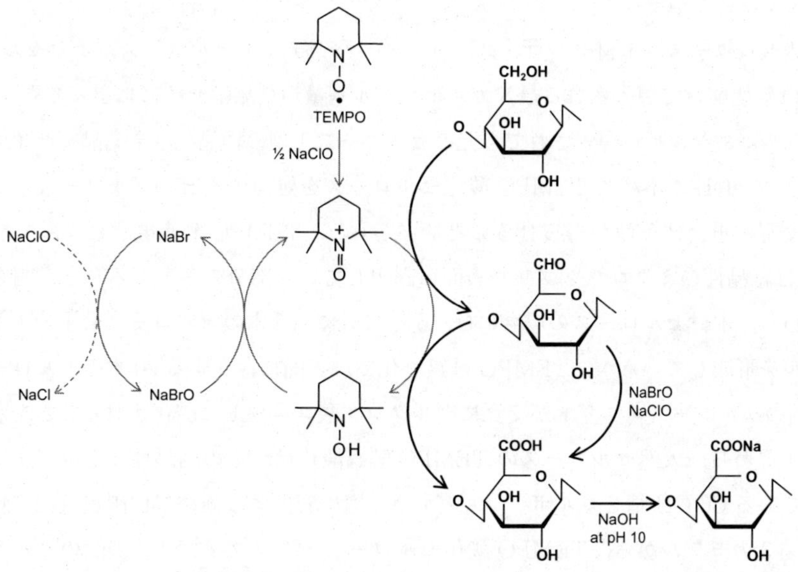

図1　pH 10でのTEMPO/NaBr/NaClO系触媒酸化によるセルロースのC6位の1級水酸基のカルボキシル基への酸化機構[1,2]

NaOH水溶液を消費するが，繊維状の形態を保ったまま反応が終了する[9]。例えば，針葉樹漂白クラフトパルプを出発試料としてTEMPO触媒酸化すると，酸化物の重量回収率は約90%，カルボキシル基量は1.7 mmol/gと元の170倍に増加し，少量のアルデヒド基が存在する。重合度は約600程度にまで低下する（図2）[1,2]。このように，天然セルロースのTEMPO触媒酸化では，元の繊維形状，セルロースI型の結晶化度，結晶幅サイズを維持したまま多量のカルボキシ

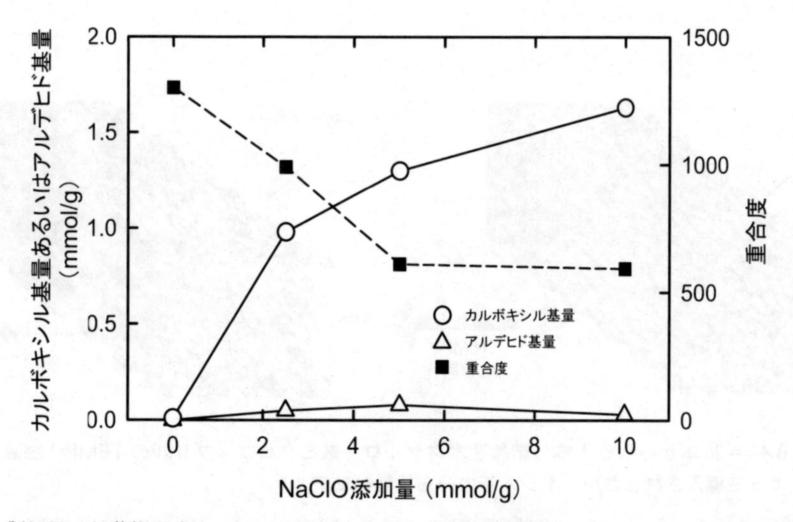

図2　製紙用の針葉樹漂白クラフトパルプ（セルロース含有量約90%）をpH 10でTEMPO/NaBr/NaClO酸化した際の，酸化物のカルボキシル基含有量，アルデヒド基含有量および重合度変化[1,2]

ル基を導入することができる。

各種天然セルロース（木材セルロース，ラミー，バクテリアセルロース，ホヤセルロース等）のTEMPO触媒酸化で導入される最大カルボキシル基量が結晶幅サイズによって異なること[10]，相当量のカルボキシル基が導入されても元のセルロースI型の結晶化度や結晶幅サイズが変化しないこと[9]，NaOH水溶液でTEMPO酸化セルロースを処理すると，グルコース／グルクロン酸の新規交互共重合体多糖が得られることなどから[11]，TEMPO触媒酸化によって酸化されるC6-OH基は結晶性のミクロフィブリル表面に露出している部分のみであることが明らかになった。すなわち，木材セルロースの場合には，6本×6本＝36本のセルロース分子で1本のミクロフィブリルを形成しているが，TEMPO触媒酸化では表面に存在する20本のセルロース分子の2個に1個のグルコースユニットが交互にグルクロン酸ユニットに酸化されることを示している（図3）。すなわち，天然セルロースのTEMPO触媒酸化は，その結晶性ミクロフィブリル表面に露出しているC6-OH基をカルボキシル基のNa塩に変換する極めて位置選択的で特異な反応である。図3のモデルから，TEMPO酸化セルロースミクロフィブリル表面のカルボキシル基は1.7個/nm^2と極めて高密度に存在していることになる。

リンターセルロースをpH 10でTEMPO/NaBr/NaClO酸化して約0.48 mmol/gのカルボキシル基を有する酸化物中のカルボキシル基のNa塩は各種金属イオン水溶液で処理することで効率的にイオン交換することが可能である（図4）[12]。特に，2価のカルシウムイオンや鉛イオンでもカルボキシル基と1：1のモル比で導入され，-COOCaCl型，-COOPbCl型の構造を形成しているのが特徴である。また，TEMPO酸化セルロースの熱分解温度はカルボキシル基部分の脱炭酸により約200℃に低下してしまう（元のセルロースの窒素ガス中での熱分解温度は約300℃）。しかし，カルボキシル基の対イオンの選択やメチルエステル化することで熱分解点を上げることができる[13]。

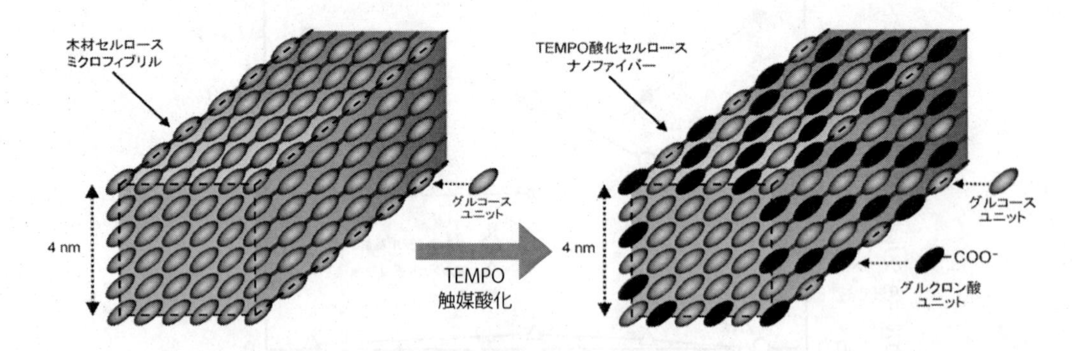

図3　6×6＝36本からなる1本の結晶性木材セルロースミクロフィブリルのTEMPO触媒酸化によって導入されるカルボキシル基の分布状態のモデル[1, 2, 6]

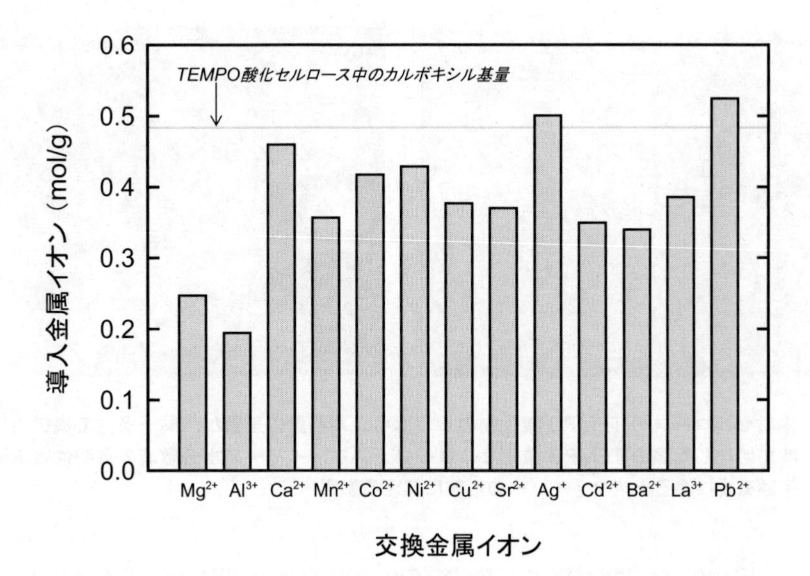

図4　リンターセルロースをTEMPO触媒酸化することによって得られる繊維状酸化物（カルボキシル基量0.48 mmol/g）のNa塩をイオン交換によって他の金属イオンを導入した際の金属イオンの導入モル量 [12]

1.3　TEMPO酸化セルロースナノファイバー

TEMPO酸化天然セルロースは相当量のカルボキシル基が導入されているが，元の繊維形状を保っており，水洗ろ過を繰り返すことによって精製可能で，ろ液からTEMPOを回収−再利用することができる。また，水洗されたTEMPO酸化セルロースは圧搾して高固形分の未乾燥状態での運搬が可能である。その未乾燥TEMPO酸化セルロースを再度水に分散させ，機械的な解繊処理を行うことで透明高粘度溶液が得られる。木材由来の製紙用漂白クラフトパルプから調製したTEMPO酸化セルロースを水中解繊処理して得られる透明水溶液を希釈乾燥させ，透過型電子顕微鏡あるいは原子間力顕微鏡で観察すると，木材セルロースミクロフィブリルと同じく幅約4 nmと均一で，長さ数ミクロンにおよぶナノファイバーの分散液であることが明らかになった[14, 15]。すなわち，TEMPO触媒酸化によって図3のようにミクロフィブリル表面に高密度でマイナス荷電を有するカルボキシル基のNa塩を導入できるため，軽微な水中解繊処理で荷電反発と浸透圧作用が効果的にはたらき，セルロースミクロフィブリルの完全ナノ分散が可能となる。その幅が可視光の波長よりも十分小さいために透明であり，高アスペクト比であるために高粘度となる。

TEMPO酸化セルロースのナノ分散性は分散液の光透過度（あるいは濁度），直交偏光下での光学観察等で確認できる。図5に示すように，TEMPO酸化セルロースが十分なカルボキシル基量を有していれば，完全ナノ分散が可能であるが，カルボキシル基量が少なくなると，荷電反発／浸透圧効果が低下して，完全ナノ分散しない部分が生成し，その大きさが可視光の波長よりも大きい場合には半透明となる[15]。

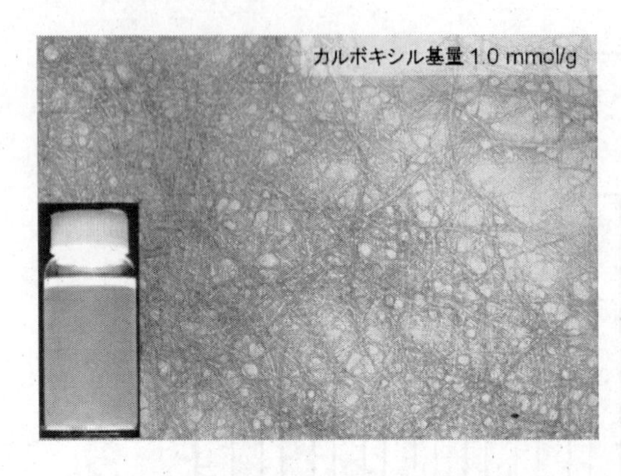

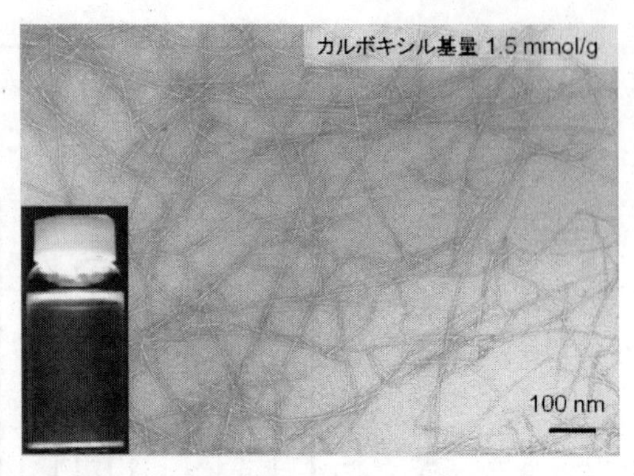

図5　木材セルロースのTEMPO酸化物のカルボキシル基量の差異が，同一条件で機械的に水中解繊処理した際のTEMPO酸化セルロースナノファイバー／水分散液の透明性と透過型電子顕微鏡によるナノファイバーの形態に与える影響[1, 2]

第一世代のpH 10でのTEMPO/NaBr/NaClO系におけるTEMPO誘導体類の検討[16]，中性～弱酸性で反応が可能なTEMPO/NaClO/$NaClO_2$系酸化[17, 18]，塩素系共酸化剤を用いないTEMPO電解酸化[19, 20]等によっても天然セルロースの結晶化度，結晶幅サイズを変えずにミクロフィブリル表面に選択的にカルボキシル基を導入することができ，それらの酸化物を水中で解繊処理することでセルロースミクロフィブリルの完全ナノ分散化によりTEMPO酸化セルロースナノファイバー（TOCN）が得られる。出発試料として木材成分と同程度の量のリグニンを含有する機械パルプからでも，酸化処理条件を選択することでTOCNが得られる[21]。

セルロースミクロフィブリルを1本1本に完全ナノ分散することが可能になったことにより，原子間力顕微鏡測定の際のカンチレバーによる応力／歪カーブからセルロースミクロフィブリル1本の引張ヤング率を求めることができる[22]。また，木材セルロースから得られるTOCNの幅は約4 nmと均一だが，長さおよび長さ分布は酸化条件や解繊条件によって異なり，ある程度制御可能である。TOCNの長さ／長さ分布を電子顕微鏡画像あるいは原子間力顕微鏡画像から直接測定するのは煩雑であるが，TOCN／水分散液の粘弾性や，凍結乾燥したTOCNの重合度（分子量）から推定することができる[23, 24]。さらに，TOCNをCOONa型からCOOH型への変換，カルボキシル基部分の*N*-アシル尿素化，カルボキシル基のアルキルアミン塩化等の処理により，有機溶剤中でのTOCNのナノ分散も可能になる（図6）[25~27]。したがって，現在有機溶剤に可溶なバイオ系あるいは石油系高分子とのナノ複合化に関する研究が進められている。

1.4　TEMPO酸化セルロースナノファイバーの特性

完全ナノ分散したTOCN/水分散液をキャスト―乾燥させることで，フレキシブルで透明なフィルムが得られる（図7）[28]。針葉樹漂白クラフトパルプからTEMPO触媒酸化反応を経て得られるTOCNフィルムの方が，広葉樹漂白クラフトパルプからのフィルムよりも透明性が高い。これは後者がC6位の1級水酸基を有しないためにTEMPO酸化を受けないキシランをヘミセル

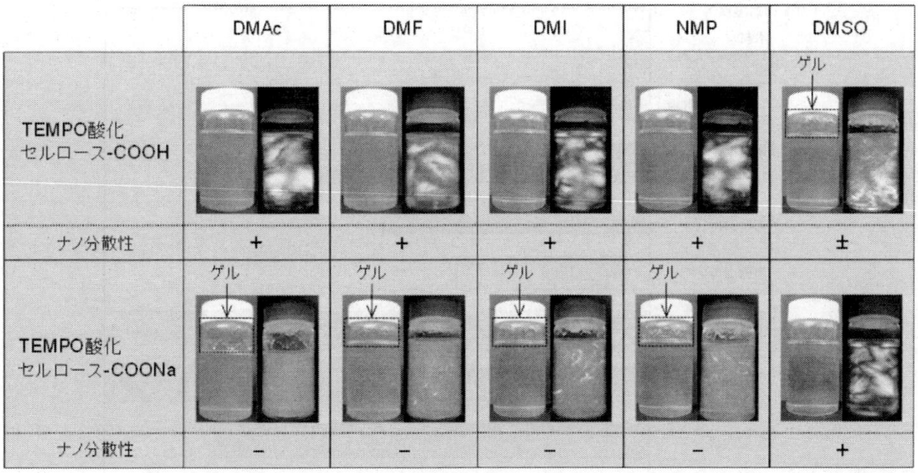

	DMAc	DMF	DMI	NMP	DMSO
TEMPO酸化セルロース-COOH					ゲル
ナノ分散性	+	+	+	+	±
TEMPO酸化セルロース-COONa	ゲル	ゲル	ゲル	ゲル	
ナノ分散性	−	−	−	−	+

図6　COOH 型あるいは COONa 型の TEMPO 酸化セルロースの有機溶剤中でのナノ分散性[25)]
＋：ナノ分散性あり，－：ナノ分散性なし，±：一時的にナノ分散性あり

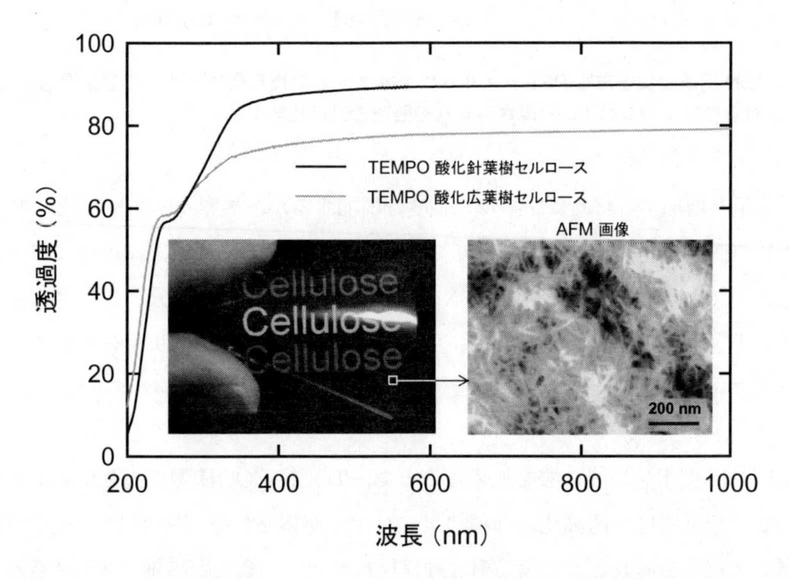

図7　針葉樹あるいは広葉樹漂白クラフトパルプ（ともにセルロース含有量約 90%）から調製した TEMPO 酸化セルロースナノファイバー／水分散液をキャスト乾燥して得られるフレキシブルフィルムの光透過度とフィルム表面の原子間力顕微鏡画像[1, 2)]

ロース主成分として含んでおり，解繊時にナノ分散化を阻害しているためと推定される。TOCN フィルム表面を原子間力顕微鏡で観察すると，ナノファイバーの集合体であることが確認できる。

TOCN-COONa 型のフィルムは荷電反発によって細密充填構造となるため，陽電子消滅法で測定した空孔サイズが平均で 0.47 nm と小さい。したがって，乾燥状態では極めて高い酸素バリア性を示す（図8）[29)]。酸処理によって TOCN-COOH 型に変換すると，ナノファイバー間の

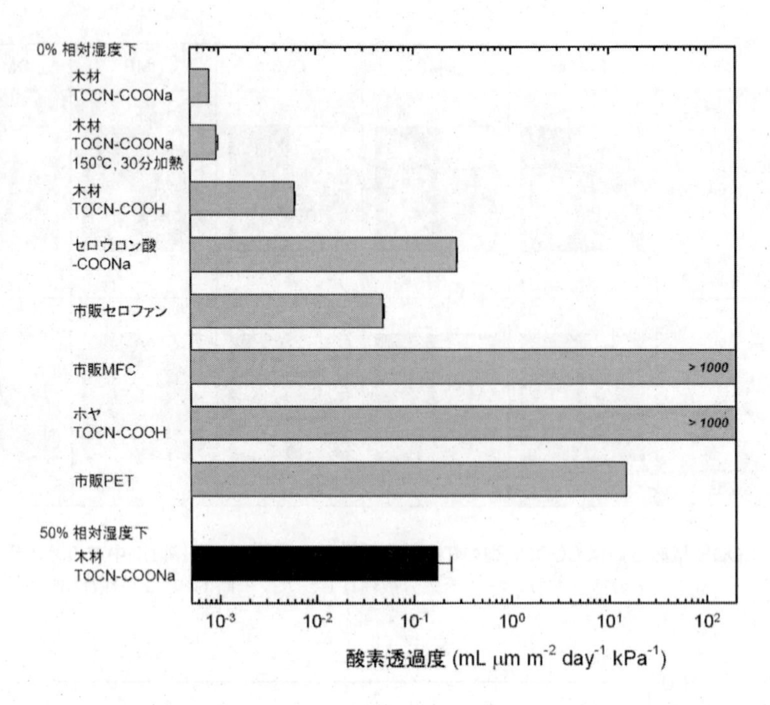

図8　TOCN 関連物質を市販 PET フィルムにキャストした複合化フィルムの酸素透過速度から得られる各フィルムの 1 μm 厚さ当たりの酸素透過度比較 [29]

水素結合形成量が増加するためにフィルム強度は増加するが，酸素バリア性は低下する[30]。また，親水性のカルボキシル基の Na 塩を高密度で表面に有しているため，高湿度下での酸素バリア性は急激に低下してしまう。そこで，TOCN フィルムの疎水化や他成分との複合化の検討が進められている。TOCN フィルムは高結晶性のセルロースミクロフィブリルをエレメントとしているため，そのフィルム強度，ヤング率は高く（図 9），線熱膨張率は極めて低い（図 10）のが特徴である[1, 2, 28]。

TOCN-COONa 型水分散液に酸を加えることで，TOCN-COOH 型の高強度ヒドロゲル，それを凍結乾燥して超低密度／超高比表面積のエアロゲルが得られる（図 11）[31]。そのほか，TOCN 表面に金属ナノ粒子を形成させて高効率な触媒材料や[32, 33]，高強度繊維[34]，ナノ空隙構造を有するエアフィルター材料（図 12）[35, 36]，光反射防止効果のある多層ナノ構造フィルム[37]等，TOCN のナノ構造や表面カルボキシル基の機能を利用した材料開発が進められている。また，完全ナノ分散した TOCN/水分散液のマウスへの経口投与実験から，インスリンの血中濃度低下作用など特異的な生理活性作用が報告されている[38]。

1.5　世界のナノセルロース研究開発状況

現在，日本国内はもとより，世界各地でセルロース系ナノファイバー（アスペクト比が様々なので Nanocellulose が一般的な呼称）の研究開発が極めて精力的に進められ，一部はパイロット

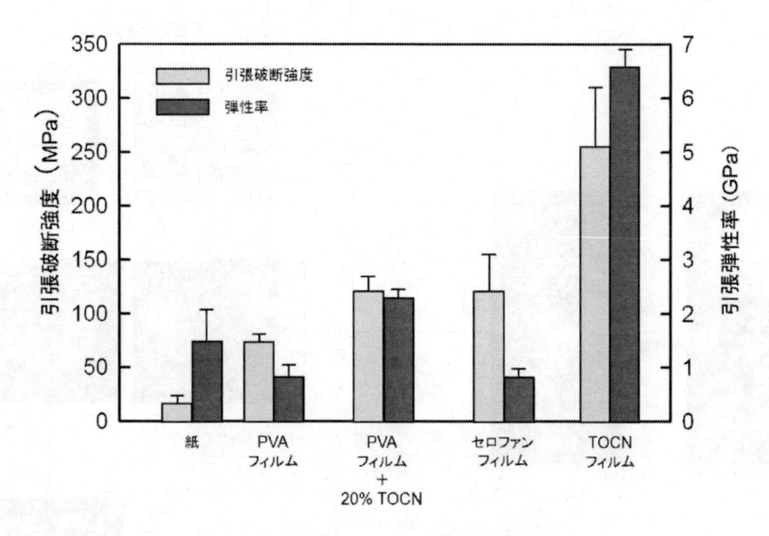

図9　広葉樹漂白クラフトパルプから調製したTEMPO酸化セルロースナノファイバー（TOCN）フィルムの引張破断強度と引張弾性率に対する他の試料との比較[1, 2)]

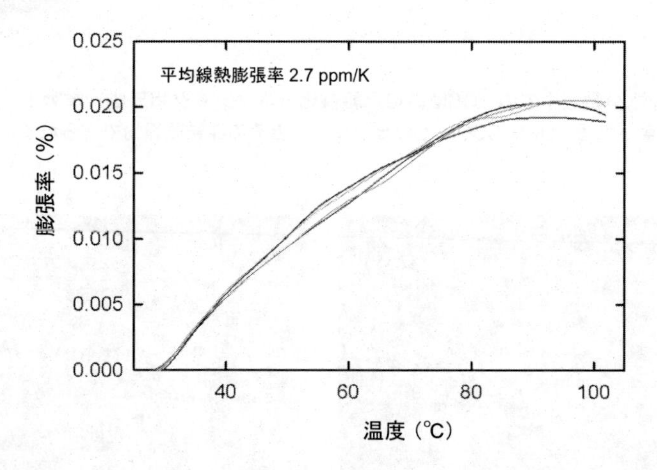

図10　広葉樹漂白クラフトパルプ（セルロース含有量約90%）から調製したTEMPO酸化セルロースナノファイバーフィルムの加熱による膨張率変化[1, 2)]

プラントレベルで製造されて市販されている。その背景には，セルロース系ナノファイバーの特徴であるナノ複合化効果，高酸素バリア性，環境適合性，バイオマス利用の促進等を生かした利用分野が開拓されつつあると同時に，紙パルプ産業が従来の枠を越えてバイオリファイナリー産業として拡大することを官民で推進している状況が挙げられる。

カナダでは濃硫酸処理法で得られるセルロースナノ結晶（NCC，あるいはナノ結晶性セルロース等）の製造会社CelluForceが，モントリオール郊外に国の補助を得て工場を建築し，既に日産1トンのNCC製造を始めている。スウェーデンでもEU圏等の公的および企業からの複数の補助を得てInnventiaが日産100 kgのナノセルロースの製造を進めている。Innventiaでは，特

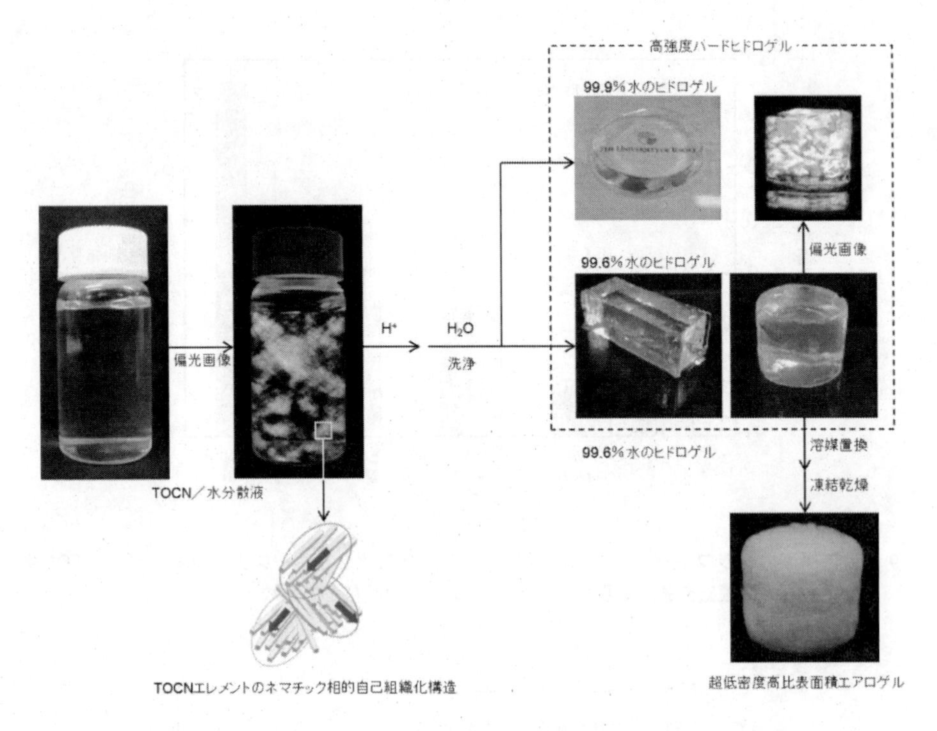

図 11　TOCN/水分散液中での TOCN の自己組織化（ネマチック相形成）挙動と，酸を加えることで調製される TOCN-COOH 型のヒドロゲルとその凍結乾燥物で得られるエアロゲル[6)]

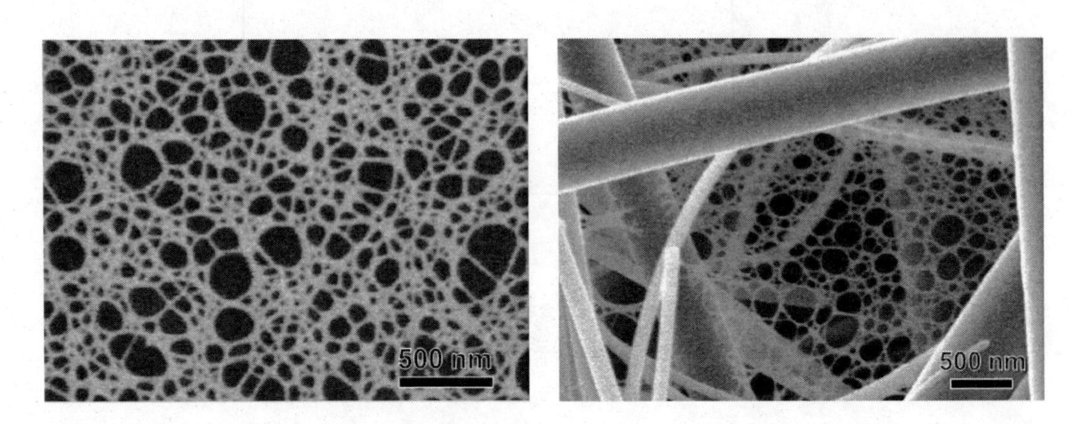

図 12　TOCN/水分散液中に界面活性剤を添加することで得られるクモの巣状のエアフィルター用のナノネットワーク構造[36)]

殊な前処理により解繊にかかる消費電力を 98%削減することに成功している。フィンランドでも UPM Kymmene 社，Stora Enso 社，VTT，Aalto 大学を中心にナノセルロースのパイロット製造を開始している。また，木材セルロースの水中での解繊処理によって得られるミクロフィブリル化セルロースは，国内の企業が 1980 年代に製造販売しており，さらに効率的な解繊方法や自動車部材用の高強度複合材料の研究が国の補助を得て京都大学等で進められている。光学顕微鏡あるいは電子顕微鏡によるTOCN，市販ミクロフィブリル化セルロース，NCCの形状の差異を図13に示す。TOCNは幅約4 nmで高アスペクト比（長さ／幅の値）である。ミクロフィブリル化セルロースは一部ナノ分散しているが，ミクロンサイズの幅の繊維も残存している。NCCは紡錘形で太い部分は10 nm程度の幅がある。また，濃硫酸を使用しているためにNCCの収率は40%以下になってしまう。TEMPO触媒酸化反応をセルロースの完全ナノ分散の前処理とする方法は日本独自の技術である。しかし，現在世界中で最適酸化条件の検討やTOCNの新たな利用方法の研究が進められている。

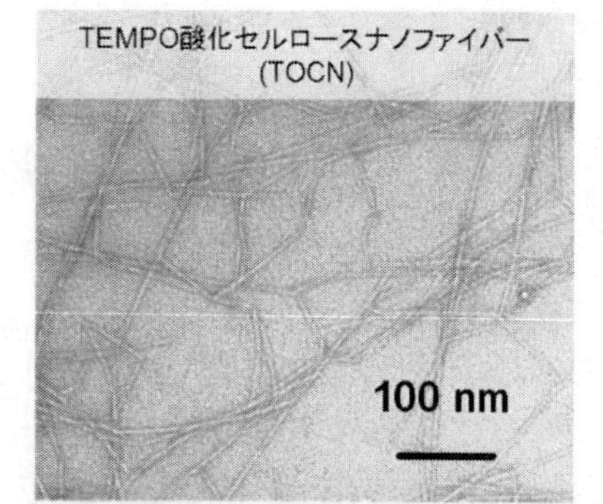

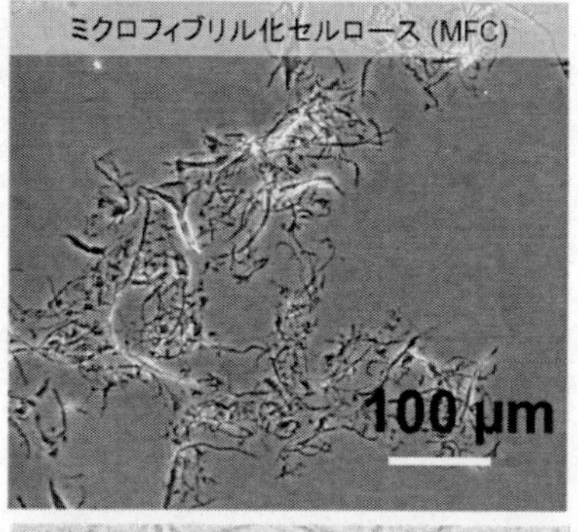

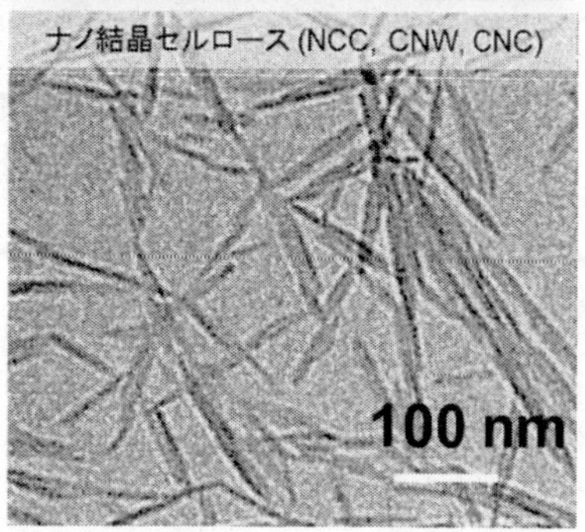

図13　TOCN，市販ミクロフィブリル化セルロース，ナノ結晶セルロース間の形状比較[1, 2]

1.6　今後の展開

日本においても，2010年12月に「バイオマス活用推進基本計画」が閣議決定され，バイオマスの利活用を国家レベルで推進し，2020年までに5000億円規模の新産業創出を目標としている。これは，炭素量換算で2600万トン分であり，現在のバイオマス利用量を1割増加させなければならない。したがって，既存のバイオマス製品のみで「環境にやさしい材料」を唱えてもそれだけでは利用量拡大にはならない。森林バイオマス資源と先端材料を結び付ける新たな物質と産業の流れを創成する必要がある。TEMPO酸化セルロースナノファイバーは，そのブレークスルーとなり得る新規バイオ系ナノ材料であり，環境適合型の酸素バリア性透明フィルムとして，あるいは他の先端部材への応用展開を目指して，産官学の連携により研究開発を進めている（図14）[39]。

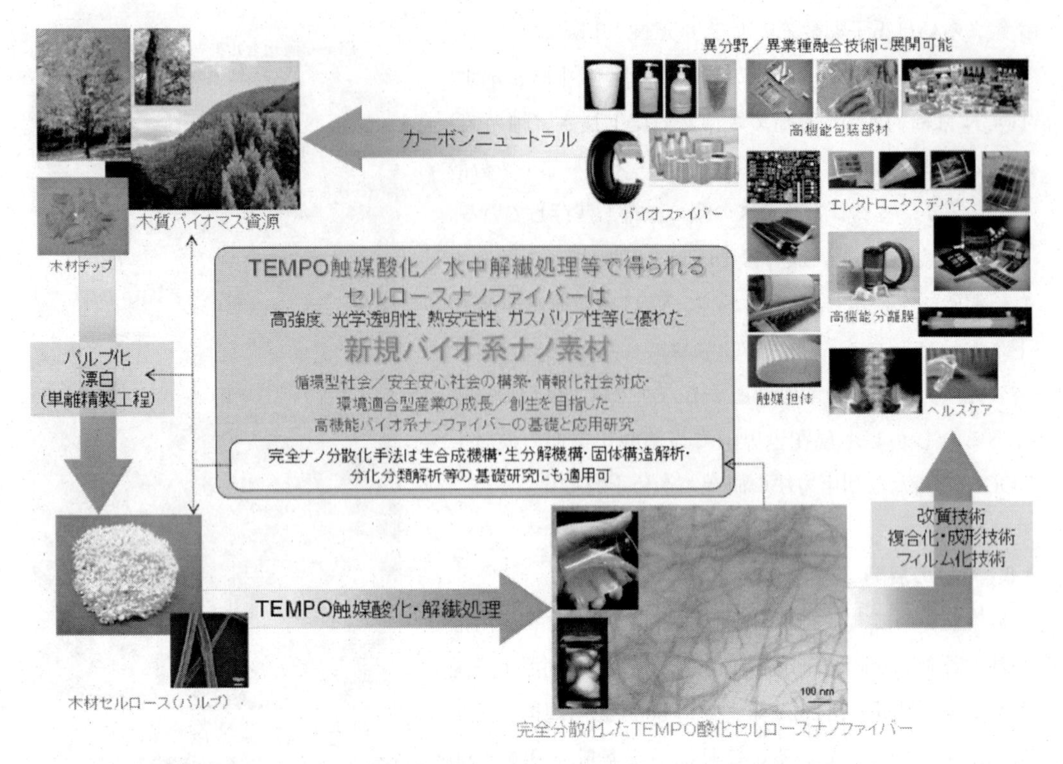

図14　豊富な木質バイオマスから得られる木材セルロースのTEMPO触媒酸化で得られるナノファイバーの環境適合型先端材料への利用のコンセプト[2)]

文　献

1) Isogai, A., Saito, T., Fukuzumi, H., *Nanoscale*, **3**, 71 (2011)
2) 磯貝明, 東大演習林報告, **126**, 1 (2011)
3) 磯貝明, 高分子, **58**, 90 (2009)
4) 磯貝明, *Nanofiber*, **2**, 26 (2011)
5) 磯貝明, 齋藤継之, バイオプラジャーナル, **39**, 12 (2010)
6) 磯貝明, 齋藤継之, 福住早花, 未来材料, **11**, 33 (2011)
7) 齋藤継之, 磯貝明,「セルロース利用の最先端」所収, シーエムシー出版, p.278 (2008)
8) 磯貝明, 齋藤継之,「機能性繊維の最新技術」所収, シーエムシー出版, p.111 (2009)
9) Saito, T., Isogai, A., *Biomacromolecules*, **5**, 1983 (2004)
10) Okita, Y., Saito, T., Isogai, A., *Biomacromolecules*, **11**, 1696 (2010)
11) Hirota, M., Furihata, K., Saito, T., Kawada, T., Isogai, A., *Angew. Chem. Int. Ed.*, **49**, 8567 (2010)
12) Saito, T., Isogai, A., *Carbohydr. Polym.*, **61**, 183 (2005)
13) Fukuzumi, H., Saito, T., Okita, Y., Isogai, A., *Polym. Degrd. Stab.*, **95**, 1502 (2010)
14) Saito, T., Nishiyama, Y., Putaux, J.-L., Vignon, M., Isogai, A., *Biomacromolecules,*

7, 1687 (2006)
15) Saito, T., Kimura, S., Nishiyama, Y., Isogai, A., *Biomacromolecules*, **8**, 2485 (2007)
16) Iwamoto, S., Kai, W., Isogai, T., Saito, T., Isogai, A., Iwata, T., *Polym. Degrd. Stab.*, **95**, 1394 (2010)
17) Saito, T., Hirota, M., Tamura, N., Kimura, S., Fukuzumi, H., Heux, L., Isogai, A., *Biomacromolecules*, **10**, 1992 (2009)
18) Saito, T., Hirota, M., Tamura, N., Isogai, A., *J. Wood Sci.*, **56**, 227 (2010)
19) Isogai, T., Saito, T., Isogai, A., *Biomacromolecules*, **11**, 1593 (2010)
20) Isogai, T., Saito, T., Isogai, A., *Cellulose*, **18**, 421 (2011)
21) Okita, Y., Saito, T., Isogai, A., *Holzforschung*, **63**, 529 (2009)
22) Iwamoto, S., Kai, W., Iwata, T., Isogai, A., *Biomacromolecules*, **10**, 2571 (2009)
23) Ishii, D., Saito, T., Isogai, A., *Biomacromolecules*, **12**, 548 (2011)
24) Shinoda, R., Saito, T., Okita, Y., Isogai, A., *Biomacromolecules*, **13**, 842 (2012)
25) Okita, Y., Fujisawa, S., Saito, T., Isogai, A., *Biomacromolecules*, **12**, 518 (2011)
26) Fujisawa, S., Okita, Y., Saito, T., Togawa, E., Isogai, A., *Cellulose*, **18**, 1191 (2011)
27) Fujisawa, S., Saito, T., Isogai, A., *Cellulose*, **19**, 459 (2012)
28) Fukuzumi, H., Saito, T., Iwata, T., Kumamoto, Y., Isogai, A., *Biomacromolecules*, **10**, 162 (2009)
29) Fukuzumi, H., Saito, T., Iwamoto, S., Kumamoto, Y., Ohdaira, T., Suzuki, R., Isogai, A., *Biomacromolecules*, **12**, 4057 (2011)
30) Fujisawa, S., Okita, Y., Fukuzumi, H., Saito, T., Isogai, A., *Carbohydr. Polym.*, **84**, 579 (2011)
31) Saito, T., Uematsu, T., Kimura, S., Enomae, T., Isogai, A., *Soft Matter*, **7**, 8804 (2011)
32) Koga, H., Tokunaga, E., Hidaka, M., Umemura, Y., Saito, T., Isogai, A., Kitaoka, T., *Chem. Commun.*, **46**, 8567 (2010)
33) Azetsu, A., Koga, H., Isogai, A., Kitaoka, T., *Catalysts*, **1**, 83 (2011)
34) Iwamoto, S., Isogai, A., Iwata, T., *Biomacromolecules*, **12**, 831 (2011)
35) 石塚雅規, 齋藤継之, 江前敏晴, 磯貝明, 紙パ技協誌, **64**, 437, 889 (2010)
36) Nemoto, J., Soyama, T., Saito, T., Isogai, A., *Biomacromolecules*, **13**, 943 (2012)
37) Qi, Z.-D., Saito, T., Fan, Y., Isogai, A., *Biomacromolecules*, **13**, 553 (2012)
38) Shimotoyogome, A., Suzuki, J., Kumamoto, Y., Hase, T., Isogai, A., *Biomacromolecules*, **12**, 3812 (2011)
39) CelluForce 社ウェブサイト http://www.celluforce.com/en
39) NEDO ウェブサイト (2009)
http://app3.infoc.nedo.go.jp/informations/koubo/press/EF/nedopress.2009-02-10.5277370827/
http://app3.infoc.nedo.go.jp/informations/koubo/kaiken/BE/nedopressorder.2009-02-10.0007481708/cellulose.pdf
http://www.ztech.nedo.go.jp/PDF/100012422.pdf.

2　キチンナノファイバーの単離技術とその利用開発

伊福伸介*

2.1　はじめに

ナノファイバーとは一般に幅が1～100 nm，アスペクト比が100以上ある繊維状の物質とされる。ナノファイバーはその特徴的な形状の効果によって，マイクロサイズ以上の繊維では発現し得なかった機能や物性を備えている。それゆえ，ナノファイバーの製造方法の確立とその利用開発が精力的に進められている。人工的なナノファイバーの製造方法としてはエレクトロスピニング（電界紡糸）法が最もよく知られており，過去に数多くの研究が報告されているが，近年では生物の生産する生体高分子がナノファイバーの新たな原料として注目されている。生体高分子は多糖類やタンパク質，核酸等が代表的でありその役割は骨格の支持，機能の発現，生命の設計図など多岐にわたるが，繊維の形状でするものが多数存在する。また，その繊維の多くは均一なナノファイバーから出発する緻密な階層構造を持った組織体を構成している。このことは，マクロな生体高分子の繊維を適切な方法によって解きほぐし微細化することによって，ナノファイバーとして単離できる可能性を示唆している。本稿ではそのような考えに基づいて開発したキチンナノファイバーの製造方法とその応用について紹介する。

2.2　生物の紡ぎ出すナノ繊維“バイオナノファイバー”

2.2.1　植物からのセルロースナノファイバーの単離

木材はその大部分が中空の細胞壁の集合体で構成されており，細胞壁は配向したセルロースのナノファイバーの層が幾重にも重なった多層体で構成されている。阿部らはその特徴的な高次構造に着目し，木材から均質なセルロースナノファイバーを単離する技術を開発している（図1）[1]。木材の構成する主な成分はおよそセルロースとヘミセルロースとリグニンである。ヘミセルロースやリグニンはセルロースナノファイバー間の隙間を充填し，天然の繊維補強複合体を形成している。よって，これらの充填剤を除去することによって個々のセルロースナノファイバーが残り，適切な解繊処理によって容易に解きほぐすことが出来る。

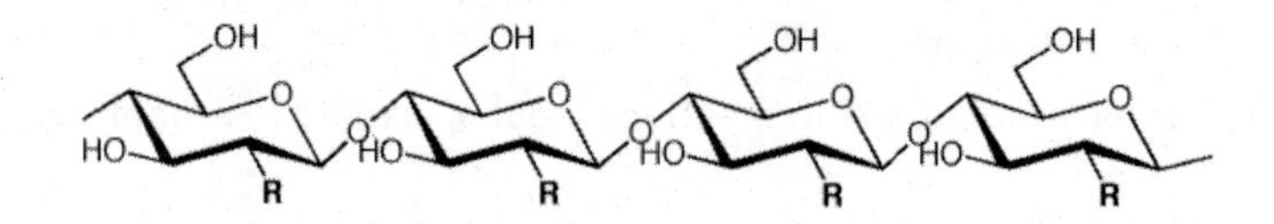

セルロース：**R** = OH
キチン：**R** = NHAc
キトサン：**R** = NH_2

図1　セルロース，キチン，キトサンの化学構造

＊　Shinsuke Ifuku　鳥取大学　大学院工学研究科　准教授

一方，果実や野菜類の細胞壁も木材と同様にセルロースナノファイバーとその間隙を充填するヘミセルロースやペクチン等の多糖類で構成されている。上述の木材からセルロースナノファイバーを単離する技術を応用し，林檎や梨の果実からセルロースナノファイバーを単離することも可能である[2)]。単離されたナノファイバーはいわばナノレベルまで微細化された不溶性食物繊維であるため，規格外の廃棄される果実の有効利用に繋がると期待している。

2.2.2　カニ，エビ殻，キノコからのキチンナノファイバーの単離

キチンとは*N*-アセチルグルコサミンが直鎖状に連なったムコ多糖であり，セルロースと類似した化学構造を有する（図1）。キチンは地球上に広く存在し，例えばカニやエビの殻，イカの甲，昆虫類の外皮，あるいは，カビ，キノコ，藻類の細胞壁など骨格を支持する構造材料としての役割を果たす。ゆえに年間合成量は地球上で最も豊富なバイオマスであるセルロースに匹敵する1×10^{11}トンとも推定されている。カニやエビの殻は種類や部位により異なるがおよそ20～30％のキチンが含まれているため，キチン原料として工業的に利用される。カニやエビの殻はキチンナノファイバーとその間隙を充填するタンパク質と炭酸カルシウムなどの灰分が階層的に組織化された緻密な高次構造で構成されている（図2）[3)]。よって上述のセルロースナノファイバーの単離技術を適用して，カニ殻に含まれるキチンナノファイバーを単離できると考えた[4)]。

キチンナノファイバーは次の手順に従って単離される。まず，カニ殻に含まれるタンパク質，灰分，脂質，色素をアルカリおよび酸処理，アルコール抽出によって順次取り除く。この操作によってほぼ純粋なキチンを得ることができる。精製して得られるキチンにpHが3～4の酢酸水溶液を添加して約1％の濃度に調整する。このキチンの水懸濁液を解繊装置で処理して微細化する。本実験では解繊装置として増幸産業製の石臼式摩砕機（グラインダー）を用いているが，ナノファイバーの解繊はこの装置に限定されない。例えば家庭用の高速ブレンダーでもナノファイ

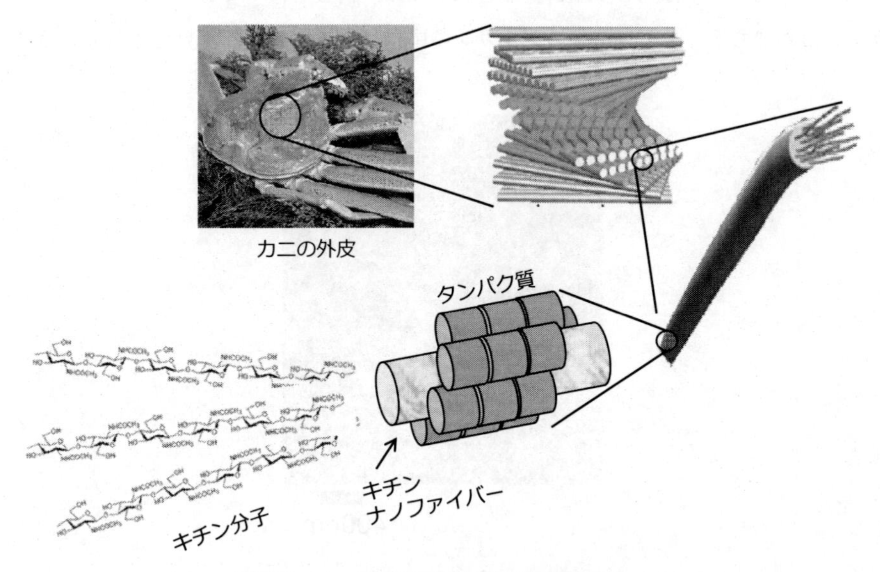

図2　カニ殻を構成する緻密な高次構造

バーに微細化することができる[5]。微細化したキチンは幅がわずか 10 ～ 20 nm と極めて細く，均質であり，非常にアスペクト比の高いナノファイバーである（図 3）。

このナノファイバーはカニ由来のキチンと同様の逆平行鎖の α 型結晶構造を保持している。また，従来のキチンは水に不溶であり水中で忽ち沈殿を生じるが，キチンナノファイバーは均質な水分散液の状態で得られ，いつまでも沈殿を生じない。これは比表面積の大きいナノファイバーが水中で均質に分散しているためである。キチンの微細化において酢酸の添加が重要である。アルカリによる脱タンパク質の工程においてキチンの脱アセチル化が起こるため，若干のグルコサミン残基が存在する。グルコサミン残基のアミノ基は酸性条件下においてカチオン化される。正の電荷を帯びたキチンは繊維間で反発力を生じるため，解繊機によって容易にナノファイバーにほぐれる[6]。酢酸は腐敗を防ぐため常温で安定に保存できる点において都合が良いが特有の臭気がある。酢酸を添加する目的はアミノ基のカチオン化にあるため，酢酸に限らず用途に応じて様々な酸を用いることができる。

カニ殻以外にも，ブラックタイガー，甘エビ，クルマエビなどの食用エビの殻からも同様の形状のナノファイバーを単離することができる[7]。これらの遊泳型のエビの殻は主に外クチクラで構成されている。外クチクラはカニ殻を構成する内クチクラよりもきめの細かいキチン繊維から成るため解繊が容易である。また，エリンギ，椎茸，マッシュルーム，ブナシメジ，舞茸などの食用キノコの細胞壁からもキチンナノファイバーを得ることができる[8]。キノコはカニやエビの殻と構成成分が異なるため，単離方法を修正する必要があるが，キチン以外の不要成分を取り除いた後，解繊装置で微細化するという基本的な単離操作は変わらない。キノコ由来のキチンナノファイバーの特徴としてナノファイバーの表面でグルカンと複合体を形成していることが挙げられる。これはキチンナノファイバーとその間隙を充填しているグルカンが互いに結合していることと，キチンとグルカンは同じ多糖に分類されるため，精製を行っても完全にグルカンのみを取り除けないためである。キノコ由来のグルカンの中には生体への機能が見出されている。キノコ

図 3　カニ殻から単離されたキチンナノファイバー

は食経験もあることから，そのようなキチンナノファイバーを機能性食品分野の利用を期待している。

2.2.3　市販の乾燥キチンのキチンナノファイバーへの解繊

キチンナノファイバーは乾燥すると水素結合を伴って強固に凝集するため解繊が困難になる。この凝集を避けるため，精製から解繊までの一連の工程を未乾燥で進めることが重要である。これはセルロースナノファイバーの調製においても同様である。しかしながらこの制約は製造工程が煩雑になるため事業化において不利である。上述の「アミノ基のカチオン化に伴う斥力」を利用して，ナノファイバー間に働いている水素結合を断ち切ることができれば，凝集している乾燥キチンをナノファイバーにほぐすことができる。そこで，市販されている精製済みの乾燥キチン粉末を出発原料とし，キチンナノファイバーの調製を行っている[9]。カニ殻由来の乾燥キチンにpHを3～4に調節した酢酸水溶液を添加しグラインダーで解繊するだけで，従来法と同様の形状の幅10～20 nmのナノファイバーを得ることができる（図4）。本実験で使用した乾燥キチン粉末に含まれるグルコサミン残基の割合はわずか4％であるが，アミノ基の正電荷による反発力は繊維間の水素結合を分断するのに十分であることが見出された。キチンは比較的菌による分解を受けやすいが，乾燥キチンならば常温で長期保存が可能であり，嵩が少なく軽い。よって，保管や輸送の面で有利である。そして，必要な時に必要な分だけ速やかにナノファイバーに変換して供給することができる。これはイオン性官能基を持たないセルロースには出来ない芸当である。

2.2.4　表面キトサン化キチンナノファイバーの調製

キトサンはキチンをアルカリ処理により脱アセチル化した誘導体である（図1）。キトサンはその化学構造に基づいた特徴，キチンとは異なる生体への機能を備えており，キトサンのナノファイバーにも興味がもたれる。10～30％の水酸化ナトリウム水溶液でキチンの脱アセチル化処理を行った後，酢酸水溶液中でグラインダーで解繊することによって極めて微細なナノサイズの繊維が得られている。キトサンはキチンよりも親水性が高いため，このナノファイバーは水中でよ

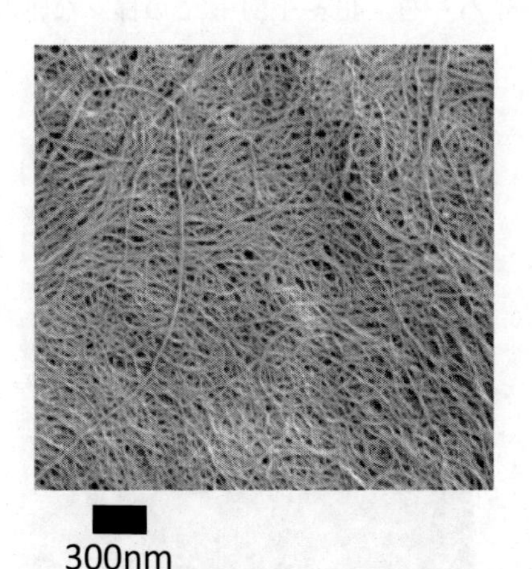

図4　市販の乾燥キチン粉末をほぐして得られるキチンナノファイバー

り均質に分散し粘性が高い。また，これらのナノファイバーの脱アセチル化度はアルカリの濃度に応じて高まる。一方で興味深いことに，これらのナノファイバーの結晶構造はいずれも脱アセチル化前のキチンとほぼ一致している[10]。このことは，これらのナノファイバーは表面のみが脱アセチル化されており，内部はキチンの結晶構造が保持されていることを示唆している。これは脱アセチル化はナノファイバーの表層から内部へと順次進行するが，生成したキトサンは酢酸水溶液に溶解して洗い流され，結果としてキトサンはごく表層にのみに残るためである。ゆえに，このナノファイバーは機能を発現する表面はキトサンであり，物性に影響を及ぼす内部は伸びきり鎖のキチン結晶のままである。このような役割分担型の二層構造のナノファイバー（表面キトサン化キチンナノファイバー）は材料学的な観点から意義深い。

2.3 キチンナノファイバー補強透明プラスチックフィルム[11]

2.3.1 透明でフレキシブルなキチンナノファイバー補強フィルム

キチンナノファイバーは無数のキチン分子が並列に束になった伸びきり鎖結晶性の繊維であるため，構造的な欠陥が少なく，優れた物性を備えている。よって，キチンナノファイバーの特徴的な形状と優れた物性を効果的に活かす用途として，素材を強化するための補強繊維（ナノフィラー）としての利用が有効である。そこで，キチンナノファイバーを配合したプラスチックフィルムの開発を行っている。キチンナノファイバー補強プラスチックは，キチンナノファイバー分散液を濾過によりシート状に成形し，アクリル系の二官能性モノマーを減圧下で含浸した後，紫外線照射あるいは加熱によりモノマーを重合して作成する。得られる複合プラスチックフィルムはフレキシブルであり，また，キチンナノファイバーの不織布を50 wt.%も内包しているにも関わらず，非常に透明であり，プラスチックのみと比較してほとんど透明性が損なわれない（図5）。これはキチンナノファイバーと同等の屈折率のプラスチックを用いることにより，ナノファイバーの界面での光の散乱が抑制されるためである[12]。

次いで，キチンナノファイバーを1.46～1.54までの様々な屈折率を持つ11種のアクリル系

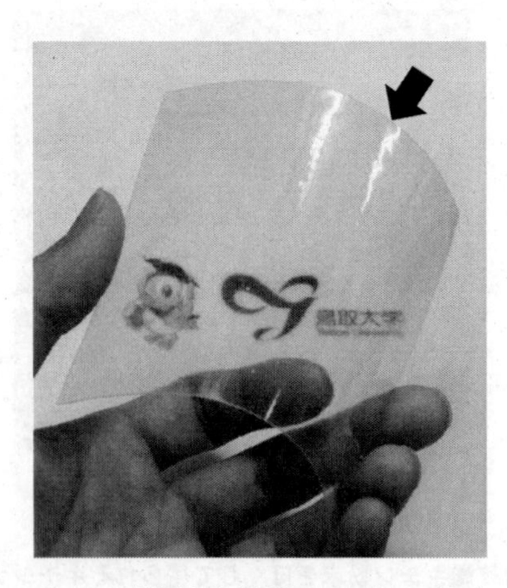

図5　キチンナノファイバーで補強した透明でフレキシブルなプラスチックフィルム

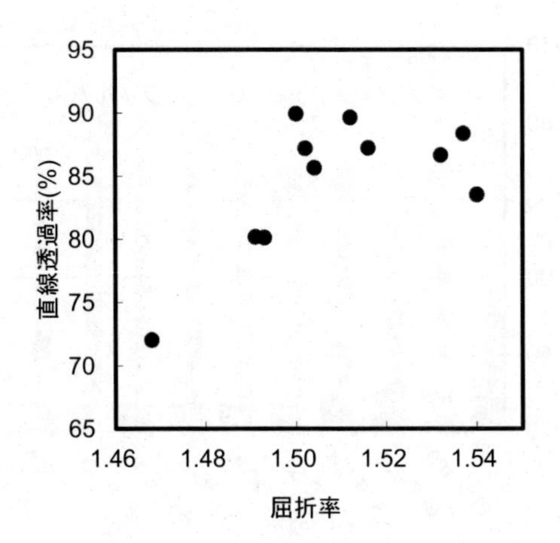

図6　使用したプラスチックの屈折率とそのキチンナノファイバー複合フィルムの透過率の相関

プラスチックを用い，その透明性を評価した。通常，マイクロサイズのフィラーを用いたプラスチック複合材料において透明性を発現するためには1/1,000以下まで厳密に屈折率を合わせる必要がある。しかし，キチンナノファイバーの場合，多彩な屈折率のプラスチックを用いても高い透明性を備えている（図6）。これはナノファイバーのサイズ効果に他ならない[13]。すなわち，フィラーのサイズが可視光線の波長（400～800 nm）よりも十分に小さいと，フィラーの界面において光の散乱が生じにくくなる。キチンナノファイバーは繊維径がわずか10～20 nmであり，可視光の波長よりも十分に小さい。よって，プラスチックとナノファイバーの屈折率を厳密に合わせなくても，プラスチックの透明性はほとんど損なわれない。

2.3.2　キチンナノファイバー補強透明プラスチックフィルムの物性

キチンナノファイバーは伸びきり鎖結晶性の繊維であるため，高強度，高弾性，低熱膨張である。素材を補強するフィラーとして用いることにより，透明性とフレキシビリティを維持したままプラスチックにこれらの物性を付与することができる。上述の11種のプラスチックは大小様々な弾性率と破断強度を有しているが，いずれにおいてもキチンナノファイバーの補強効果により物性値が大幅に向上している。例えば破断強度および弾性率が4 MPa，20 MPaのプラスチックはキチンナノファイバーの補強によってそれぞれ38 MPa，1,650 MPaに向上している。また，キチンナノファイバーはプラスチックの脆さを克服することも可能である。例えば上述のプラスチックのうち，架橋密度が高いものは破断歪みが0.5 %であったが，キチンナノファイバーの補強によって2 %以上に向上している。更に，上述の11種のプラスチックの線熱膨張係数は100～185 ppm/K^{-1}であり軒並み高いが，キチンナノファイバーは低熱膨張（10 ppm/K^{-1}以下）であるため補強効果によりプラスチックの熱膨張を75～90 %も低減することができる（図7）。興味深いことに熱膨張係数の高いプラスチックほどその複合体の熱膨張係数は小さくなる。これは一般に熱膨張係数の高いプラスチックは弾性率が小さいため，高弾性かつ低熱膨張のキチンナノファイバーがプラスチックの熱膨張を大幅に抑え込むことができるためである。

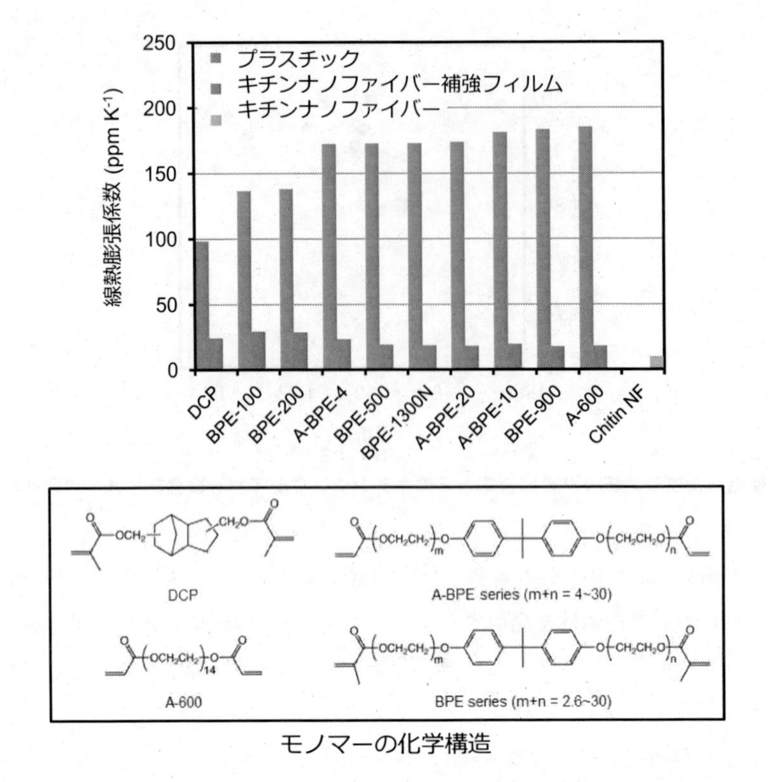

図7　プラスチックとそのキチンナノファイバー補強フィルムの線熱膨張係数

2.4　おわりに

セルロースは紙や繊維など多岐にわたって大量に利用されているのに対して，キチンはその合成量に見合った有効な用途は未だ限定的である。キチンの利用の大きな課題として水に対して不溶であり，加工性に乏しいことが挙げられる。キチンナノファイバーはキチンが水中で均質に分散しているため，他の基材との混合が容易であり，また，用途に応じて所望の形状に加工することができる。本成果によりカニやエビが紡ぎだすキチンナノファイバーを簡単かつ大量に単離できることになった。酸の添加はキチンの解繊効率を大幅に高め，速やかにキチンナノファイバーに変換できるため，事業化において有利である。キチンナノファイバーの特徴的な形状と優れた物性は汎用的な素材に補強材として配合することで高性能材料へと変換できる。また，キチンの化学構造を活かして用途に応じた表面改質や機能化も可能である[14]。一方でキチンは生体に対する様々な機能が知られている。最近ではキチンナノファイバーが皮膚のアンチエイジングおよび潰瘍性大腸炎の治療に有効であることが見出されており，今後もキチンナノファイバーの生体への効果・効用が続々と見出されるであろう[15]。このことはセルロースナノファイバーには無い大きな特徴である。ナノファイバーの莫大な表面積と優れた物性，加工性はこれまで取り扱いの難しかったキチンの潜在的な機能を効果的に引き出すことができると考えている。今後，廃カニ殻より単離されるキチンナノファイバーの特徴を活かした製品が生まれると期待している。

文　　献

1) Abe, K., Iwamoto, S., Yano, H., *Biomacromolecules*, **8**, 3276 (2007)
2) Ifuku, S., Adachi, M., Morimoto, M., Saimoto, H., 繊維学会誌, **67**, 86 (2011)
3) Raabe, D., Sachs, C., Romano, P., *Acta Materialia*, **53**, 4281 (2005)
4) Ifuku, S., Nogi, M., Abe, K., Yoshioka, M., Morimoto, M., Saiomoto, H., Yano, H., *Biomacromolecules*, **10**, 1584 (2009)
5) Shams, M. I., Ifuku, S., Nogi, M., Oku, T., Yano, H., *Appl. Phys. A*, **102**, 325 (2011)
6) Fan, Y., Saito, T., Isogai, A., *Biomacromolecules*, **9**, 1919 (2008)
7) Ifuku, S., Nogi, M., Abe, K., Yoshioka, M., Morimoto, M., Saimoto, H., Yano, H., *Carbohydr. Polym.*, **84**, 762 (2011)
8) Ifuku, S., Nomura, R., Morimoto, M., Saimoto, H., *Materials*, **4**, 1417 (2011)
9) Ifuku, S., Nogi, M., Yoshioka, M., Morimoto, M., Yano, H., Saimoto, H., *Carbohydr. Polym.*, **81**, 134 (2010)
10) Fan, Y., Saito, T., Isogai, A., *Carbohydr. Polym.*, **79**, 1046 (2010)
11) Ifuku, S., Morooka, S., Nakagaito, A. N., Morimoto, M., Saimoto, H., *Green Chem.*, **13**, 1708 (2011)
12) Yano, H., Sugiyama, J., Nakagaito, A.N., Nogi, M., Matsuura, T., Hikita, M., Handa, K., *Adv. Mater.*, **17**, 153 (2005)
13) Nogi, M., Handa, K., Nakagaito, A. N., Yano, H., *Appl. Phys. Lett.*, **87**, 243110 (2005)
14) Ifuku, S., Morooka, S., Morimoto, M., Saimoto, H., *Biomacromolecules*, **11**, 1326-1330 (2010)
15) Azuma, K., Osaki, T., Wakuda, T., Ifuku, S., Saimoto, H., Tsuka, T., Imagawa, T., Okamoto, Y., Minami, S., *Carbohydr. Polym.*, **87**, 1399-1403 (2012)

第1章　物質分離膜としての分子インプリントナノファイバー膜

吉川正和*

1　はじめに

分離膜による物質分離は連続的に温和な操作条件でもって運転されることより，省エネルギーな究極の物質分離法と目されている[1)]。分離膜を介しての物質分離の選択性ならびに膜輸送速度（効率）は図1に示すように二つの因子に大いに依存している。その一つは，非多孔膜においては溶解度，また，多孔膜においては分配と呼ばれている膜への分離を目的とする基質の取り込みである。もう一方は，膜内における基質の拡散である。拡散は，主として基質の大きさ（分子量）ならびに形状により決定される。このことより，拡散係数の相違，いわゆる拡散性選択性によって膜分離の選択性を広範囲にわたって制御することは困難であると考えられる。

これに反して，目的とする基質の，溶解あるいは分配による膜への取り込みは，理論的には広範囲にわたって制御することが可能である。現在，用いられている膜分離は，主に分子の大きさや荷電により行われている。物質分離膜の選択性の向上のためには，目的とする標的化合物と夾雑物とを厳密に識別する分子認識部位をその分離膜に導入することが必要である。分離膜に導入された分子認識部位は，選択的に膜内に標的化合物を取り込み，その膜内に優先的に取り込まれた基質は，膜の供給側から透過側へと膜内を拡散により輸送されていく。

このように，膜内に導入された分子認識部位は，膜分離において重要な役目を担っている。分子認識に関連してクラウンエーテル[2~4)]をはじめとしてシクロデキストリン[5)]や分子クレフト[6,7)]など種々の分子認識化合物が研究されている。これらの分子認識を目的とした化合物や分子認識

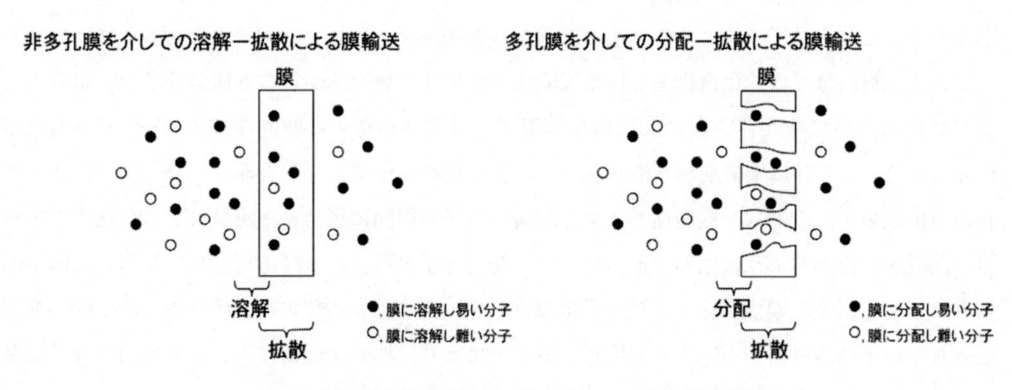

図1　非多孔膜ならびに多孔膜を介しての膜輸送の機構

＊　Masakazu Yoshikawa　京都工芸繊維大学　大学院生体分子工学専攻　教授

部位を分離膜に導入することにより，それらの膜の選択性が向上されることが期待される。

しかしながら，それらを膜へ導入するには多大な時間と労力を要する。また，膜へ導入された分子認識化合物や分子認識部位が，溶液中で機能を発現したように，高分子膜中においても同様な機能を発現するとは限らない。その分離膜への分子認識部位の導入法として最も容易な方法の一つとして分子インプリント法が挙げられる。さらなる膜性能の向上には，分離膜内の分子認識部位濃度を増大させることが要求される。この要求に応える方策として，大きな表面積をもつ分子インプリント膜の創成が考えられる。そのようにして創成された分子インプリント膜は高い膜輸送速度ならびに高い選択性を与えることが期待される。エレクトロスプレーデポジション法は，大きな表面積を与える分子インプリント膜を創成するための有効かつ簡便な分離膜創成法の一つであると考えられる。

本章において，膜分離における分子インプリントナノファイバー膜の可能性について述べることにする。

2　分子インプリント法

有機高分子への分子インプリント法は1972年にWulffならびにSarhanによって報告された[8]。この報告された分子インプリント法は，高分子膜をはじめとする高分子材料に分子認識部位を導入するための最も簡便な方法であると考えられる[9~13]。

分子インプリント法は高分子膜材料などの高分子材料に分子認識部位を導入する方法である。言い換えるなら，分子インプリント法は，標的化合物の形状ならびに，標的化合物と相互作用するための相互作用点の配置を記憶した分子認識部位を，高分子材料中に導入することにより分子認識材料を創成する方法である。

この分子インプリント法は“共有結合による分子インプリント（covalent molecular imprinting)”[8]と“非共有結合による分子インプリント（noncovalent molecular imprinting)”[14]に大別される。これら分子インプリント法の二通りの方法を図2に示す。図に示したように，分子インプリント材料は，標的化合物あるいは標的化合物の構造類似体からなる鋳型分子，鋳型分子と共有結合あるいは非共有結合により相互作用する官能基を有する機能性モノマー（functional monomer)，ならびに架橋剤から構成される。図を見れば理解できるように，分子インプリント材料の創成の第一段階は，機能性モノマーが鋳型分子の周囲に集合し，鋳型分子に存在する官能基の配置を記憶するように配列する。次いで，鋳型分子の形状ならびに官能基の配列の記憶が保持されるべく高度の架橋が施された分子認識材料を重合により作製する。最後に，鋳型分子を調製された分子認識材料から除去（抽出）することにより，標的化合物に対して相補的な分子認識部位を有する分子材料が獲得される。

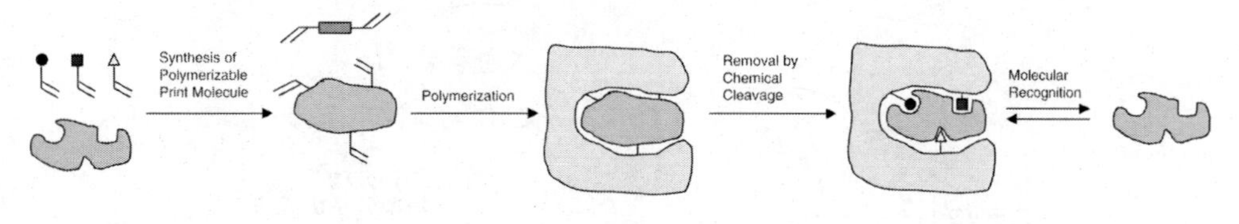

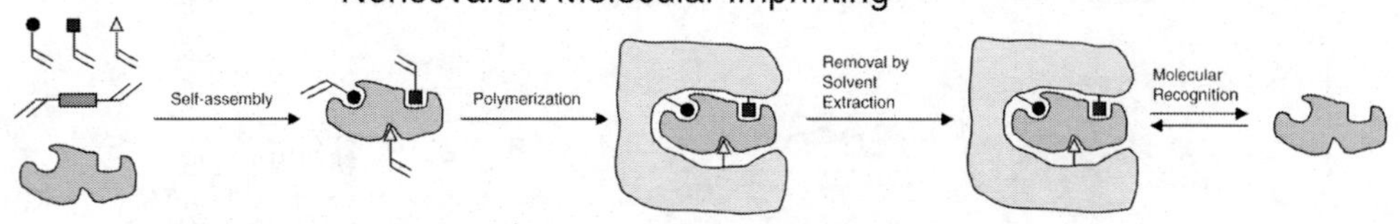

図2　分子インプリント法の二形態
（上）共有結合による分子インプリント
（下）非共有結合による分子インプリント

3　簡易分子インプリント法

前項で見てきたように，分子インプリント法は，高分子材料に分子認識部位を導入する最も簡便な方法の一つであることが分かる。分子認識材料は，機能性モノマーと架橋剤からの重合を経ることなく，高分子材料から直接に創成することも可能である。この方法を1994年より“簡易分子インプリント法（alternative molecular imprinting）”と呼んでいる[15~17]。同様な研究はMichaelsらによって1962年に既に報告されている[18]。

鋳型分子として機能する*p*-キシレンによって処理を施されたポリエチレン膜が浸透気化（パーベーパレーション）により，*o*-キシレンや*m*-キシレンに対して*p*-キシレンを優先的に膜輸送することを報告している。このMichaelsらの報告は，簡易分子インプリント法の最初の報告のみならず分子インプリント法を膜分離に初めて適用した記念すべき報告である。Michaelsらは論文を以下のように締めくくっている。

> The model proposed here does not invoke any properties peculiar to ethylene polymers; --------- Furthermore, there is no feature of the model which restricts its applicability to the process of pervaporation studied here: Similar behavior may be expected in such processes as gas or vapor transmission and dialysis. ------[18]

Michaelsらの論文は，分子インプリントならびに膜分離の分野において記念すべき論文である。簡易分子インプリントはバイオインプリントの延長と捉えることもできる[19,20]。バイオインプリントでは，鋳型分子により酵素の中に存在している分子認識部位を修飾するが，簡易分子インプリント法では，標的化合物に対する分子認識部位を持たない高分子材料を分子認識材料へと変換する。

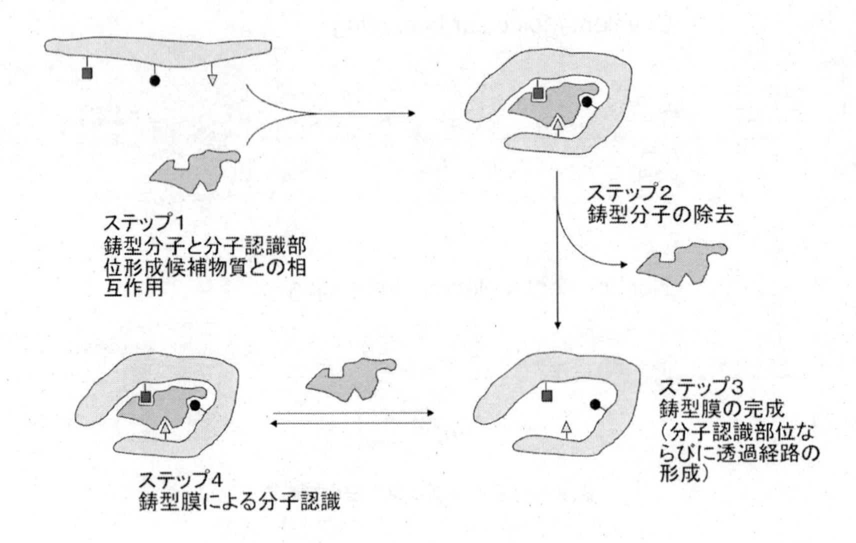

図3　簡易分子インプリント法のスキーム

簡易分子インプリント法のスキームを図3に示す。簡易分子インプリント法の概念は従来の分子インプリント法と極めて類似している。従来の分子インプリント法は分子インプリント材料を構築するのに機能性モノマーと架橋剤を用いるが，簡易分子インプリント法では高分子材料を用いる。簡易分子インプリント法では，合成高分子[21]からオリゴペプチド誘導体[22]，天然高分子誘導体[23]，さらには天然高分子[24]までの構造形成が可能な，あらゆる高分子材料がその候補物質として適用可能である。

4　分子インプリント膜による物質分離

簡易分子インプリント法により創成された分子インプリント膜による分離は前項で見てきたように，1962年から報告[18]があるが，従来からの分子インプリント法の範疇に含まれる非共有結合による分子インプリント法により創成された分子インプリント膜による膜分離は，ようやく1990年になって報告された[25]。この報告が多くの研究者を刺激し，非共有結合による分子インプリント法を採用することにより創成された分子インプリント膜による分離が研究されている。

一方，簡易分子インプリント法を適用することにより，高分子材料から直接に分子インプリント膜へと変換された[15,26]。この報告が契機となり，簡易分子インプリント法に湿式相分離法が適用されることにより，非対象膜の膜形態を呈する分子インプリント膜が作製されてきた[27~33]。

5　分子インプリントナノファイバー膜

前項までに見てきたように，分離膜の構築への分子インプリント法の適用は，高分子膜へ分子認識部位を導入する最も簡便な方法の一つである。しかしながら，現時点において検討がなされている分子インプリント膜の流束（膜輸送速度）ならびに透過選択性ともに工業的応用には満足のいくものではない。さらに高い流束ならびに透過選択性を与える分子インプリント膜を獲得するには，分子インプリント膜の表面積ならびに空隙率を高くせねばならない。この分子インプリント膜の表面積の増加ならびに空隙率の増大を達成するには困難を極めることが予想される。エレクトロスプレーデポジション法は，高い表面積ならびに高い空隙率を与える分子インプリント膜を得るために適した製膜技術であると考えられる[34~41]。

ナノファイバー膜は，エレクトロスプレーデポジション法を適用することにより高分子材料から容易に作製される。このことより，高分子材料を分子認識材料に直接に変換することが可能な簡易分子インプリント法は，分子インプリントナノファイバー膜の創成に適した分子インプリン卜法であるといえる。分子認識部位を有する分子インプリントナノファイバー膜がChronakisらによって初めて報告された[42]。この研究においては，分子認識部位を構築する候補物質としてポリアリルアミンが採用されている。2,4-ジクロロフェノキシ酢酸（2,4-D）を鋳型分子として用いることにより，2,4-Dに対する分子認識部位が導入された分子インプリントナノファイバー膜が誘導された（図4）。ポリアリルアミン単独では水環境下での使用が適わないので，ポリエチレンテレフタレート（PET）をナノファイバー膜のマトリックス高分子として使用している。この研究により得られた結果は，エレクトロスプレーデポジション法と簡易分子インプリント法とを同時に適用することにより得られる分子インプリントナノファイバー膜が目的とする標的化合物の認識や分離に対して有効であることを示唆するものである。

従来から報告されている非共有結合による分子インプリント法によって別途調製された分子インプリント材料を，マトリックス高分子と共にエレクトロスプレーすることによっても分子認識部位を有するナノファイバー膜を獲得することができる。この方法によっても，分子認識部位を有するナノファイバー膜が調製されている[43,44]。エレクトロスプレーデポジションによりマトリックス高分子をエレクトロスプレーするときに同時にスプレーされる分子インプリント材料は，微粒子状の形態でさえあれば問題はなく，その分子インプリント材料が調製された方法，いわゆる

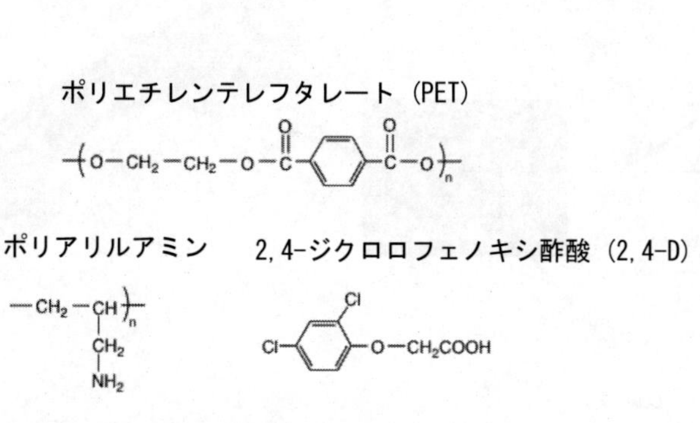

ポリエチレンテレフタレート（PET）

$$\left[O-CH_2-CH_2-O-\overset{O}{\overset{\|}{C}}-C_6H_4-\overset{O}{\overset{\|}{C}}-O \right]_n$$

ポリアリルアミン　　2,4-ジクロロフェノキシ酢酸（2,4-D）

$$\left[CH_2-\underset{CH_2NH_2}{CH} \right]_n \qquad Cl-C_6H_3(Cl)-O-CH_2COOH$$

図4　マトリックス高分子（PET），機能性高分子としてのポリアリルアミンならびに鋳型分子（2,4-D）の化学構造

由来は問題にはならない。報告では，分子インプリントナノ粒子が用いられており，マトリックス高分子として採用されたPETから誘導されたナノファイバー内にこの分子インプリントナノ粒子が包含されている。ポリビニルアルコールへ分子インプリントナノ粒子を包含させたバイオセンサーも創成されている[45]。

①エレクトロスプレーデポジション法と同時に簡易分子インプリント法を適用した方法，あるいは，②別途調製された分子インプリント材料をマトリックス高分子と同時にエレクトロスプレーすることにより分子インプリント材料を包埋する方法，のいずれかの方法を適用することにより得られたナノファイバーファブリックが分子認識材料として有効に機能することがこれらの研究から見て取れる。このようにして得られた分子認識部位をもつナノファイバーファブリックは，標的化合物の吸着材料や，標的化合物を認識，定量するためのセンサー素子としての応用が考えられる。

分子認識部位を有するナノファイバーファブリックによる標的化合物の分子認識は，膜輸送における基質の膜への取り込みに相当する。ナノファイバーファブリック内での標的化合物の拡散，さらには，分子認識部位あるいはナノファイバーファブリックからの標的化合物の放出が上述した分子認識に引き続き連続して起こることにより，高い膜輸送速度を呈する膜輸送システムの具現化が期待される。この考えに触発され，簡易分子インプリント法とエレクトロスプレーデポジション法とを同時に適用することにより分子認識部位を有するナノファイバーファブリックが京都工芸繊維大学ならびに東京工業大学のグループにより創成された[46]。このように調製されたナノファイバーファブリックは分子インプリントナノファイバー膜（molecularly imprinted nanofiber membrane）と呼ばれている。分子インプリントナノファイバー膜の創成法の模式図を図5に示す。分子インプリントナノファイバー膜もいわゆる均一な二次元状平面を呈する分子インプリント膜と同様に，標的化合物に対する基質特異的な膜への取り込み能を示し，さらには，選択的な膜輸送能を示す。その詳細を次項にて見ていくことにする。

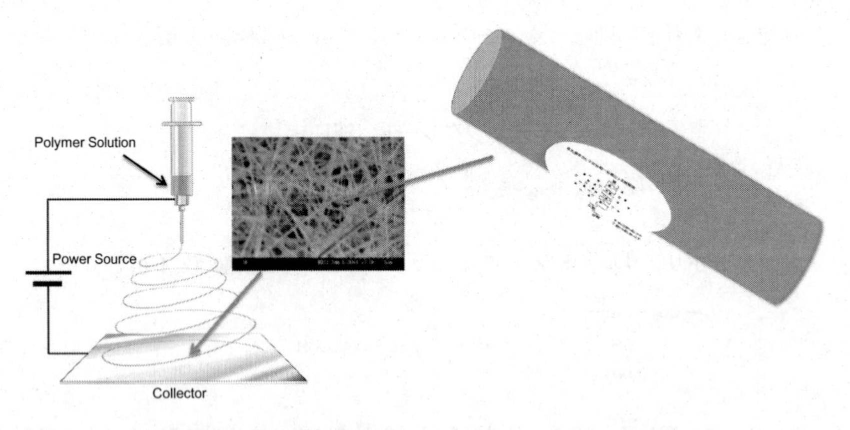

図5　高分子材料の分子インプリントナノファイバー膜への変換
（候補物質と鋳型分子は同時にエレクトロスプレーされる）

6　分子インプリントナノファイバー膜による物質分離

分離膜の重要な性能として，流束ならびに透過選択性が挙げられる。分子インプリント膜は，これまで見てきたように，透過選択性は比較的容易に向上させることが可能である。しかしながら，その膜性能は実際的応用において満足な値には達しておらず，取り分け，処理量としての流束を増加させることが必須である。分離膜の膜性能において流束と透過選択性は一般に，トレードオフの関係にあり，流束を増加させれば透過選択性が低下し，極端な場合には，透過選択性が観察されなくなる。また，透過選択性を向上させると，流束が低下し，実用化に供さなくなる。このようなことから，流束と透過選択性とを同時に向上させるか，あるいは，いずれかを損なうことなく他方を向上させることは，分離膜研究における未解決問題と言っても過言ではない。この問題を解決する可能性のある膜形態として分子インプリントナノファイバー膜が開発された。

分子インプリント膜[21]との比較をも検討する目的から，ナノファイバー膜形成候補物質として図6に示すようにカルボキシル化ポリスルホン（PSf-COOH）を採用し，D-体あるいはL-体のグルタミン酸誘導体（Z-Glu）を鋳型分子として用いることにより，分子インプリントナノファイバー膜が創成された。走査型電子顕微鏡（SEM）により観察された分子インプリントナノファイバー膜のSEM画像の一例を図7に示す。このSEM画像は，鋳型分子であるZ-D-Gluと候補物質PSf-COOHの構成繰返し単位のモル比を0.50，言い換えれば，鋳型比（Z-D-Glu)/(PSf-COOH）＝0.50としてエレクトロスプレーデポジションを行うことにより得られた分子インプリントナノファイバー膜である。L-体の鋳型分子であるZ-L-Gluを鋳型分子として共存させることにより変換された分子イ

カルボキシル化ポリスルホン（PSf-COOH）

N-α-ベンジルオキシカルボニルグルタミン酸（Z-Glu）

図6　分子インプリントナノファイバー膜形成候補物質（PSf-COOH）と鋳型分子(Z-Glu）の化学構造

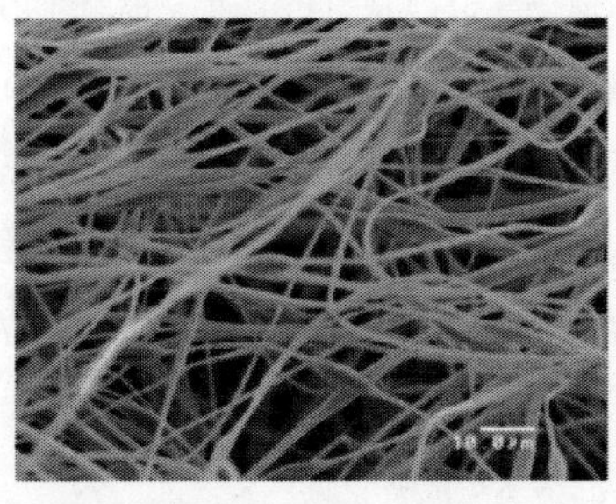

図7　Z-D-Gluを鋳型分子に用いて創成されたPSf-COOH分子インプリントナノファイバー膜のSEM画像

（左側のスケールバーは10.0μm，右側のスケールバーは2.0μmである）

ンプリントナノファイバー膜も図7と同様なSEM画像を与えた。Z-D-Gluを鋳型分子としてPSf-COOHより変換された分子インプリントナノファイバー膜はラセミのグルタミン酸（Glu）混合物よりD-Gluを選択的に膜内に取り込み，また，L-体の鋳型分子により変換されたPSf-COOH分子インプリントナノファイバー膜は逆にL-体吸着選択性を示した。濃度勾配を膜輸送の駆動力に用いた，ラセミのGlu混合物の光学分割では，分子インプリントナノファイバー膜に選択的に取り込まれる基質が，優先的に膜輸送された。すなわち，D-体吸着選択性を呈したZ-D-Glu鋳型膜はD-Gluを選択的に膜輸送し，また，その逆も観察された。PSf-COOHより誘導された分子インプリントナノファイバー膜を構成するファイバー径が比較的太いことに起因していると考えられるが，透過選択性は1.15と高い値ではなかった。分子インプリントナノファイバー膜の与えた透過選択性は分子インプリント膜の1.20に比較してわずかに低下していたが，分子インプリントナノファイバー膜を介してのGluの流束は分子インプリント膜のそれと比較して2桁高い値を与えた。

PSf-COOHを候補物質に採用して行われた予備的検討の結果は，①アキラルな高分子材料に対してエレクトロスプレーデポジションと簡易分子インプリント法とを同時に適用することにより，分子（キラル）認識能を呈するナノファイバーファブリック，いわゆる，ナノファイバー膜を創成することが可能なこと，ならびに，②分子インプリントナノファイバー膜が，分子インプリント膜と比較して，その透過選択性を損なうことなく，膜輸送速度（流束）を2桁向上させることが可能である，ことを示唆している。

分子インプリントナノファイバー膜に関する，さらに詳細な研究が酢酸セルロース（アセチル化率，40%）（CA）を候補物質に採用することによって行われた[47]。この研究においても，鋳型分子としてはZ-D-GluあるいはZ-L-Gluが用いられており，鋳型比（Z-Glu)/(CA)＝0.50である。CAから変換された二種類の分子インプリントナノファイバー膜も，通常の分子インプリント材料や分子インプリント膜，PSf-COOH分子インプリントナノファイバー膜と同じく，D-体鋳型膜はD-体吸着選択性を示し，その逆も観察された。この観察された吸着選択性は，CAを分子インプリントナノファイバー膜へと変換するときに採用された鋳型分子であるZ-Gluの存在によりナノファイバー膜に導入された分子認識部位に依っていると予想される。その観点より，CA分子インプリントナノファイバー膜内の分子認識部位の基質特異性を検討する目的で吸着等温線が検討された。Z-D-GluならびにZ-L-Glu鋳型膜のD-GluならびにL-Gluの吸着等温線を図8に示す。分子インプリントナノファイバー膜に非選択的に単純に吸着したGlu，換言すれば，Z-D-Glu 鋳型膜におけるL-GluならびにZ-L-Glu鋳型膜におけるD-Gluの吸着等温線は，膜に非特異的に取り込まれているため，それらの吸着等温線は原点を通る直線を与えた。この場合，非特異的な吸着等温線は式(1)によって表される。

$$[\text{j-Glu}]_{\text{M}} = k_{\text{A}}[\text{j-Glu}] \tag{1}$$

jは非特異的に膜に吸着されたGluを示し，$[\text{j-Glu}]_{\text{M}}$は膜に非特異的に吸着したj-異性体の濃度，

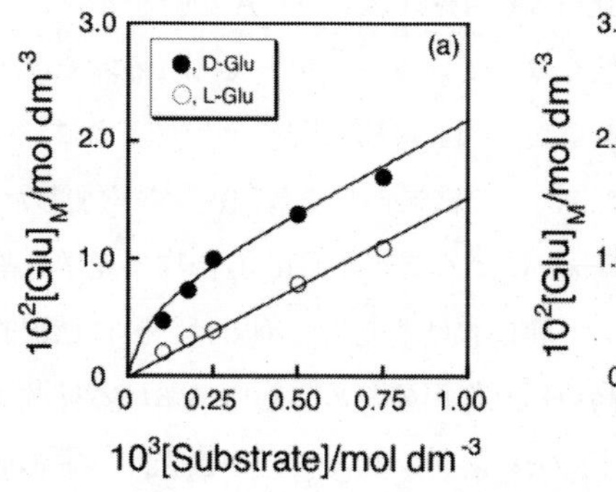

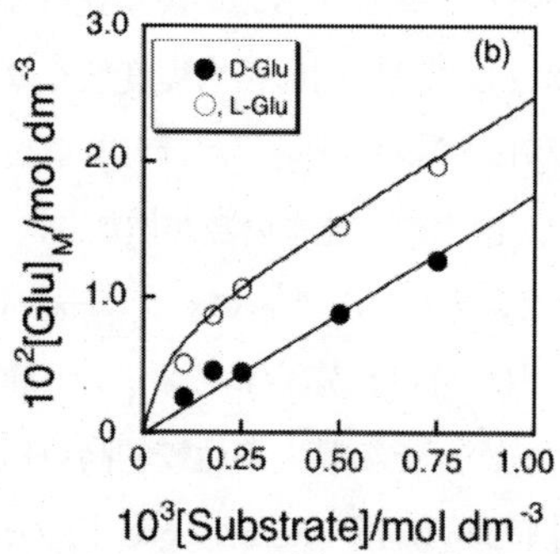

図8　CA分子インプリントナノファイバー膜におけるD-GluならびにL-Gluの吸着等温線
(a) Z-D-Glu鋳型膜　(b) Z-L-Glu鋳型膜

k_Aは吸着定数，[j-Glu]は膜と平衡に達しているj-Gluの外部溶液濃度を表す。

一方，基質特異的に膜に取り込まれるGluは，図8 (a) のD-Gluならびに図8 (b) のL-Gluのように，いわゆる二重吸着等温線を与える。これらの吸着等温線は式(2)によって表される。

$$[\text{i-Glu}]_M = k_A[\text{i-Glu}] + K_S[\text{Site}]_0[\text{i-Glu}]/(1+K_S[\text{i-Glu}]) \quad (2)$$

式中，$[\text{i-Glu}]_M$は膜内に選択的に取り込まれたi-Gluの濃度を示す。K_Sはi-Gluと分子認識部位との間の親和定数，$[\text{Site}]_0$は膜内に形成された分子認識部位の濃度，[i-Glu]は膜と平衡に達しているi-Gluの外部溶液濃度を表す。分子インプリントナノファイバー膜ならびに分子インプリント膜の吸着等温式のパラメータを表1にまとめて示す。

分子インプリントナノファイバー膜の表面積は分子インプリント膜に比較して大きいにもかかわらず，分子インプリントナノファイバー膜の分子認識部位濃度は分子インプリント膜のそれと比較して低い値であった。これは，エレクトロスプレーデポジションによりCAを分子インプリントナノファイバー膜へと変換するときに，鋳型分子であるZ-Gluの多くがCAと随伴して対電極となる導電性基板へ噴射されることなく，Z-Gluが単独でエレクトロスプレーされたことに因っていると考えられる。分子認識部位と標的化合物との間の親和定数が，この予想に反する分子認識部位濃度の結果から導かれる推測を支持している。換言すれば，CAを分子インプリント

表1　分子インプリント膜ならびに分子インプリントナノファイバー膜の吸着等温線のパラメータ

	Z-D-Glu Imprinted Mem.		Z-L-Glu Imprinted Mem.	
	MIPM[a]	MINFM[b]	MIPM[a]	MINFM[b]
k_A	1.9×10^3	1.5×10	2.0×10^3	1.8×10
$[\text{Site}]_0$/mol dm^{-3}	3.4	7.0×10^{-3}	3.4	8.0×10^{-3}
K_S/mol^{-1} dm^3	3.1×10^3	1.6×10^4	3.1×10^3	1.7×10^4

a)　分子インプリント膜；データは23) より引用
b)　分子インプリントナノファイバー膜のパラメータは47) より引用

ナノファイバー膜へと変換する時の鋳型比（Z-Glu）/（CA）はCAを分子インプリント膜へと変換するときと比較して実質的に相当程度低くなっていることが考えられる。そのような低い鋳型比条件にて簡易分子インプリントが行われると，図9に模式図を示したように，一分子の鋳型分子を取り囲むCA由来の官能基の数が増加し，その結果として親和定数が増加したと考えられる。

図10に分子インプリントナノファイバー膜によるラセミGlu混合物の光学分割の経時変化を示す。膜輸送，取り分け，分子インプリント膜における光学分割では，膜に選択的に取り込まれるエナンチオマーが，その膜との比較的高い相互作用のために膜内における拡散が抑制され，結果として膜に非特異的に取り込まれるもう一方のエナンチオマーが優先的に膜輸送されることが多く観察される。しかしながら，CAより誘導された分子インプリントナノファイバー膜は，膜内に選択的に取り込まれるエナンチオマーを優先的に膜輸送していた。一方，コントロール膜においては，透過選択性は殆ど観察されなかった。表2に，分子インプリントナノファイバー膜な

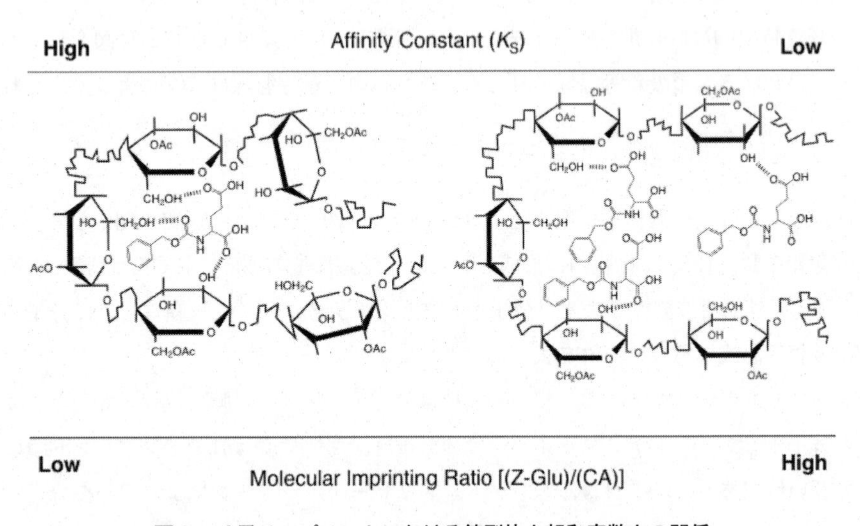

図9　分子インプリントにおける鋳型比と親和定数との関係

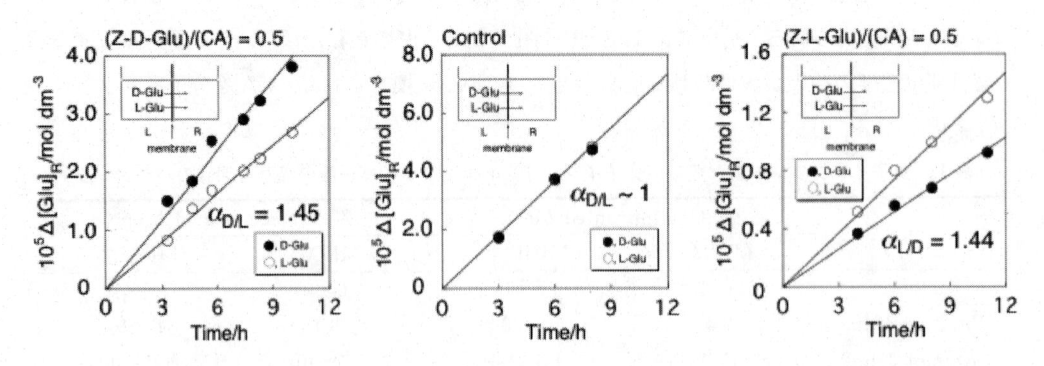

図10　分子インプリントナノファイバー膜ならびにコントロールナノファイバー膜によるグルタミン酸（Glu）混合物の光学分割

表2　分子インプリントナノファイバー膜(MINFM)による光学分割[a]

$10^3\Delta C^b$	Z-D-Glu imprinted MINFM		Control NFM		Z-L-Glu imprinted MINFM	
mol dm^{-3}	$\alpha_{D/L}$	u^c	$\alpha_{D/L}$	u^c	$\alpha_{L/D}$	u^c
0.25	1.45	1.96×10^{-9} (290)	～1	1.98×10^{-9} (293)	1.44	3.81×10^{-9} (564)
0.50	1.27	1.04×10^{-9} (154)	～1	2.04×10^{-9} (302)	1.34	2.49×10^{-9} (368)
1.00	1.11	5.49×10^{-10} (81.2)	～1	1.70×10^{-9} (251)	1.07	1.32×10^{-9} (195)
ΔE^d	2.30	6.76×10^{-12} (1)			2.30	6.76×10^{-12} (1)

a)　カッコ内の数値は相対的な流束を表す。電気透析のときのモル移動度uを1としている
b)　濃度勾配を膜輸送の駆動力に採用している（データは47）より引用）
c)　$u=(-J/c)/(\mathrm{d}\mu/\mathrm{d}x)[\{(\mathrm{mol\ cm\ cm^{-2}\ h^{-1}})/(\mathrm{mol\ cm^{-3}})\}/(\mathrm{J\ mol^{-1}\ cm^{-1}})=\mathrm{mol\ cm\ cm^2\ J^{-1}\ h^{-1}}]$.
d)　電位差を膜輸送Jの駆動力に採用している（データは23）より引用）

らびに従来の分子インプリント膜を介しての膜輸送の結果をまとめて示す。分子インプリントナノファイバー膜は濃度勾配を膜輸送の駆動力に採用しているが，分子インプリント膜では電位差を膜輸送の駆動力に用いている。異なった膜輸送駆動力勾配条件下でそれぞれの膜輸送が行われていることから，流束から直接に両者の膜輸送速度を比較することは適わない。このことから，式(3)により求められるモル移動度uを表2に示している。

$$u=(-J/c)/(\mathrm{d}\mu/\mathrm{d}x) \tag{3}$$

JはD-GluとL-Gluの流束の和，cはそれぞれのGluの供給側の濃度，$\mathrm{d}\mu/\mathrm{d}x$はポテンシャル勾配を表す。式(3)により算出されるモル移動度uは，単位駆動力，単位濃度，単位面積，単位膜厚あたりの移動度となる。表中のカッコには，分子インプリント膜のモル移動度uを1としたときの，相対的な移動度を示している。表2から分かるように，分子インプリントナノファイバー膜は，透過選択性を損なうことなく，流束を二桁向上させることが可能であった。

7　分子インプリントナノファイバー膜の今後の展開

前項で見てきたように，分子インプリントナノファイバー膜は，表面積が増加しているにもかかわらず，分子認識部位の濃度，言い換えるなら，分子認識部位の数は予想に反して低い値であった。分子インプリントナノファイバー膜内の分子認識部位濃度を如何にして向上させるかが，今後の展開にとって非常に重要であると考えられる。以下に，実現可能と考えられる対策を述べることにする。

7.1 より細いナノファイバー径を有する分子インプリントナノファイバー膜の調製

図11に分子インプリントナノファイバー膜へと変換される候補物質の密度を1 g cm^{-3}と仮定したときのファイバー径と表面積との関係を示す。ファイバー径が一桁細くなると，その表面積は一桁増大する。すなわち，ファイバー径を細くすると表面積が増加し，結果として，分子認識部位濃度は増加する。これは，膜への標的化合物に対する取り込みの選択性の向上につながる。また，ファイバー系を細くすることにより，必然的にファイバー間の距離，換言すれば，メッシュの縮小を誘起することが期待される。このことは，非特異的な単純拡散の膜輸送への寄与の低減につながり，結果としては，拡散性選択性の低下の抑制として機能すると考えられる。

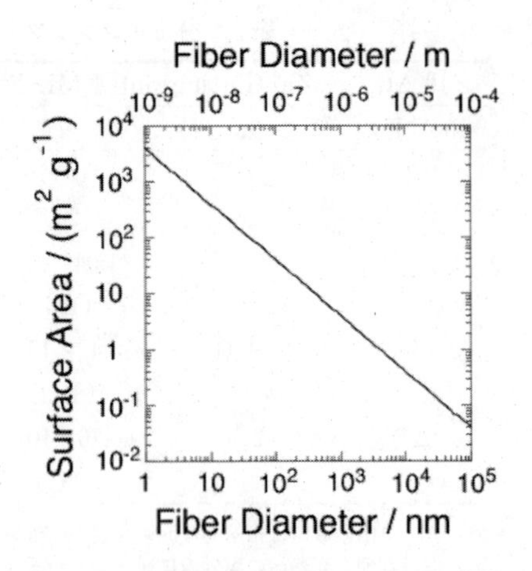

図11 ナノファイバーのファイバー径と表面積との関係
（ナノファイバーを構成する高分子材料の密度を1 gcm^{-3}として算出している）

7.2 分子認識部位のナノファイバー表面への局在化－1

分子インプリントナノファイバーの分子認識部位濃度の増加は，透過選択性の向上において必須と考えられる。この場合，ナノファイバー表面の分子認識部位濃度あるいは分子認識部位の数を増大させることが必要である。分子認識部位のファイバー表面への局在化の方策として，図12に示したような同軸二重ノズルによるエレクトロスプレーデポジションが考えられる[38,39,48～51]。図示したように，コア部にはナノファイバーを構成する候補物質のみを溶解する高分子溶液を注入し，シェル部は鋳型分子のみあるいは鋳型分子を多量に含む高分子溶液を注入することにより，エレクトロスプレーデポジションを行うことにより，ナノファイバー表面のみへの分子認識部位

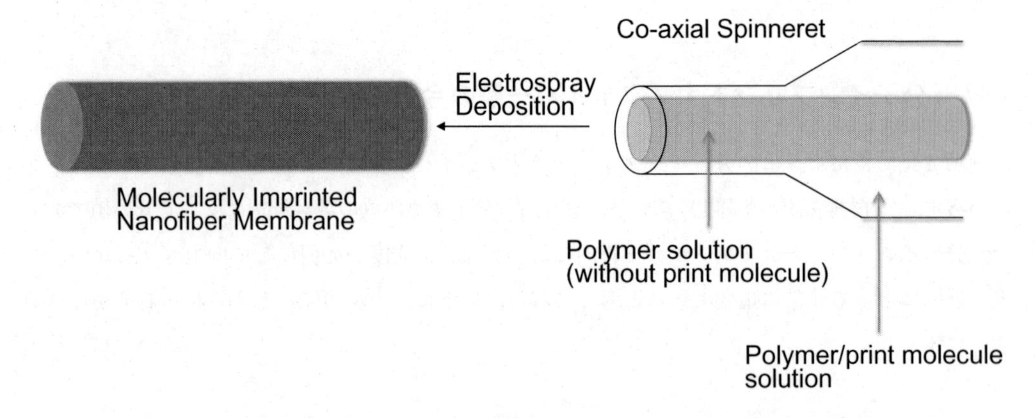

図12 同軸二重ノズルによる分子認識部位のナノファイバー表面への局在化

の導入ならびに局在化が実現されよう。

7.3　高い鋳型比での分子インプリントナノファイバー膜への変換

従来法の分子インプリントさらには簡易分子インプリントにおいても，分子インプリント時に用いられた全ての鋳型分子が鋳型分子として必ずしも機能しているとは限らない。取り分け，分子インプリントナノファイバー膜への変換では，CA からの分子インプリントナノファイバー膜への変換において観察されたように，鋳型分子の多くはナノファイバーマトリックスを構成する候補物質を随伴することなく噴射されている。可能な限り多くの鋳型分子を候補物質とともに対電極となる導電性基板へ噴射させる目的で，多量の鋳型分子を用いることも一つの方策と考えられる。ただし，この方策は，対症療法に過ぎず，多量に鋳型分子を使用することから，グリーンケミストリーの観点からも，積極的に推奨される方法とは言い難い。

7.4　分子認識部位のナノファイバー表面への局在化－2

この方法は，前述した三つの方法とは異なり，予めナノファイバー膜を調製しておき，そのナノファイバーの表面に分子認識部位やキラルセレクターをポスト高分子反応により導入することにより，分子認識部位のナノファイバー表面への局在化を図る方法である（図13)。ベースとなるナノファイバーへと変換される候補物質は，分子認識部位やキラルセレクターを担持するためのリンカーとして機能し得る結合点としての官能基を有していることが望ましい。一見，簡単そうにも思われるナノファイバー表面へのポスト修飾反応ではあるが，ナノファイバーの形態をポスト修飾反応が終了した後にも維持していなくてはならない。ナノファイバーに分子認識部位やキラルセレクターが導入されることにより，ナノファイバーの溶媒に対する溶解性が変化し，必ずと言ってよい程，溶媒に膨潤し易くなる傾向にあり，ナノファイバーの形態が失われ易くなる。未修飾のナノファイバーならびに修飾が完了した後の耐溶媒性を，溶解度パラメータなどを活用することにより予測してポスト修飾反応系を組み立てねばならない。

これらの方法を採用することにより，真の意味での，高効率高選択な，トレードオフの関係がブレークスルーされた，流束ならびに透過選択性の両者ともに向上された物質分離膜が獲得され

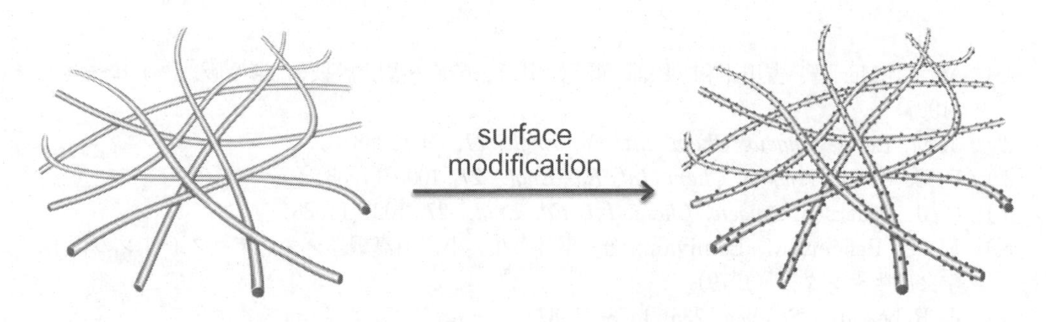

図13　ナノファイバー表面へのポスト修飾反応による分子認識部位のナノファイバー表面への局在化

るものと確信している。

また，図14に示したように，分子インプリントナノファイバー膜をカスケード状に配置して膜分離を行うことにより，透過選択性を飛躍的に向上させることも考えられる。膜一段における透過選択性がαならば，n枚の膜にカスケード式に膜透過させることにより，その透過選択性はα^nとなることが期待される。分子インプリント膜では個々の膜における流束が小さなことから，現実的な話ではないが，高い流束を与える分子インプリントナノファイバー膜においては実現可能な膜分離システムであると考えられる。

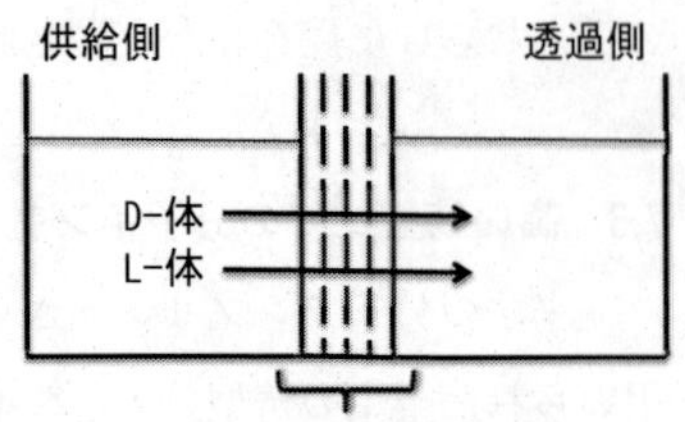

図14　カスケード状に配置されたナノファイバー膜による膜分離の模式図

8　おわりに

簡易分子インプリント法は1994年より体系だって検討されており，既に確立された分離膜作製技術となっている。一方，分子インプリントナノファイバー膜は，その二次元平面状のフラットな膜と同じく二次元平面状であることに変わりはないが，ナノファイバーファブリックから構成されている。単一成分の高分子材料からナノファイバーファブリックへと誘導するにも多くのパラメータの制御を必要とするが，分子インプリントナノファイバー膜への変換には，鋳型分子が加わることから，さらに複雑になることが予想される。ビーズフリーの分子インプリントナノファイバー膜ならば比較的容易に変換可能ではあるが，ファイバー径が10 nm程度のナノファイバーファブリックへと変換するにはさらなる困難が待ち受けているであろう。これらの困難をブレークスルーすることにより，理想的な分子インプリントナノファイバー膜が出現するものと確信している。

文　　献

1） M. Mulder著，吉川正和，松浦 剛，仲川 勤 監修・訳，膜技術 第2版，アイピーシー（1997）
2） J.-M. Lehn, *Angew. Chem. Int, Ed. Engl.*, **27**, 89（1988）
3） D. J. Cram, *Angew. Chem. Int, Ed. Engl.*, **27**, 1009（1988）
4） C. J. Pedersen, *Angew. Chem. Int, Ed. Engl.*, **27**, 1021（1988）
5） M. L. Bender, M. Lomiyama著，平井英史，小宮山真訳，シクロデキストリンの化学，学会出版センター（1979）
6） J. Rebek Jr., *Science*, **235**, 1478（1987）

7) J. Rebek Jr., *Angew. Chem. Int, Ed. Engl.*, **29**, 245 (1988)
8) G. Wulff, A. Sarhan, *Angew. Chem. Int, Ed. Engl.*, **11**, 341 (1972) [*Angew. Chem.*, **84**, 364 (1972)]
9) S. A. Piletsky, T. L. Panasyuk, E. V. Piletskaya, I. A. Nicholls, M. Ulbricht, *J. Membr. Sci.*, **157**, 263 (1999)
10) B. Sellergren, *Ed.*, Molecularly imprinted polymers, Elsevier (2001)
11) M. Komiyama, T. Takeuchi, T. Mukawa, H. Asanuma, Molecular imprinting, Wiley-VCH (2003)
12) C. Alexander, H. S. Andersson, L. I. Andersson, R. J. Ansell, N. Kirsch, I. A. Nicholls, J. O'Mahony, M. J. Whitcombe, *J. Mol. Recognit.*, **19**, 106 (2006)
13) 吉川正和, *Membrane*, **34**, 186 (2009)
14) R. Arshady, K. Mosbach, *Makromol. Chem.*, **182**, 687 (1981)
15) 吉川正和, 泉順一郎, 北尾敏男, 古家奨, 坂本俊治, 日本膜学会第16年会講演要旨集, 73 (1994)
16) M. Yoshikawa, Molecular and ionic recognition with imprinted polymers (ACS Symposium Ser. 703), R. A. Bartsch, M. Maeda, Eds., ACS, pp.170 (1998)
17) M. Yoshikawa, *Bioseparation*, **10**, 277 (2002)
18) A. S. Michaels, R. F. Baddour, H. J. Bixler, C. Y. Choo, *Ind. Eng. Chem. Process Des. Dev.*, **1**, 14 (1962)
19) L. Braco, K. Dabulis, A. M. Klibanov, *Proc. Natl. Acad. Sci. U.S.A.*, **87**, 274 (1990)
20) M. Stahl, M.-T. Mansson, K. Mosbach, *Biotechnol. Lett.*, **12**, 161 (1990)
21) M. Yoshikawa, J. Izumi, T. Ooi, M. D. Guiver, G. P. Robertson, *Polym. Bull.*, **40**, 517 (1998)
22) M. Yoshikawa, J. Izumi, *Macromol. Biosci.*, **3**, 487 (2003)
23) M. Yoshikawa, T. Ooi, J. Izumi, *J. Appl. Polym. Sci.*, **72**, 493 (1999)
24) M. Yoshikawa, K. Kawamura, A. Ejima, T. Aoki, S. Sakurai, K. Hayashi, K. Watanabe, *Macromol. Biosci.*, **6**, 210 (2006)
25) S. A. Piletski, I. Y. Dubei, D. M. Fedoryak, V. P. Kukhar, *Biopolim. Kletka*, **6**, 55 (1990)
26) M. Yoshikawa, J. Izumi, T. Kitao, S. Koya, S. Sakamoto, *J. Membr. Sci.*, **108**, 171 (1995)
27) T. Kobayashi, H. Y. Wang, N. Fujii, *Chem. Lett.*, 927 (1995)
28) H. Y. Wang, T. Kobayashi, N. Fujii, *Langmuir*, **12**, 4850 (1996)
29) F. Trotta, E. Xrioli, C. Baggiani, D. Lacopo., *J. Membr. Sci.*, **201**, 77 (2002)
30) M. Ramamoorthy, M. Ulbricht, *J. Membr. Sci.*, **217**, 207 (2003)
31) C. Cristallini, G. Ciardelli, N. Barbani, P. Giusti, *Macromol. Biosci.*, **4**, 31 (2004)
32) F. Trotta, C. Baggiani, M. P. Luda, E. Drioli, T. Massari, *J. Membr. Sci.*, **254**, 13 (2005)
33) N. Ul-Haq, J. K. Park, *Bioprocess Biosyst. Eng.*, **33**, 79 (2010)
34) 谷岡明彦, 工業材料, **51**, No.6, 56 (2003)
35) 松本英俊, 谷岡明彦, 山形豊, 成形加工, **16**, 579 (2004)
36) V. N. Morozov, T. Y. Morozova, N. R. Kallenbach, *Int. J. Mass Spectrom.*, **178**, 143 (1998)
37) V. N. Morozov, T. Y. Morozova, *Anal. Chem.*, **71**, 1415 (1999)
38) S. Ramakrishna, K. Fujihara, W.-E. Teo, T.-C. Lim, Z. Ma, Introduction to

electrospinning and nanofibers, World Scientific (2005)
39) A. Greiner, J. H. Wendorff, *Angew. Chem. Int. Ed.*, **46**, 5670 (2007)
40) K. Yoon, B. S. Hsiao, B. Chu, *J. Mater. Chem.*, **18**, 56326 (2008)
41) S. Agarwal, J. H. Wendorff, S. Greiner, *Macromol. Rapid Commun.*, **31**, 1317 (2010)
42) I. S. Chronakis, B. Milosevic, A. Frenot, L. Ye, *Macromolecules*, **39**, 357 (2006)
43) I. S. Chronakis, A. Jakob, B. Hagström, L. Ye, *Langmuir*, **22**, 8960 (2006)
44) K. Yoshimatsu, L. Ye, J. Lindberg, I. S. Chronakis, *Biosens. Bioelectron.*, **23**, 1208 (2008)
45) S. Piperno, B. T. S. Bui, K. Haupt, L. A. Gheber, *Langmuir*, **27**, 1547 (2011)
46) M. Yoshikawa, K. Nakai, H. Matsumoto, A. Tanioka, M. D. Guiver, G. P. Robertson, *Macromol. Rapid Commun.*, **28**, 2100 (2007)
47) Y. Sueyoshi, C. Fukushima, M. Yoshikawa, *J. Membr. Sci.*, **357**, 90 (2010)
48) Z. Sun, E. Zussman, A. L. Yarin, J. H. Wendorff, A. Greiner, *Adv. Mater.*, **15**, 1929 (2003)
49) D. Li, Y. Xia, *Nano. Lett.*, **4**, 933 (2004)
50) D. Li, J. T. McCann, Y. Xia, *Small*, **1**, 83 (2005)
51) H. Matsumoto, A. Tanioka, *Membranes*, **1**, 249 (2011)

第2章　カーボンナノチューブの用途展開

森田利夫*

1　はじめに

カーボンナノチューブ（CNT）は日本で発見，発展したナノカーボンの代表格であり，強度，導電性，熱伝導性，摺動性等に優れており，21世紀を支える有望材料として注目されている。

昭和電工株式会社のCNTは，主としてリチウムイオン二次電池（LIB）用途向けVGCF®，樹脂複合材用途に特化したVGCF®-Xの各々200 t/y，400 t/yの製造プラントを有し，広く用途展開を行っている。

ここでは，当社が取り進めている上記VGCF®，VGCF®-XのLIB分野への展開，樹脂複合材分野への用途展開について紹介する[1~12)]。

2　VGCF®とVGCF®-Xについて

2.1　CNTの構造

CNTには，それを構成するグラフェンシート一層からなる，シングルウォールCNT（SWCNT）と多層のグラフェンシートからなるマルチウォールCNT（MWCNT）に分類される。

当社のCNTはMWCNTであり，信州大学の遠藤教授のご指導の下，1982年から『VGCF®』の開発，応用展開を行って来ている。また，『VGCF®』は，VGCF®-Hのグレードにて展開を図っている。

2.2　VGCF®とVGCF®-Xの特徴

VGCF®とVGCF®-Xの特性を表1に示す。VGCF®-Hの代表繊維径は150 nmであり，高い結晶性と高純度が特徴であり，LIB導電助剤向けに利用されている。一方，VGCF®-Xは，代表

表1　VGCF®の代表特性

	繊維径	繊維長	嵩密度	比表面積	粉体抵抗	導電性	熱伝導性
	nm	μm	g/cm³	m²/g	Ω・cm	Ω・m	W/mK
VGCF®-H	150	6	0.08	13	0.012	1×10^{-4}	1200
VGCF®-X	15	3	0.08	260	0.016	測定不可	測定不可

＊　Toshio Morita　昭和電工㈱　先端電池材料部　大川開発センター　副センター長

VGCF®-H

VGCF®-X

図1　VGCF® とVGCF®-Xの走査電子顕微鏡（SEM）像

繊維径が15 nmと非常に細い繊維であり，樹脂複合材用途向けに開発したCNTである。

図1のSEM像に示したようにVGCF® の特徴は繊維が分岐していることである。このことによって直線状の繊維に比べて繊維同士がネットワークを形成し易くなり，導電性付与には好適である。

3　リチウムイオン二次電池（LIB）用途

自動車各社では，環境に配慮した自動車「エコカー」として，ハイブリッド車（HEV），電気自動車（EV）や燃料電池自動車（FCEV）の開発を行ってきた。1997年にはHEVの市販が始まった。また，2008年のリーマンショックに端を発した世界不況における景気刺激策として，日本を始め欧米各国では，次世代自動車として期待される「エコカー」の普及に税制優遇策や補助金を出し，開発に拍車がかかっている。HEVの市販につづき，日本でも，2009年にLIBを用いたEVの市販が開始された。

この電動化のキー部材がLIBであり，自動車メーカー，電池メーカーに加え材料メーカーと一体となり開発が進んでいる。

LIBは日本が世界に先駆けて開発した二次電池であるが，最大の特徴は平均作動電圧が3V以上と高く，体積・重量エネルギー密度が大きいことである。自動車用途向けLIBは，低温から高温までの幅広い使用温度下で，10年を超える長期使用に耐え，また，モーターを駆動させるため，大電流特性に優れること等，これまでの携帯電話やノートパソコン等のモバイル用途向けLIBと異なる特性が求められる。

このLIBの性能を左右する主要材料として，正・負極活物質，電解液，セパレーター，バインダー，集電材等があるが，安全性を高めて長期間の使用に耐え，大電流を流す為のキー材料として，正極，負極に添加する導電助剤の重要性に注目が集まって来ている。

3.1　サイクル特性改善

LIB用途へ添加するCNTとしては，高純度，易分散性が重要である。樹脂添加用に開発したVGCF®-Xは繊維径が細く凝集力が強く分散が困難な為，LIB添加用としてはVGCF®-Hが優れている。

VGCF®-Hを添加することの効果のひとつはサイクル特性改善に認められるが，そのメカニズムを負極材料を例として図2に示した。LIBは，充電時にはLi^+が正極から移動し負極材料の層間にインタカレートされた状態となり，放電時にはLi^+が負極から正極に戻る単純なLi^+の正・負極間の移動によって充電・放電反応が進行する。この充電時のLi^+の黒鉛層間化合物形成時には黒鉛層間は10％程度が広がることがXRD測定の結果から知られており，充電・放電の度に負極は約10％の膨張・収縮を繰り返すことになる。図2の上段に示したように，電極作製当初は秩序だって詰め込まれ集電材である銅箔と導通出来ていた活物質が，長期間に渡り充・放電を行い，膨張・収縮を繰り返している内に他の活物質から遊離し導電パスが欠落する活物質が現れる（図2上段右端)。この遊離した活物質はもはや容量に寄与出来なくなり，結果として容量低下が起こる。

一方，VGCF®-Hを添加した系（図2下段）では，充放電を繰り返し当初よりも活物質が多少移動してもVGCF®-Hが粒子間の導電パスを維持するため，充放電に寄与しない活物質の発生を抑制することが出来，容量低下を防ぐことが可能となる。この現象は正極でも同様であり，VGCF®-Hを正極に添加することの効果も知られている。

3.2　高容量化

VGCF®-Hを添加することによる大電流放電時の高容量化メリットを図3を用いて説明する。ここで，図中の太横線はLi電位に対して0.6 Vを示している。通常LIB電池においては電圧が

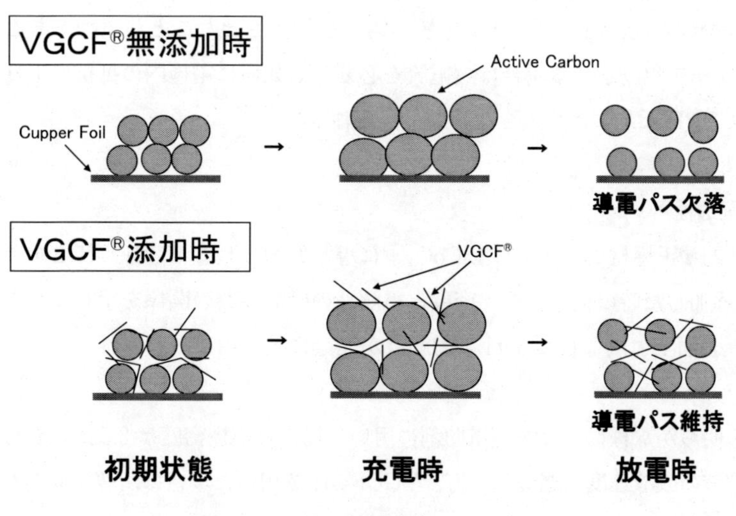

図2　サイクル特性改善メカニズム

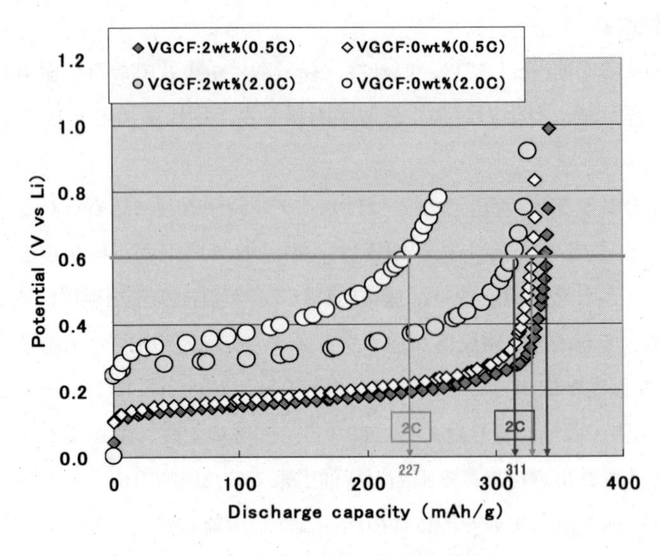

図3　VGCF® 添加効果（負極）高容量化

3Vになった時点でカット（放電終了）されることが多いが，このとき負極の電位はLi電位に対し0.6V程度となる。すなわち，この太横線と放電カーブの交点が負極の容量とみなされる。

LIBにおいては満充電時の容量をどの程度の時間で完全放電するかで表示する場合が多い。例えば1C放電とは1時間で完全放電することを表している。図3において，0.5C放電時すなわち2時間での放電のときは，VGCF®-H添加時も無添加時でもほとんど放電容量には差が無いが，2C（30分）放電時においては極端な差が認められる。前述の太線との交点を考慮すると，VGCF®-Hを2wt%添加した系では2C放電時の容量は311 mAh/gと0.5C時の放電容量と大差ないが，VGCF®-H無添加時においてはその容量は227 mAh/gと低下した。これは，VGCF®-Hをわずか2wt%添加することにより放電容量が40%近くも改善されたことを示している。電極内の抵抗成分が大電流時には大きく影響し電圧を低下させたことが原因である。電動工具やHEV等モーターを駆動させる場合は大電流を必要とし如何に電極内の抵抗を下げるかが重要であるが，VGCF®-H添加により大きな効果が得られる。

3.3　電解液浸透性

図4に標準的な正極材（ここでは$LiCoO_2$）に導電助剤としてVGCF®-Hとアセチレンブラック（AB）を添加した時の正極シート密度と電解液の吸液時間の関係を示した。ここでの吸液時間とは，電極表面上に滴下した3μlの電解液が完全に電極内に吸収されるまでの時間を示している。

この図から明らかな様にABを導電助剤に用いた場合は電極密度は3.5 g/cm³程度が限界であり，且つ電解液の吸液速度が遅い。一方，VGCF®-Hを用いた場合は，導電助剤を使用していない場合とほぼ同様，高密度化が容易であるとともに電解液の吸液速度も非常に速い。このことは，

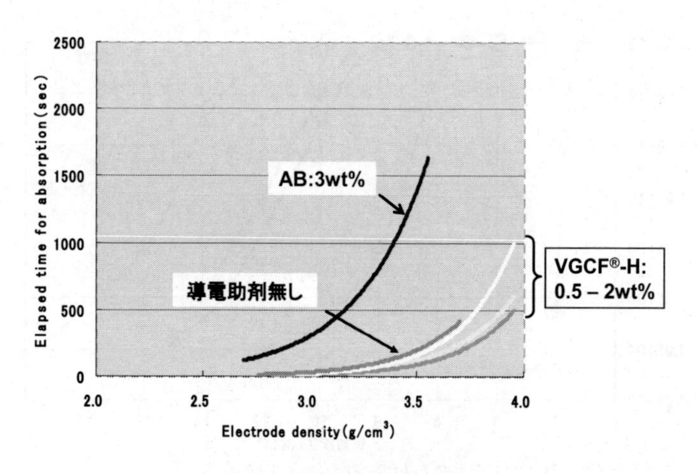

図4　電解液の吸液性改善

導電助剤としてVGCF®-Hを用いることにより，高容量化（高密度充填）が容易になることを示しているとともに，LIB生産時にセル容器への電解液注入時間を短縮することにより生産性を改善できることも示唆している。

さらに，電解液の吸収が容易であるということは電解液の均一分散が容易に出来ることでもあり，このことはサイクルを繰り返して行く内に発生する活物質内の電解液の液枯れによる容量低下を抑制する効果も期待出来，ここでもVGCF®-Hはサイクル特性改善に貢献すると考えられる。

4　樹脂複合材用途

4.1　導電性用途

不導体である樹脂に導電性を付与しようとの試みは古くから行われているが，金属系フィラーは重いこと，並びに酸化劣化の観点から，軽量且つ耐酸化性に優れるカーボン系フィラーが用いられることが多い。図5にマトリックス樹脂としてポリカーボネートを用いた時の各種カーボン系フィラーの添加量と表面抵抗の関係を示した。この図から粒状系フィラー（KB：ケッチェンブラック，カーボンブラック）よりも繊維状フィラー（CF：炭素繊維・繊維径≒7μm，VGCF®）の方が，また，同じ繊維状でも繊維径の細いものの方がより低添加量で導電性を付与出来ることが解る。帯電防止用途向けには表面抵抗が$10^6\,\Omega$/sq程度とされており，VGCF®-Xの場合は，僅か2wt％程度で良いということになり，このような低添加量においては，樹脂の流動性も良く，精密な射出成形も可能となる。さらに，CF等の太い剛直な繊維状物を用いる際，繊維の流れ方向への異方性が発生し成形体に歪が生じることが時々見られるが，VGCF®-Xの場合は異方性発現が少なく，樹脂単味の場合と同様の安定的な成形が容易である。図6にマトリックスにPA 6-6を用いた時の射出成形時の流れ方向（M）と流れに直角方向（T）の成形収縮率変化をCFとの比較で示した。

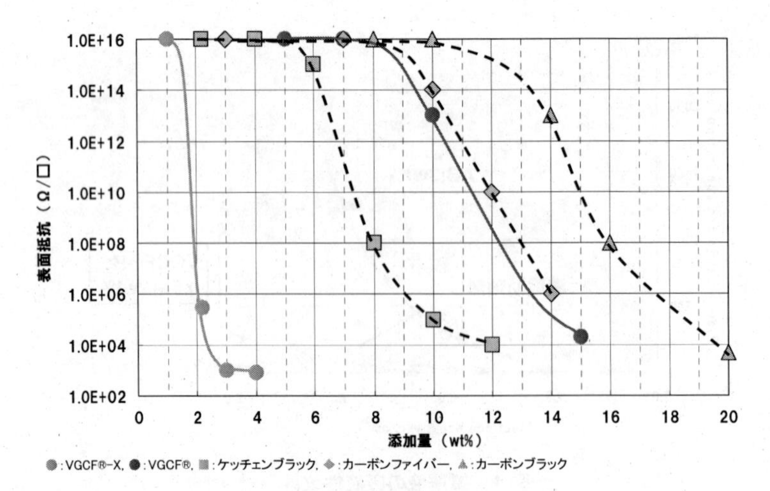

図5　カーボン系フィラーの導電性付与比較（マトリックス樹脂：PC）

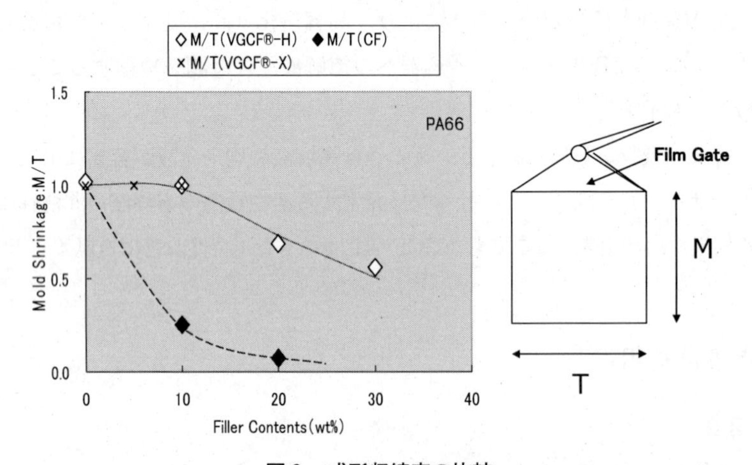

図6　成形収縮率の比較

VGCF®-Xは添加量10 wt%までは，M方向とT方向は同等であり，添加量が増えるに従って，M方向の成形収縮率が小さくなる。一方，CFの場合は10 wt%以下の添加でも大きな成形収縮率の異方性，すなわち，流れ方向に繊維が配向する傾向が認められる。このことはCFを用いた精密成形品の製造時には金型設計，製造時の温度条件設定等VGCF®-Xを使用する時に比べ困難さが予想される。

また，電子部品の搬送容器は，静電気対策だけでなく容器からのパーティクルの発生が少ないことが求められている。従来から導電性フィラーとして用いられている粒状のカーボンブラックに比べ，繊維状であるCNTを用いた場合圧倒的に粉落ちが少ない。これは，添加量そのものが少なくて済むこと，繊維状であるため樹脂と強固に接着出来，抜け落ち難いことが原因として考えられる。

4.2　軽量化

自動車用途では，主として燃費向上のために軽量化を目的として，金属の樹脂化の検討が種々行われおり，その一環で，CNTの持つ，強度，弾性，導電性，適当な電気抵抗の特性を利用して開発が種々進められている。各種ポリマーアロイを使用したフェンダー，ミラーハウジング，ドアハンドル等の静電塗装製品が挙げられる。従来は光沢，導電性のみ注目されていたが，界面制御技術が進み，大幅な強度，耐熱性UPが可能になりつつある。また，各種液体系分散塗料の開発も進んでおり，CNTを用いた場合透明性の特徴がでるため，白色ボディ向け等の導電性プライマ，さらに，透明導電性ヒーター（ガラスへの塗布），面状発熱体への応用が盛んである。欧州では，水分による劣化を防ぎ，且つ，軽量化を進める為，CNTと複合化した樹脂製の燃料チューブの開発が活発である（図7）。

さらに，アルミ/CNT複合材およびセラミックス/CNT複合材に関しても地道な研究開発が進められている。

4.3　その他

VGCF®-Hは，表1に示したとおり優れた熱伝導特性を有しており，各種電気製品の放熱部材への適用が進んでいる。例えば，図8には，放熱フィラーであるアルミナ粒子にVGCF®を複合化した複合放熱フィラーのSEM像を示す。図9には，VGCF®複合アルミナ粒子で作成した熱伝導性樹脂複合材料の熱伝導率と，通常のアルミナ粒子で作成した熱伝導性樹脂複合材料の熱伝導率の比率を示す。少量のVGCF®をアルミナ粒子に複合化するだけで，樹脂複合材料の熱伝導率がおよそ2倍になる。

また，CNTは黒鉛層面の表面（ベーサル面）が外部に出ているため，摺動特性にも優れている。高速で摺動する耐熱摺動部品として結晶性のポリエーテルエーテルケトン（PEEK），ポリフェニレンサルファイド（PPS），ポリアミド（PA）樹脂および炭素繊維（CF）とVGCF®-Hのハイブリッド複合材が検討されている。従来はCFのみで使用されていたが，熱伝導性の優れ

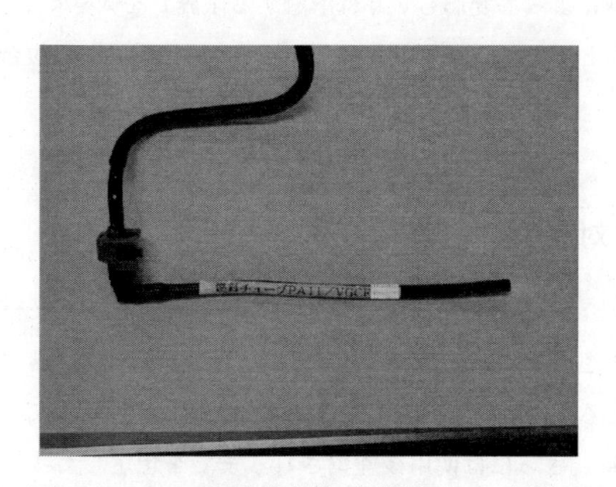

図7　PA 12/VGCF® 複合材での燃料チューブ試作品

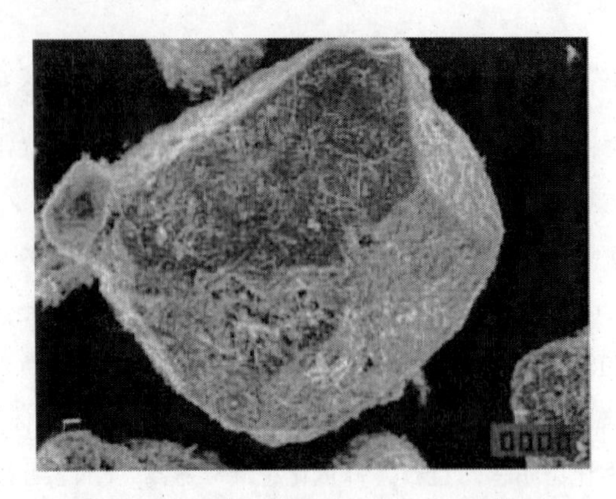

図8　VGCF® が複合されたアルミナ粒子

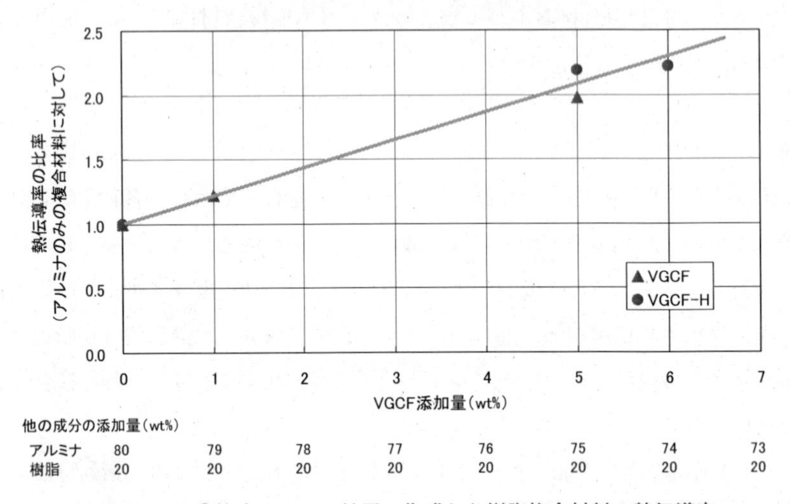

図9　VGCF® 複合アルミナ粒子で作成した樹脂複合材料の熱伝導率

たVGCF®-Hを追添することにより，摺動部での発熱を逃がすことができ，限界PV値（材料の摺動表面が摩擦発熱によって変形もしくは溶融する限界）を大きく上昇させることができる。その他，潤滑性添加剤としてオイルへの添加，また，金属摺動面への複合材コート等も検討が進められている。

5　ナノリスク対策

CNTを取り巻くひとつの話題として社会受容性があげられる。ナノ材料は革新的な材料として大きなポテンシャルを持っているが，一方で，ナノという未知の大きさが人類の健康や環境へどのように影響を与えるかについては限定的な情報しか無いのが現状である。ナノ材料については製造時または使用時，さらには使用後廃棄されるまでを想定した『リスク』（有害性×暴露）を評価することが必要である。暴露，有害性，それぞれ世界的に共通な視点に立てる評価技術の開発も必要である。有害性と暴露の積で評価されたリスクに加え，トータルでのリスクマネジメントを行うためには，材料メーカーとユーザー間のリスクコミュニケーションも非常に重要である。

日本では，2009年3月に厚生労働省の二局，経済産業省，環境省の都合三省四局から通達や報告書，ガイドラインが予防的な対策の視点から出されている。特に環境的な側面からクローズドシステム，局所あるいは全体換気システムの導入，保護具の選定方法と教育の重要性などが示されている。当社は，製造工程において，これらを遵守し，お客様とのリスクコミュニケーションでは，例として利用させていただいている。

また，当社では，『VGCF®』のお客様でのご検討を産業用途に限定させて頂くなど自社でのポリシーを決め運用を進めている。

文　　　献

1）須藤，外輪，松村，武内，第44回電池討論会要旨集，3C13，402（2003）
2）外輪，須藤，武内，第71回電気化学会大会講演要旨集，240（2004）
3）長尾，森田，武内，プラスチックスエージ，**50**，88（2004）
4）長尾，機能材料，**25**，49（2005）
5）武内，田中，電池技術，**17**，85（2005）
6）長尾，*NEW DIAMIND*，**21**，28（2005）
7）M. Takeuchi, M. Dontigny, A. Sudoh, M. Petitclerc, C. Sotowa, K. Zaghib, 210th Meeting of The Electrochemical Society, 205（2006）
8）外輪，須藤，武内，第48回電池討論会要旨集，256（2007）
9）西村，ナノカーボンハンドブック，㈱エヌ・ティ・エス，295（2007）
10）外輪，須藤，武内，第48回電池討論会要旨集，82（2007）
11）西村，最新 導電性材料 技術大全集【下巻】，㈱技術情報協会，5（2007）
12）C. Sotowa, M. Takeuchi, Carbon 2008要旨集，292（2008）

第3章　機能性フレキシブルガラス

平尾一之*

1　はじめに

機能性ガラスを総称した「ニューガラス」分野で強みを発揮する日本のガラス産業は，光学ガラスは50％，ディスプレー用ガラスで70％，マイクロレンズ，石英ガラスは各80％，特に磁気ディスク用ガラスに至ってはほぼ100％と，軒並み高シェアを有する。今後，来るべき光情報時代には，主戦場となるガラス材料開発の場に，各国のガラス産業が攻勢をかけてくることが予想される。そのような背景の下，「強い材料をもっと強く」というコンセプトで日本の総力を結集したのが「ナノガラスプロジェクト」である。

ガラスの微細構造をナノレベルで制御し，これまでになかった新規な機能ガラスを創出しようとする「ナノガラス」の研究開発は，その研究成果が実用化につながり始めている。その基盤技術をもとに企業各社がナノガラス主体の製品の実用化，あるいは従来のガラスにナノテクノロジーを付加した製品の事業化に向かって走り出している。ナノガラス応用製品の潜在需要は，軽くて強度を高めた大面積薄型ディスプレーと大幅に記憶容量を増やした光ディスクの合計だけで10年後には1,000億を越えるとの予想もあり，ガラス産業界の期待が膨らんでいる。

さらに，無機のガラスマトリックス中にナノレベルで有機材料をハイブリッド化したり，異質相を導入してガラス材料のもつ透光性・耐熱性・耐薬品性を保ちつつ新たな機能を発現させようという機能性フレキシブルガラスが注目を集めている。

そこで本章では，有機—無機ハイブリッド技術を用いたフレキシブルナノガラス膜を中心に紹介することとする。

2　有機—無機ハイブリッド技術

有機—無機ハイブリッド技術を用いたプロトン導電膜の開発や気体分離膜，フレキシブルディスプレーは，代表的な応用例で実用化が期待されている。

2.1　プロトン導電膜

プロトン導電膜とは，水素イオン（プロトン）のみを透過させる膜のことで，水素をエネルギーとした燃料電池の場合，水素からプロトンと電子を分離して電気を発生させるが，プロトンは導

*　Kazuyuki Hirao　京都大学　工学研究科　材料化学専攻　教授

電膜を通過後，酸素と反応させ水として回収する。その反応がおこるもう一方の電極へプロトンをいかに効率良く伝導させるかが，発電効率を左右することになる。

従来のプロトン導電膜は，有機材料を骨格としていたため，耐熱温度は80℃を限界としていたが，ナノガラスプロジェクトでは無機ポリマーであるガラス（SiO_2）と導電性有機ポリマーを分子レベルでハイブリッド化したプロトン導電膜を開発した。ガラスを骨格としたこの導電膜の場合，耐熱温度は120℃にまで高められる。

図1(a)～(c)に示すように具体的には，直径4 nmの細孔を持つ多孔質ガラス表面のOH基にメルカプトプロピルトリメトキシシランのシランカップリング剤を反応させ，その後にメルカプ

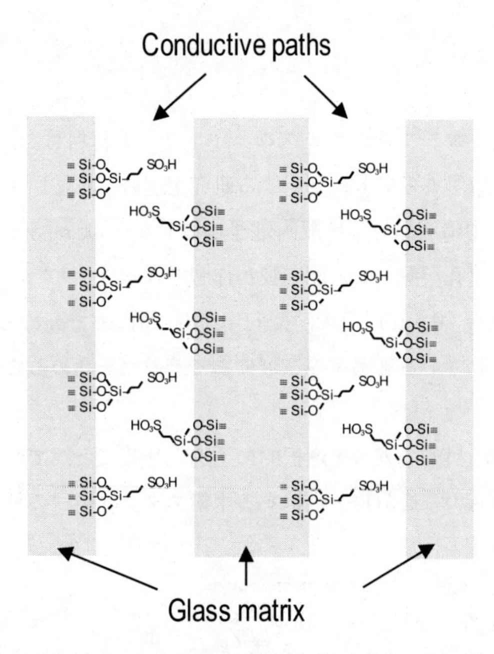

図1　(a)　Conceptual diagram of organic-inorganic hybrid membrane with high proton conductivity

図1　(b)　Organic-inorganic hybrid

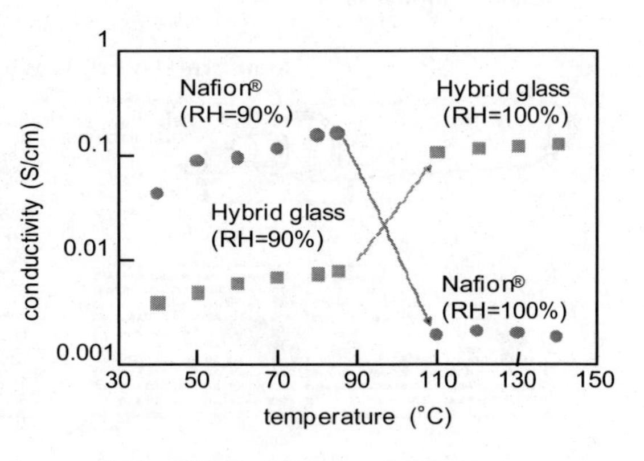

図1　(c)　Conductivity of membranes

ト基の-SHを酸化することにより細孔表面にプロトン導電性を持ったスルホン酸基を導入する表面改質を用いた膜を作製した。多孔質ガラスの製法は，ホウケイ酸塩ガラスをSiO_2主体の相と，B_2O_3主体の相に分離し，酸の中に入れてB_2O_3を溶解させることでガラス中に多孔質を形成する。熱処理温度や時間により，最小1 nmまで孔径は制御できるが，さらに孔（導電パス）を一方向に並べた配向性を有する膜の製法技術開発が求められる。導電パスを配向させる技術としては，物理的に加圧して押し出すことで，押し出し方向に分子は揃うが，配向率は現在10数%にとどまっている。将来的には50 %の配向性を目標としている産総研関西センターでは，このプロトン導電膜を使って，最終製品となる高温作動の燃料電池までの組み立ても現在行っている。

2.2　気体分離膜

有機ポリマーと無機ポリマーであるガラスのハイブリッド材料は，プロトン導電膜のほかに，気孔配向ガラスとして「分子ふるい」に利用する研究が進められている（図2）。

ガラスのゾルゲル溶液中に液晶分子を配向処理した上で，600～800℃で焼成して液晶分子を除去すると，膜厚方向に気孔が配向した配向膜が作製できる。

プロジェクトでは気孔径20 nm以下で，配向率を50 %にまで高めることを目標としてきた。これにより，現在確認されている透過率の2倍にまで透過比を高めることができると予想している。

孔径を制御することで，目的のガスを選択的に透過させることができる。次世代エネルギー源として期待される水素ガスのみを分離・供給する水素スタンド用途のほか，空気中から炭酸ガス

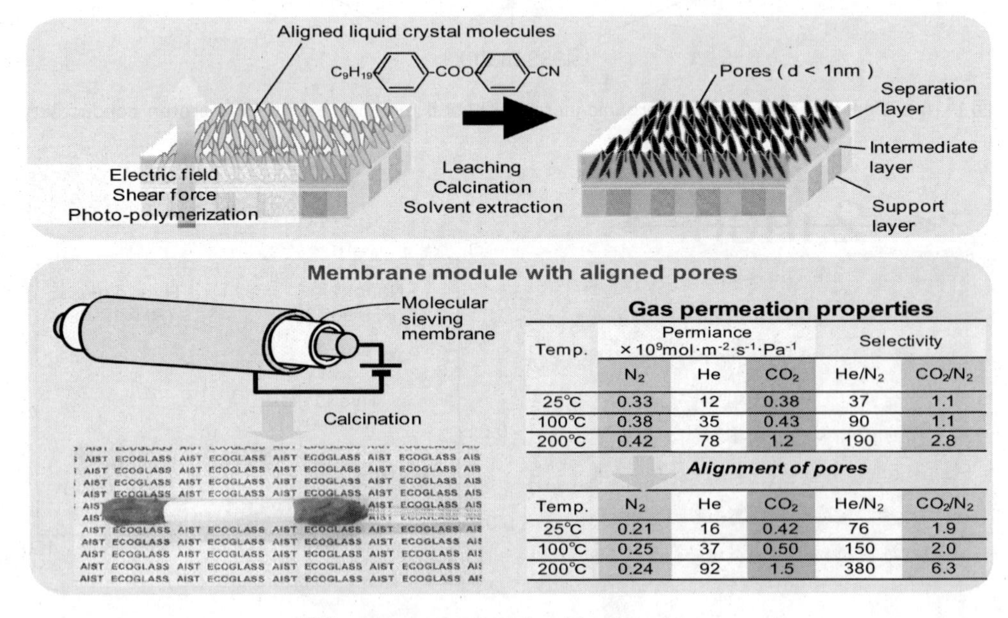

Temp.	Permiance ×10⁹mol·m⁻²·s⁻¹·Pa⁻¹			Selectivity	
	N_2	He	CO_2	He/N_2	CO_2/N_2
25℃	0.33	12	0.38	37	1.1
100℃	0.38	35	0.43	90	1.1
200℃	0.42	78	1.2	190	2.8

Temp.	N_2	He	CO_2	He/N_2	CO_2/N_2
25℃	0.21	16	0.42	76	1.9
100℃	0.25	37	0.50	150	2.0
200℃	0.24	92	1.5	380	6.3

図2　Membrane module with aligned pores

のみを除去するなどの「分子ふるい」として利用が期待されている。これには，長期信頼性と大面積化によるスループットの向上が実用化への鍵となる。今後は，気孔配向率と相反する関係にある分離精度をよくする必要もある。

2.3　表示用フレキシブルディスプレーガラス

ナノガラスの応用分野は，このほかにも例えば表示技術では将来の薄型フレキシブルテレビとしての高強度ガラスやガラス蛍光体などがあり，幅広い分野にわたって研究開発が進められている。本来，ガラスとは通常の100～200倍に強度を持つ物質であり，メタル並の強さを有するという。しかし，ガラス表面（<30μm）に数nm～100nm程度の微小な傷（マイクロクラック）があるため，この本来強度を発揮できていない。このマイクロクラックは，ガラス製造においては避けられないものであるため，ガラスの強度を上げるには，このクラックを伝播させないことが重要となる。

従来の強化ガラスの場合，予め表面に圧縮力を加えることでクラック伝播を防ぐ。具体的には700～800℃で製造後に急冷し圧縮するほか，ガラス表面に含まれているイオンをさらに原子半径が大きいイオンへ置換し圧縮する，などの手法がとられている。しかし，この技術は薄いフレキシブルガラスには適用できない。これに対しプロジェクトが進めるのは，フェムト秒レーザー照射で異質相形成を利用した高強度化である。ガラスの任意の部分へ集光し，多光子吸収過程によってガラスの局所組成を変えることで，大きさ数nm～数十nmの異質相を形成し，その異質相を障害物としてクラック伝播を止め，ガラス強度を向上させようというものである（図3）。相対強度は1.5倍に向上させることが確認されている。ガラスを透明のまま室温で，部分的・選

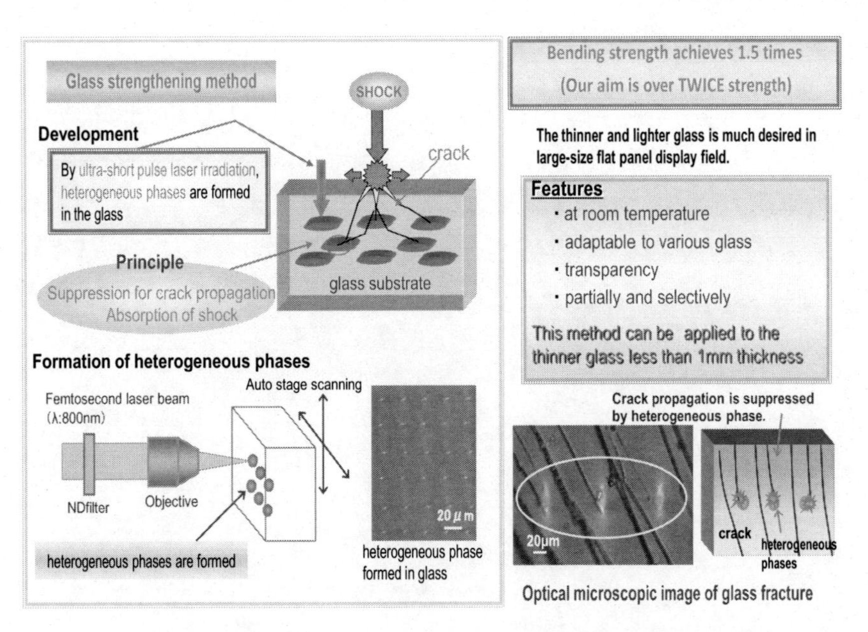

図3　Strengthening of Glass using a Femtosecond Laser

択的に構造設計が可能になる。強度向上は，軽薄短小化を可能にし，省エネ，省資源化にも貢献する。最近，日本電気硝子株式会社は，リボン状になった薄さ5～50μmのガラス<ガラスリボン>の開発に成功した。このガラスリボンは非常に薄いため，樹脂フィルムのように曲げたり，巻いたりすることが可能でガラス表面は無研磨にもかかわらず，非常に平滑である。このガラスリボンの特徴は，両側面の端部（両端）が丸みを帯びているため，曲げやねじりに強い。このガラスにレーザー照射をさらに行い，異質相を析出させると多くの機能が発現すると考えられる。

3　おわりに

ナノガラスの応用分野は，このほかにも例えば有機太陽電池やシースルー太陽電池など，幅広い分野にわたって研究開発が進められている。本章では，誌面の都合で一部しか紹介できなかったが，詳しくは「機能性ナノガラス技術と応用」（シーエムシー出版，2003年）を参照していただきたい。

文　　献

1）平尾一之，田中修平，西井準治監修，機能性ナノガラス技術と応用，シーエムシー出版 (2009)

第4章　金属ガラスナノワイヤー

中山幸仁*

1　金属ガラスナノワイヤーの発見[1)]

はじめに，バルク金属ガラスの基本特性や応用開発についてはすでに優れた解説があるのでこちらを参照していただきたい[2~5)]。一般的にアモルファス合金は通常の金属で見られる転位や結晶粒界がなく，変形応力に対して最大剪断応力面に沿って変形が進行するため，ランダムに配列した原子結合を剪断によって切断しなければならず，その強度は理論値限界に近い超高強度を示す[6)]。また，弾性変形領域においてもランダムな構造には原子間に隙間が存在するので，荷重に対する応力回復が起こりやすく高い弾性限界を示す。これらの優良な機械的特性は，精密機械やマイクロマシン部品の構造部材として着目されており，その実用化が近年急速に進みつつあるが，このような超高強度・高弾性を持ち合わせる優れた機械的特性は，ナノテクノロジー研究分野においても魅力的な材料である。

これまでナノテクノロジー研究分野においては，カーボンナノチューブや半導体・金属ナノワイヤーなどの一次元ナノ構造に関する数多くの優れた研究成果が報告されているが，これらは全て結晶質材料から構成されてきた。一般に結晶質材料では，たとえナノサイズであっても転位，点欠陥，双晶，結晶粒界などの様々な欠陥サイトが存在するので，こうしたサイトに応力集中が起これば破壊の起点と成り得る。

例えば，カーボンナノチューブの引張強度は理論計算値（>100 GPa）と実験値（28 GPa）に大きな相違があり，実際のCNT破断には欠陥サイトが関与していることが透過電子顕微鏡（TEM）の観測によって明らかにされており，今後CNTを用いたナノデバイス開発には欠陥密度を低減する化学気相成長中の精製過程がカギであることが指摘されている[7)]。また，バルクと比較すると表面は言わば欠陥の一種であり，構造がナノサイズになれば表面効果が無視できなくなってくる。

金属ガラスを用いてナノ構造を創造することができれば，結晶質材料では本質的な転位欠陥や結晶粒界が存在しないので，局所的な欠陥サイトに左右されない優れた機械的特性をナノスケールで発揮できる可能性がある。また，結晶粒サイズにより制限を受けてきたナノワイヤーの成長長さの問題も解消することが見込まれ，ナノテクノロジーの実用化に向けた重要なステップと成り得る。

一般的に引張試験や圧縮試験では応力-ひずみ曲線が測定され，弾性変形領域ではヤング率が，

---

*　Koji S. Nakayama　東北大学　原子分子材料科学高等研究機構　准教授

塑性変形領域では降伏強さなどの機械的特性の評価が行われている。図1は円柱状の試料に対する圧縮試験の概略図である。アモルファス材料では転位のすべりや増殖はないので降伏点に近づき弾性限界を越えてくると，その荷重軸に対して約45度の角度において多数の剪断帯が発生し，最終的には剪断破壊を引き起こす。近年，ケンブリッジ大のGreerらによって金属ガラスの剪断破壊における昇温過程が詳細に解析され，数百ナノ秒程度という瞬時に剪断帯において断熱的な加熱が生じることが報告されている[8]。この温度上昇は，圧縮試験で蓄積される歪エネルギーが熱として放出された結果であるが，狭い剪断帯における加熱は，ガラス質材料の特徴である粘性流動変形，即ち「ガラス細工」が可能になる。これはガラス転移温度（T_g）以上の加熱で指数関数的に粘性が減少することに起因している[9]。従って，図1(a)のように破断が起こる直前には剪断帯に薄い過冷却液体層が形成され，その低粘度の液層中にはナノ〜ミクロサイズの空隙ができる。最終的に，図1(b)のように試料が破断すると液層も分離されるので，破断する面間において図1(c)のような局所的に液体架橋（メニスカス）が形成され，これが伸展することによりナノワイヤーが生成される。メニスカスが一次元的な伸展であることと比べ，二次元的な壁が伸展すると，図1(d)のように破断して先端が丸くなりチューブ状の構造が得られる。何れの場合も破断後には瞬時にT_g以下に冷却されて凝固するので，生成されたナノ構造は破断面上に保持されることになる。

図2(a)は円柱状のバルクZr基金属ガラスの圧縮試験後の破断表面の走査電子顕微鏡（SEM）像であり，表面にはミクロンスケールの波状構造が出現していることが判る。この波状構造は，静脈状（ベイン）パターンと呼ばれ，既に1970年代からアモルファス合金の破断面に現れる典型的なパターンとして知られていた[10,11]。更に，この破断表面を詳細に観察してみると，ベインパターンの他に矢印で示す箇所にナノワイヤーが存在していることが判る。図2(b)はSEM像で，約12μmの長さを持つナノワイヤーを示し，破断面上のステップを横切っている様子を示している。図2(c)は2つの小球が接触した後に引き伸ばされた結果，その合間にナノワイヤー（直径100 nm）が形成されたものと思われる。ワイヤ形状の他には，図2(d)に見られるような

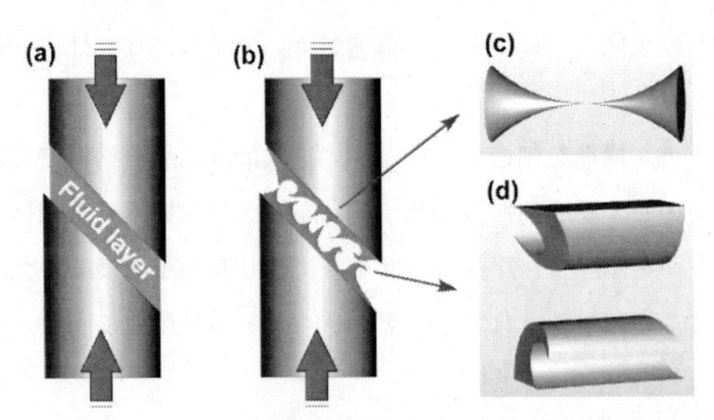

図1　圧縮試験の概略図[1]

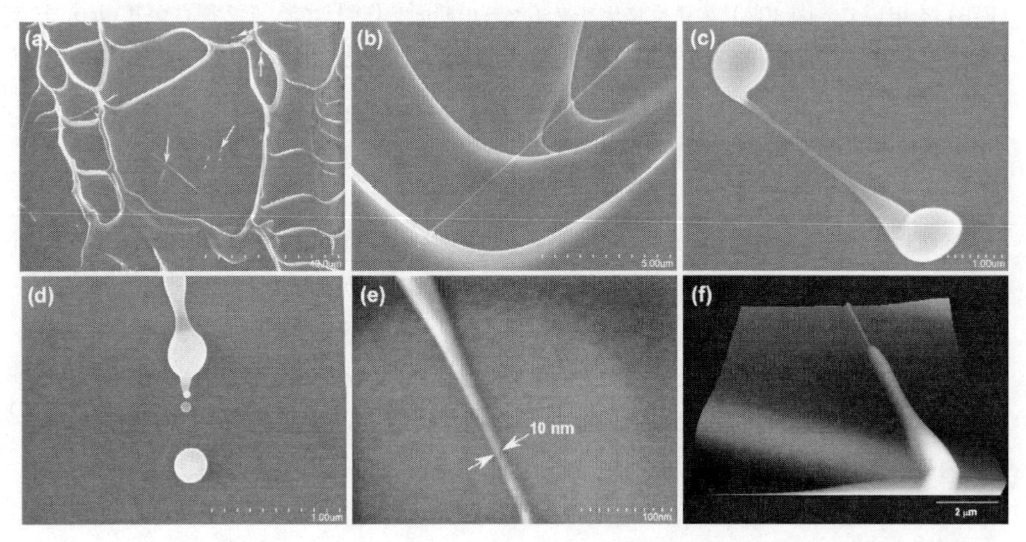

図2　金属ガラス破断面のSEM，AFM像[1)]

小球（直径はそれぞれ80 nmと250 nm）が多く観測されている。図2(e)は，今回の観測で得られた最小直径（10 nm）のナノワイヤーのSEM像である。更に，図2(f)は原子間力顕微鏡（AFM）像を示しており，実際に丸いワイヤ形状の構造であることが確認できる。

こうした高分解能SEM像やAFM像から，ナノワイヤーが原子レベルの滑らかな表面を持つことを示しており，これは圧縮試験による剪断破壊後にもかかわらず結晶化せずにアモルファス相が維持されていることを示唆している。また図3はエネルギー分散型X線分析結果を示し，合金組成はオリジナルのものと一致している。更に詳細な構造を求めるため，集束イオンビーム

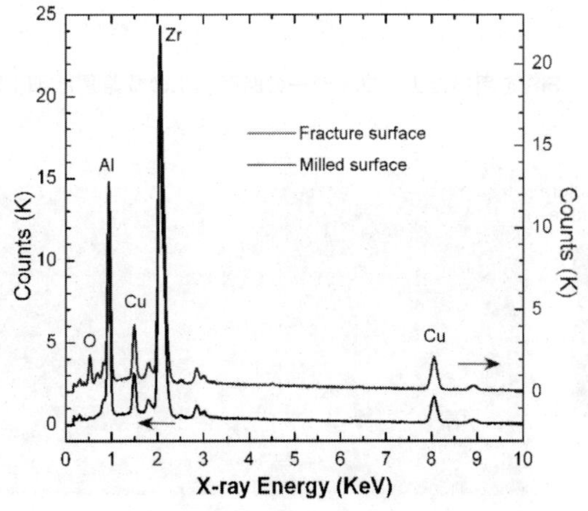

図3　EDX分析結果[1)]

(FIB) を用いて，図4(a) のようにナノワイヤーの断面を作製して，その厚さが0.1μmまで薄片化した後，透過電子顕微鏡 (TEM) を用いて観測を行った。図4(b) はナノワイヤー断面 (直径250nm) に対する200KeVの明視野TEM像である。右上の挿入図はこのナノワイヤーの中心部付近から得られた電子線回折像で，リング状に拡散したパターンからナノワイヤーはアモルファスで構成されていることが判る。

図5(a) は破断面を斜め方向からArイオンミリングを行う概略図であり，破断面の前部にTiプレートを覆い被せることで破断面を斜めにスライスすることが可能で，その下地にある構造を観測することに成功した。図5(b) の左側はミリングされた平坦な表面であるが，右側にはベインパターンが確認できる。SEM像の中心部分にはベインの尾根部分が切断された結果，その尾根はチューブ構造であることが確認できる。図5(c) はその部分を拡大したSEM像で，チューブの内径が350nm程度である。

こうした破断面上の新発見は，金属ガラスの優れた機械的特性がナノスケールにおいて活用できる可能生を示し，アモルファス構造から構成される金属合金組成のナノワイヤーの長尺化が可能であることも示唆している。ところがバルク金属ガラスの破壊過程中に生成されるナノ構造は，その破壊が瞬時に起こるため形状をコントロールすることは容易ではなく，また通常の機械試験

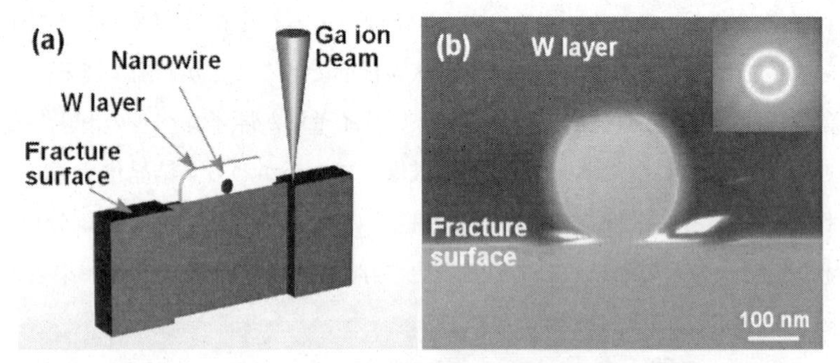

図4　FIBを用いたナノワイヤーの断面加工の概略図とTEM像[1)]

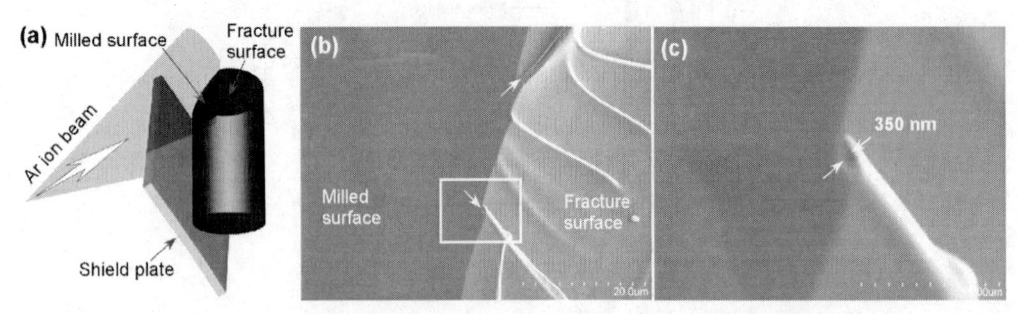

図5　Arイオンを用いた斜めミリングの概略図とナノチューブ形状のSEM像[1)]

は大気中で行われるためナノワイヤーの表面酸化は避けられない。次節ではこうした問題を克服することにより，ナノワイヤーの作製に成功した例を紹介し，またその機械的特性評価の実例を挙げる。

2　金属ガラスナノワイヤーの作製[12)]

バルク金属ガラスの破壊過程においてナノワイヤーが生成される要点は，①局所的にガラス転移温度以上に加熱すること。②粘性が低下すれば，均一な引張荷重を加えることにより粘性流動加工（超塑性加工）か容易であること。③表面酸化を抑えるため加工時の真空環境の必要性。④加工後の急速冷却の4点である。図6は，これらの条件を考慮したナノワイヤーの作製法の概略図である。ここではリボン形状の金属ガラス試料を用いて，その下端に重りを固定し荷重を加え，真空中において加熱された熱フィラメントにより局所的にリボンを加熱する（図6(b)）。この接触による熱伝達によってガラス転移温度以上へ加熱されると粘性低下が生じ液体架橋が形成され（図6(c)），引張荷重から伸長したナノワイヤーを生成できる。リボン下端は自由落下して熱フィラメントから瞬時に切り離され急速冷却されるのでアモルファス相の維持が可能になる。

この熱フィラメント接触法は原理的に非常に簡便であるが長尺なナノワイヤーの作製が可能となっており，図7(a)は，この手法によって作製された直径が150 nmのZr基金属ガラスナノワイヤーの先端付近のTEM像である。ナノワイヤーの表面には結晶粒界やボイドなどの発生がないことが判る。図7(b)は，ナノワイヤー表面付近の高分解能TEM像であり，迷路のようなランダム原子構造が確認できる。挿入図は電子回折像でリング形状のハローパターンを示し，ナノワイヤーがアモルファス相で構成されていることを実証している。

図7(c)は，Pd基金属ガラスへ適用した場合のSEM像で，ナノワイヤー先端の直径は40 nmである。これはこの手法によって作製された中で最小の直径を持つワイヤである。図7(d)は，最も長尺なナノワイヤーを4枚のSEM像から合成することにより全体像を示している。図の左

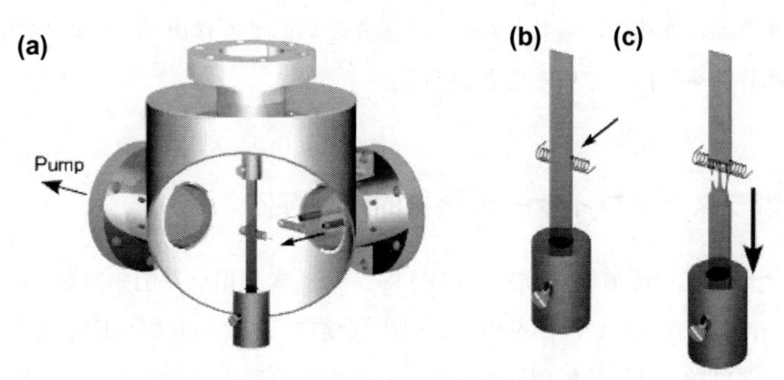

図6　熱フィラメント接触法によるナノワイヤーの作製[12)]

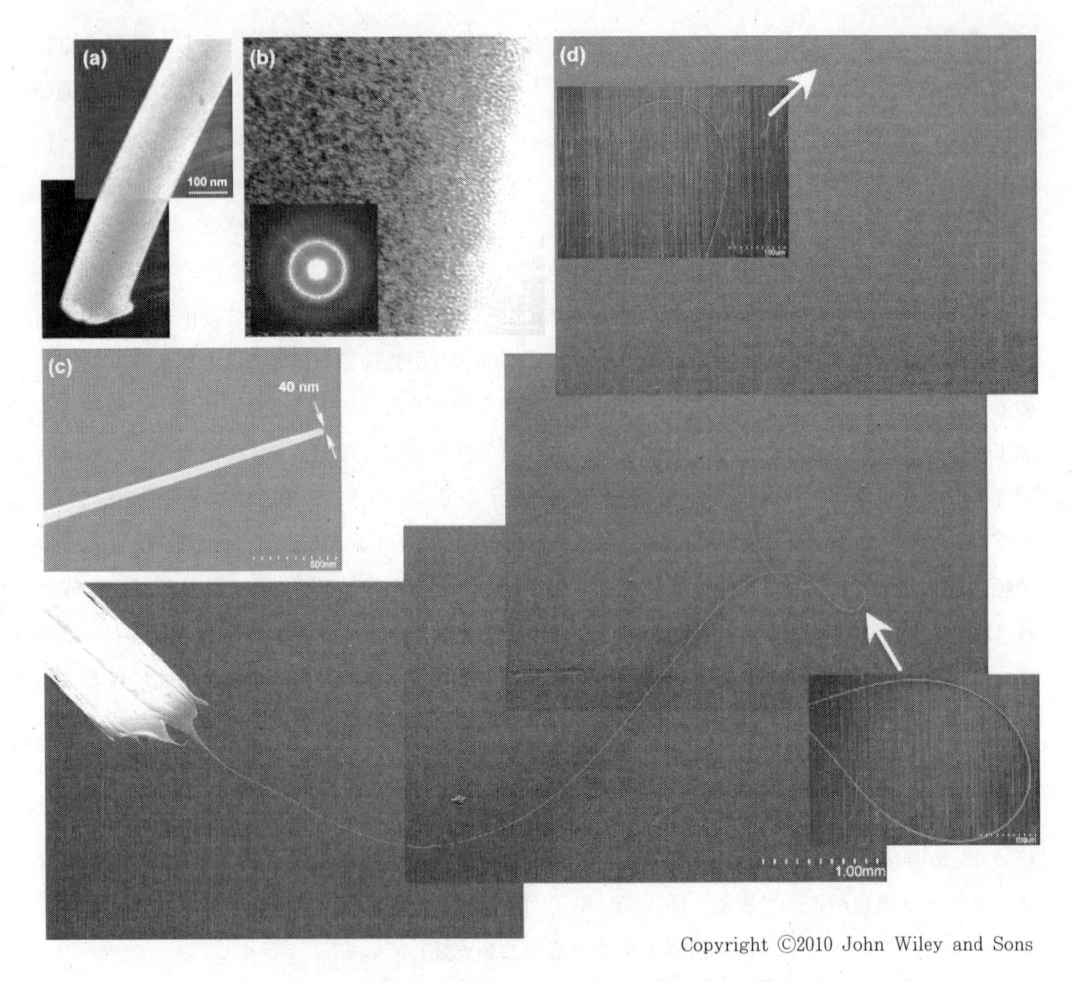

図7　金属ガラスナノワイヤーのTEM像とSEM像[12]

下のリボン（幅0.8 mm）先端から右上のナノワイヤー先端までの全長は1.3 cm程あり，このナノワイヤーはリボンと一緒に持ち運びが可能である。右下にあるワイヤのねじり構造は，ナノワイヤーを移動する際に偶然に作られたものであるが，破断せずに復元することからナノワイヤーが超高強度，高弾性を保持していることが判る。

3　金属ガラスナノワイヤーの機械的特性評価

これまでにナノ構造の機械的試験は，MEMSデバイスを用いた引張試験[7]，AFMを用いた曲げ試験[13~15]，AFMカンチレバーを用いた引張試験[16~18]，接触共振AFM法[19]，FIB加工と複合した圧縮・引張試験[20~23]，共振周波数測定から弾性率の導出法[24~26]，などの報告がある。以下に共振周波数測定から弾性率を求める方法を紹介する。

1996年にTreacyらはTEM観測中に熱振動するカーボンナノチューブに対して共振周波数を

求め，1TPa という極めて高いヤング率を求めた[24]。交流電界を印加することによりカーボンナノチューブ[25]や，ZnO ナノワイヤー[26]を発振させて共振周波数を求め，これらの直径に依存したヤング率の変化が求められている。また，NEMS デバイスにおける発振器や超高分解能質量分析器への応用を視野に入れた Si カンチレバー[27]や，Au/Rh 金属ナノワイヤー[28]の詳細な共振周波数の解析が行われ Q 値やヤング率も報告されている。何れの測定法においても，ナノワイヤーの一端を固定して他端が自由振動する片持ち梁構造を構成することにより，式(1)の Euler-Bernoulli 式を基本方程式として，円形の断面を持つ片持ち梁について解くことによりヤング率，E_n が求められる。

$$E_n = \rho\left(\frac{8\pi}{a_n^2}\frac{L^2}{D}f_n\right)^2 \tag{1}$$

ここでワイヤ直径 D，ワイヤ長さ L，密度 ρ，共振周波数 f_n，高次振動モード数 n，定数 a_n とする。ただし $a_1=1.875$, $a_2=4.694$, $a_3=7.855$, $a_4=10.966$, $a_5=14.136$ ...である。

金属ガラスナノワイヤーの共振周波数は，光センサーを用いてピコメートルの高精度な振動速度変位に対応した周波数測定が可能なレーザードップラー振動計システム（Polytec 社製・MSA-500）を用いて求めた[12]。図 8 (a) は実際の片持ち梁状に固定されたナノワイヤーの SEM 像であり，リボン先端にあるナノワイヤーを FIB を用いて切り出し，Si 基板の端に対して直角に固定した。ナノワイヤーの固定には $W(CO)_6$ ガスを導入中に目的とする箇所に Ga イオンビームを照射し，その照射位置でナノワイヤーが固定されるよう調整した。ここでは Ga 照射に伴うナノワイヤーへの損傷が最小になるよう留意し，固定には細心の注意を払った。図 8 (b) はレーザードップラー振動計と片持ち梁状のナノワイヤーの概略図を示す

図 9 (a) は直径 590 nm，長さ 106 μm の Pd 基金属ガラスナノワイヤーの振動スペクトルを示す。矢印は共振振動ピークの位置を示し，高次振動が 5 次まで存在することを明らかにしている。図 9 (b) の黒丸点は，各々の直径の異なるナノワイヤーの共振周波数から求めたヤング率

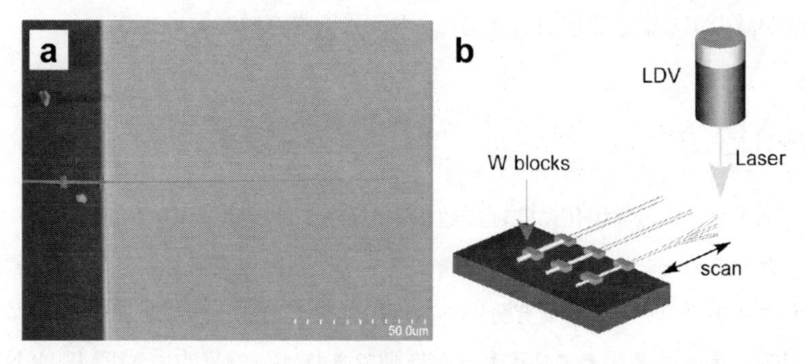

図 8　片持ち梁ナノワイヤーの SEM 像とレーザードップラー振動計による振動測定の概略図[12]

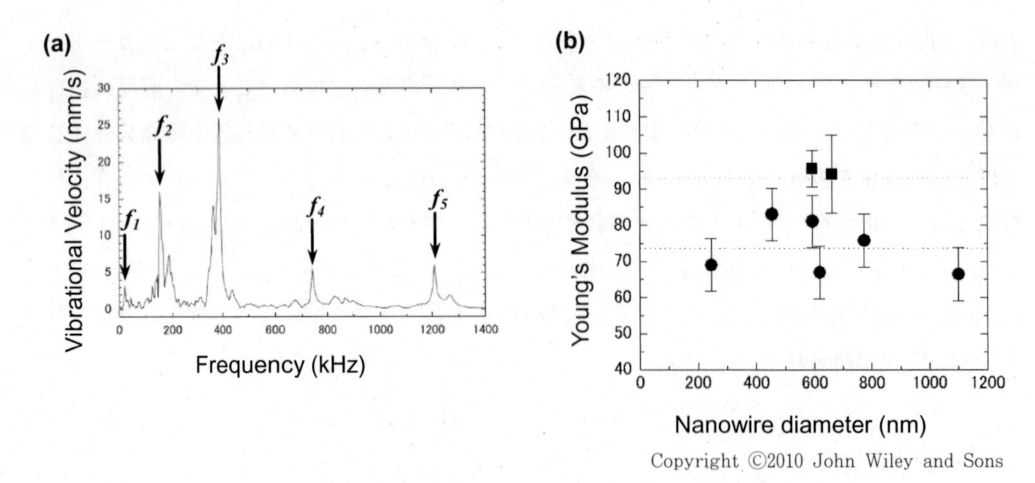

図9　振動スペクトルとナノワイヤーのヤング率[12)]

を示す。ナノワイヤーの直径は250〜1100 nmの範囲であるが特に際だった直径に依存したヤング率変化の傾向は見られない。従って，ナノワイヤーのヤング率の平均は73.7±7.3 GPaと求められる。ところが，これはバルクPd基金属ガラスの圧縮機械試験から得られたヤング率と比較して約30%も低い値となっている。

このナノワイヤー化によってヤング率が低下した原因は，ナノワイヤーに特徴的なアモルファス相が存在することを示している。一般的にアモルファス構造は液相から固相へと転移する際に急冷凝固された結果であるが，バルクのような大きな試料サイズの場合，その凝固速度は比較的遅く原子間の緩和が許されるため最密構造を取るべく構造緩和が起きる。これと比較してナノワイヤーの場合，そのナノサイズの所以，熱容量が小さく冷却速度は極端に速い。従って，ナノワイヤーには，バルクのものと比べ更に過剰な自由体積が含有していることが予想される。そこで，極端な構造変化が起こらないガラス転移温度以下の温度で長時間ナノワイヤーを加熱して，これに対して共振周波数を求めヤング率を算出した。図9(b)の黒四角点はその結果で，これらはバルクのヤング率とほぼ一致していることが確認できる。この結果は，加熱によってナノワイヤー内の自由体積が減少する構造緩和が引き起こされたことを意味している。

4　おわりに

これまでに金属ガラスの実用化に向けて数多くの合金組成が世界中の研究グループで探索されてきており，センチメートル級のバルク金属ガラスの作製にも成功し大きな成果を挙げてきている。一方，金属ガラスのナノテク研究分野への応用はまだ始まったばかりであり，本稿で採り上げた比較的単純な手法によりナノワイヤーが作製できれば，将来的にMEMSやNEMSの構造部材のみならず，金属ガラスの水素透過，軟磁性，触媒など様々な機能性を持つナノワイヤーを作製できる可能性があり，ナノテクノロジー分野での活用が大いに期待できる。

文　献

1）K. S. Nakayama, Y. Yokoyama, G. Xie, Q. S. Zhang, M. W. Chen, T. Sakurai and A. Inoue, *Nano. Lett.*, **8**, 516-519 (2008)
2）バルク金属ガラスの材料科学と工学, 井上明久監修, シーエムシー出版 (2008)
3）A. L. Greer, *Science*, **267**, 1947-1953 (1995)
4）A. Inoue, *Acta. Mater.*, **48**, 279-306 (2000)
5）A. L. Greer and E. Ma, *MRS Bull.*, **32**, 611-619 (2007)
6）M. F. Ashby and A. L. Greer, *Scripta Mater.*, **54**, 321-326 (2006)
7）B. Peng, M. Locascio, P. Zapol, S. Li, S. L. Mielke, G. C. Schatz and H. D. Espinoa, *Nature Nanotechnol.*, **3**, 626-631 (2008)
8）J. J. Lewandowski and A. L. Greer, *Nature Mater.*, **5**, 15 (2006)
9）C. A. Angell, *Science*, **267**, 1924-1935 (1995)
10）C. A. Pampillo, *J. Mater. Sci.*, **10**, 1194-1227 (1975)
11）F. Spaepen, *Acta. Mater.*, **23**, 615-621 (1975)
12）K. S. Nakayama, Y. Yokoyama, T. Ono, M. W. Chen, K. Akiyama, T. Sakurai and A. Inoue, *Advanced Materials*, **22**, 372-375 (2010)
13）E. W. Wong, P. E. Sheehan and C. M. Lieber, *Science*, **277**, 1971-1975 (1997)
14）Q. Xiong, N. Duarte, S. Tadigadapa and P. C. Eklund, *Nano Lett.*, **6**, 1904-1909 (2006)
15）L. T. Ngo *et al*. *Nano. Lett.*, **6**, 2964-2968 (2006)
16）M-.F. Yu, O. Lourie, M. J. Dyer, K. Moloni, T. F. Kelly and R. S. Ruoff, *Science*, **287**, 637-640 (2000)
17）I. K. Ashiri *et al*. *PNAS*, **103**, 523-528 (2006)
18）Y. Zhu, F. Xu, Q. Qin, W. Y. Fung and W. Lu, *Nano Lett.*, **9**, 3934-3939 (2009)
19）G. Stan, S. Krylyuk, A. V. Davydov, M. Vaudin, L. A. Bendersky and R. F. Cook, *Appl. Phys. Lett.*, **92**, 241908 (2008)
20）H. Guo, P. F. Yan, T. B. Wang, J. Tan, Z. F. Zhang, M. L. Sui and E. Ma, *Nature Mater.*, **6**, 735-739 (2007)
21）C. J. Lee, J. C. Huang and T. G. Nieh, *Appl. Phys. Lett.*, **91**, 161913 (2008)
22）C. A. Volkert, A. Donohue and F. Spaepen, *J. Appl. Phys.*, **103**, 083539 (2008)
23）D. Jang and J. R. Greer, *Nature Mater.*, **9**, 215-219 (2010)
24）M. M. J. Treacy, T. W. Ebbesen and J. M. Gibson, *Nature*, **381**, 678-680 (1996)
25）P. Poncharal, Z. L. Wang, D. Ugarte and W. A. de Heer, *Science*, **283**, 1513-1516 (1999)
26）C. Q. Chen, Y. Shi, Y. S. Zhang, J. Zhu and Y. J. Yan, *Phys. Rev. Lett.*, **96**, 075505 (2006)
27）X. Li, T. Ono, Y. Wang and M. Esashi, *Appl. Phys. Lett.*, **83**, 3081-3083 (2003)
28）M. Li, T. S. Mayer, J. A. Sioss, C. D. Keating and R. B. Bhiladvala, *Nano. Lett.*, **7**, 3281-3284 (2007)

第5章　金属ナノワイヤー

下間靖彦*

1　はじめに

ナノスケールの材料におけるサイズや形状は，その電気特性，熱特性，光学特性，磁気特性などあらゆる物理的・化学的な機能を制御する上で極めて重要である[1]。これまで種々の金属や半導体からなるナノ粒子が合成され，量子サイズ効果に基づいた新規材料物性の発現だけでなく，バイオイメージングなどの医療分野をはじめとして，触媒などの環境分野で実際に応用され始めている[2]。現在，様々な形状のナノ粒子がボトムアップ的手法で合成されているが，これらの溶液から出発する手法は，そのほとんどが熱過程をベースとしている。一方，金属や半導体のナノワイヤー[3]，ナノベルト[4]，ナノプリズム[5]等の合成方法として，トップダウン的手法が最近注目されている。特にレーザー光を利用したアブレーション法によるナノ粒子の合成法は，簡便かつ様々な材料への適用が可能なことから，工業的にも重要性を増している[6~11]。

また近年，金属ナノ粒子の中でも特に磁性ナノ粒子に関する研究が注目されている。磁性ナノ粒子はデータ記憶デバイス[12]，多機能触媒[13]，バイオセンシング[14]など様々な応用が期待されており，更に単磁区構造（一般的には数百 nm 以下）をとることが知られている[15]。この単磁区構造以下のサイズでは磁壁は存在しないため，磁化過程は磁化の回転の機構のみとなり，保磁力の向上が期待できる。特に，結晶磁気異方性の高い金属間化合物（$Nd_2Fe_{14}B$）を主相とするネオジム磁石は，その微細構造を制御することによってはじめて保磁力の高い磁石となり，ハイブリッド自動車や将来の電気自動車用の高出力モーター材料としての応用が期待されている。しかし，世界最強の磁石として有名なネオジム磁石は，キュリー温度が 312℃であり，保磁力の温度依存性が大きく，耐用温度が 200℃程度であるため，Nd の一部を重希土類元素の Dy で置換する方法が検討されているものの，Dy の磁気モーメントが Fe と反平行に結合し，磁化が減少し，最大エネルギー積も小さくなってしまうなどの問題がある。最近我々は，フェムト秒レーザーを用いた液相中でのレーザーアブレーションにより，磁気特性に優れた非酸化物の永久磁性材料（$Nd_2Fe_{14}B$）を酸化させることなく単磁区臨界径以下のナノ粒子を合成することに成功した[16]。単磁区臨界径（～240 nm）以下の $Nd_2Fe_{14}B$ ナノ粒子を作製することによって，保磁力が約 2 倍向上することを確認した。

一方で，金属や半導体表面にレーザー光を照射すると，表面で散乱したレーザー光や表面プラズモン—ポラリトン波との相互作用により，表面にリップル構造が形成される現象はよく知られ

---

*　Yasuhiko Shimotsuma　京都大学　大学院工学研究科　材料化学専攻　准教授

ている[11,17]。最近我々はフェムト秒レーザーのシングルビームを石英ガラス内部に集光照射することによって，酸素欠陥からなる周期的なナノ構造が自己組織的に形成される現象を見出した[18]。この現象は，照射するレーザー光の光電場と集光部近傍で発生したプラズマ電子波との干渉により，プラズマ電子密度が周期的に変調し，最終的に材料の構造が変化すると解釈している。筆者らはこれまでにフェムト秒レーザーの照射によって，板状の Cu 粒子がナノワイヤー，さらに球形のナノ粒子に変換される現象を初めて観察した[19]。形成した直径 50～200 nm，粒子長 3～6 μm の金属 Cu ナノワイヤーは，レーザー光の照射のみで作製可能であり，レーザー光の照射条件によって形態制御が可能である。また，金属 Cu 粉末を分散させる溶媒によっても形成するナノ粒子の形状が変化することを見出した。形成した Cu ナノワイヤーは金属状態が保持されているため，導電性ペーストや偏光制御などの材料として応用可能である。さらに，我々は，フェムト秒レーザーの集光部に形成されるプラズマを利用した化学反応によって，触媒や界面活性剤を使用せずに液相から形態が制御された ZnO ナノ粒子の合成にも成功している[20]。本稿では，フェムト秒レーザーによる液相中でのアブレーションを利用して作製した $Nd_2Fe_{14}B$ 磁性ナノ粒子について述べた後，金属 Cu ナノワイヤーの作製および形態制御についても触れる。

2　$Nd_2Fe_{14}B$ 磁性ナノ粒子の作製

ジェットミルにより粉砕した水素処理前の $Nd_2Fe_{14}B$ 粉末（直径：～1 μm）をシクロヘキサンに分散し，石英ガラス製の分光セル内に懸濁させ，繰返し周波数 1 kHz，パルス幅 100 fs，波長 800 nm のフェムト秒レーザーを 20×（NA = 0.40）の対物レンズを通して懸濁液内部に集光照射した。図1にフェムト秒レーザー照射の実験系およびレーザー集光照射時の写真を示す。粒子濃度は，レーザー光を懸濁液内部に効率よく集光照射するために，粒子による散乱などの影響

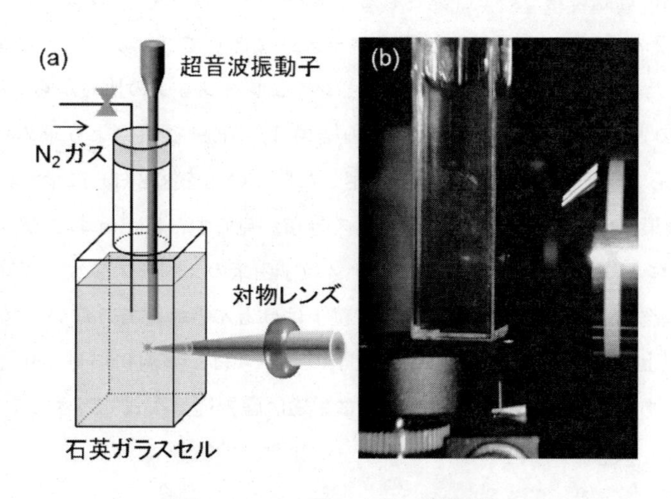

図1　フェムト秒レーザー照射実験
（a）実験系　（b）レーザー集光照射時の様子

を考慮し，0.1 wt%とした。対物レンズの前に波長板を置き，レーザー光の偏光を直線偏光とした。レーザー光の照射前に懸濁液を15分間窒素ガスでバブリングして脱気し，懸濁液を均一にするため超音波攪拌器で攪拌しながらレーザー光を集光照射した。懸濁液中のレーザー光の集光点のサイズは約4 μm，レーザーフルエンスはそれぞれ 2.4×10^3 J/cm^2 であった。所定時間レーザー照射した後，懸濁液の吸収スペクトルを分光光度計（JASCO，V-570）で測定した。作製したナノ粒子の粒度分布は，動的光散乱法（NanoSight，LM20）およびSEM観察により求めた。レーザー照射後の懸濁液を 10×10 mm^2 の石英ガラス基板上に滴下し，真空雰囲気炉に導入し，真空雰囲気中（$\sim10^{-4}$ Pa）で熱処理を行った。作製したナノ粒子の形態および構造などの評価は，SEM（JEOL，JSM-6700F），TEM（Hitachi，HF-2000），XRD（Rigaku，RINT2500），TOF-SIMS（Ulvac-PHI，PHI TRIFT V）を使用した。さらに，磁化測定は，超伝導量子干渉計（SQUID；Quantum Design，MPMS-XL）を使用した。

3　$Nd_2Fe_{14}B$ 磁性ナノ粒子のキャラクタリゼーション

図2(a)，(b) にレーザー照射前およびシクロヘキサン中でフェムト秒レーザーを1時間照射後の $Nd_2Fe_{14}B$ 粒子の二次電子像（SEI）を示す。併せて，レーザー照射後の粒子の反射電子像（BEI）を（c）に示す。一般にSEIは試料表面の形状に依存した像，一方BEIは表面を構成する材料の平均原子番号や密度に依存した像が得られるため，この（b）と（c）の違いは，約30 nmの粒径の球状ナノ粒子が低分子量の層で覆われていることを表している。SEM観察により100個以上の粒子について測定した粒度分布より，シクロヘキサン中でフェムト秒レーザーを1時間集光照射した後の平均粒径は，30.4 ± 2.6 nmであった（図2(d)）。さらに，フェムト秒レーザーの照射後の $Nd_2Fe_{14}B$ 粒子のシクロヘキサン懸濁液の吸収スペクトル変化を図2(e) に示した。なおMie理論に基づいて計算されるアモルファスカーボン（厚み t）で覆われた鉄粒子（半径 R）の吸収スペクトルから，t と R をパラメータとしてフィッティングを行ったスペクトルも併せて示した。実測した吸収スペクトルとシミュレーションの比較から，R と t がそれぞれ35 nm，2 nmのときに良い一致を得た。この結果は，SEM観察により求めた平均粒径とも良く一致した。さらに，動的光散乱法により測定した粒度分布を図2(f) に示す。198 nm，265 nmにナノ粒子の凝集に由来したブロードなサイズ分布が見られ，39 nmおよび54 nmにフェムト秒レーザー照射により生成したと考えられるナノ粒子由来のシャープなサイズ分布が確認できた。実際に，SEM観察では100 nm以上の大きな粒子はほとんど確認できない（図2(c)）ことと一致している。以上の結果は，作製したナノ粒子のサイズは，室温における単磁区臨界径（$D_s\sim$ 218 nm）以下であることを示している。一般に単磁区臨界径は次式で表される[21]。

$$D_S = \frac{18\gamma_w}{\mu_0 M_s^2} \tag{1}$$

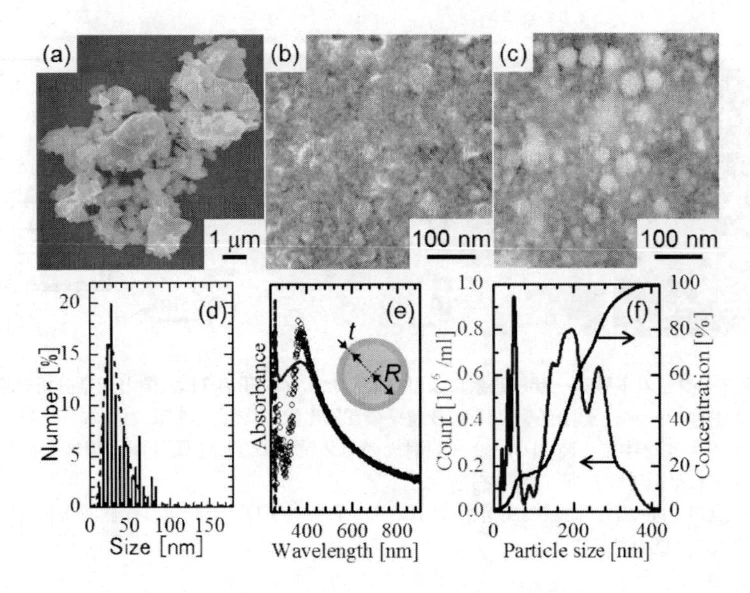

図２　フェムト秒レーザー照射により作製したナノ粒子の SEM 像と粒度分布の評価結果

(a) フェムト秒レーザー照射前の $Nd_2Fe_{14}B$ 粒子の SEM 像

(b) シクロヘキサン中で１時間レーザー照射後のナノ粒子の SEM 像

(c) シクロヘキサン中で１時間レーザー照射後のナノ粒子の反射電子像

(d) SEM 観察より求めたレーザー照射後のナノ粒子の粒度分布（破線は対数正規関数によるフィッティング）

(e) レーザー照射後の懸濁液の吸収スペクトル（破線は Mie 理論により計算したアモルファスカーボン層（厚み $t = 2$ nm）により覆われた鉄のナノ粒子（半径 $R = 35$ nm）の吸収スペクトル

(f) 動的光散乱法によるナノ粒子の粒度分布測定結果

ここで，γ_w（$= 4(AK)^{1/2}$）は単位面積当たりの磁壁エネルギー，μ_0 は真空の透磁率，M_s は飽和磁化，A は交換定数，K は異方性定数である。計算には，飽和磁化 $M_s = 16.1$ kOe，磁壁エネルギー $\gamma_w = 24$ erg/cm^2 を使用した[22,23]。

作製したナノ粒子を詳細に評価するため，TEM 観察を行った（図３）。シクロヘキサン中で１時間フェムト秒レーザー照射前後の TEM 観察像を図３(a)，(b) にそれぞれ示す。挿入図はそれぞれ A，B 点で測定した電子線回折パターンを示している。レーザー照射後のナノ粒子からは，明確な回折パターンが見られないことから，正方晶系の結晶構造をもつ $Nd_2Fe_{14}B$ は，レーザー照射によって，非晶質に変化したと考えられる。さらに，超常磁性の限界径（～４nm）[24]以下の数 nm のナノ粒子も観察された（図３(b)）。各 A～E 点での EDX 測定結果（図３(d)）から，レーザー照射前後での組成変化を評価するため，各 A～D 点における蛍光 X 線スペクトルからピーク強度比（$I_{Nd\,L\alpha}/I_{Fe\,K\alpha}$）を求めた結果，それぞれ 0.09，0.05，0.04，2.05 であった。特に，ナノ粒子の表面から約５nm は，Nd が偏析し，一部酸化された Nd リッチ層であり，さらに $Nd_2Fe_{14}B$ ナノ粒子の最表面は，非晶質の炭素からなる層（約２nm）で覆われていることが判明した（図３(c)，(d)）。

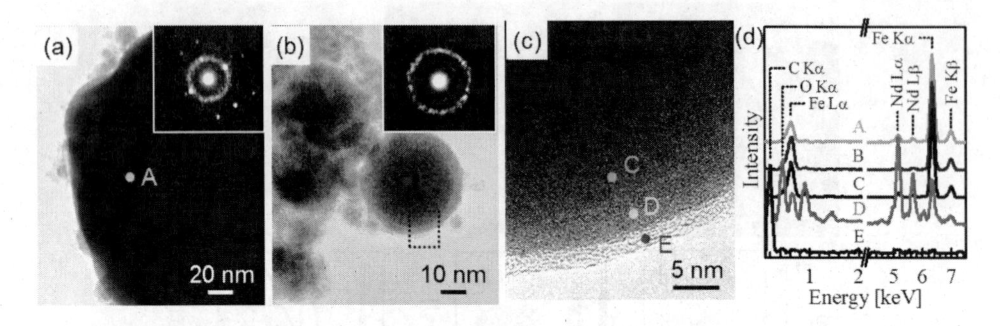

図 3　フェムト秒レーザー照射により作製したナノ粒子の TEM 像と元素分析結果

(a) フェムト秒レーザー照射前の $Nd_2Fe_{14}B$ 粒子の TEM 像
(b) シクロヘキサン中で 1 時間レーザー照射後のナノ粒子の TEM 像（挿入図はそれぞれ A，B 点で測定した電子線回折パターン）
(c) (b) の点線で囲まれた領域の高倍率像（C，D，E 点は EDX の測定した個所を示している）
(d) A～E 点の EDX 測定結果

液相レーザーアブレーションにより作製した $Nd_2Fe_{14}B$ ナノ粒子表面を覆っている非晶質の炭素について詳細を評価するため，加速電圧 30 kV の Bi をイオン源とした TOF-SIMS（PHI TRIFT V nanoTOF system）を用いて評価した。なお，シリコンウェハをシクロヘキサンに浸漬した後，乾燥させた試料についても，参照試料として測定した（図 4）。図 4 の正および負イオンのマススペクトルにおける質量数とフラグメントイオンをまとめて表 1 に示した。TOF-SIMS の測定結果から，$Nd_2Fe_{14}B$ ナノ粒子および参照試料の表面におけるフラグメントイオンには大きな違いはなく，非晶質の炭素層はレーザー照射時に溶媒分子であるシクロヘキサンが分解し，$Nd_2Fe_{14}B$ ナノ粒子を被覆したと考えられる。

フェムト秒レーザーをシクロヘキサン内部に集光照射すると，その焦点近傍には，非線形光学現象による白色光が観察される[25]。さらにレーザー誘起ブレークダウンによるシクロヘキサン分子の分解に由来したキャビテーションバブルの発生が焦点近傍で起こる[26]。レーザー光と物質と

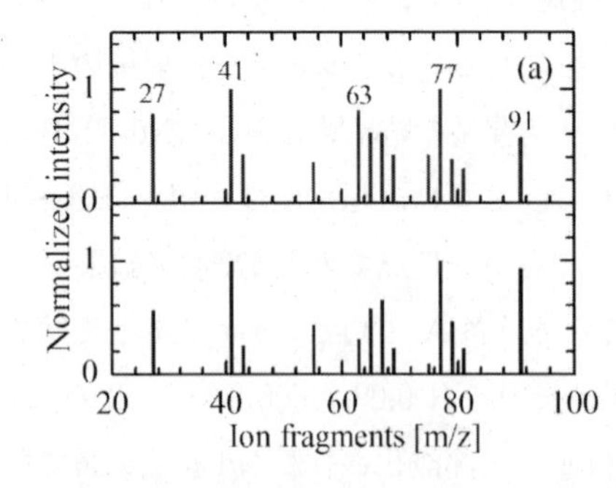

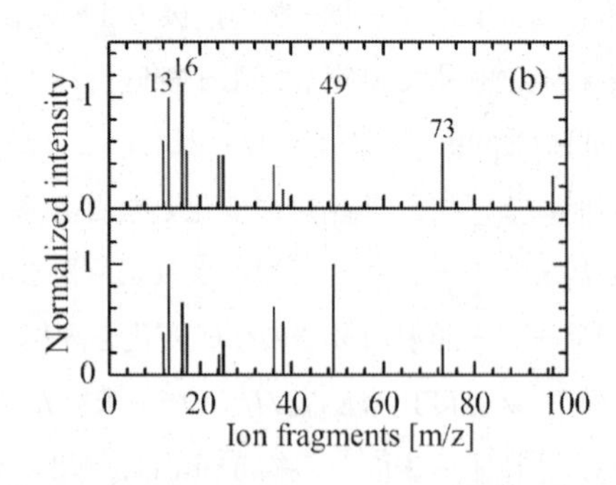

図 4　液相レーザーアブレーションにより作製した $Nd_2Fe_{14}B$ ナノ粒子（上段）および参照試料（下段）の TOF-SIMS 分析結果

(a) 正イオンマススペクトル　(b) 負イオンマススペクトル
図中の数字はフラグメントイオンの質量数

の相互作用において，エネルギーがどのように伝えられるかを議論するため，シクロヘキサン中での $Nd_2Fe_{14}B$ 粒子の有無によるフェムト秒レーザー照射中の白色発光の違いを観察した（図5）。さらに，$Nd_2Fe_{14}B$ 粒子を分散していないシクロヘキサン溶媒中にフェムト秒レーザー光を集光照射する際に消費されるレーザー光強度を評価した（図5挿入図）。レーザー光強度の減衰量は次式で評価した。

$$A = I_{in} \cdot T_{OL} \cdot T_{cell} - L_D - I_{out} \tag{2}$$

ここで，I_{in}，I_{out} は入射および出射するレーザー光強度，T_{OL}，T_{cell} は対物レンズ（$T_{OL} = 0.8$）およびガラスセル（$T_{cell} = 0.87$）の透過率，L_D は検出ロスである。消費されるレーザー光強度は入射したレーザー光強度に比例して増加し，減衰率は約54%で一定であった。このレーザー光のエネルギーの消費は，シクロヘキサン分子の分解や白色光（スーパーコンティニューム）の発生などの相互作用に由来すると考えられる。

磁気特性は粒子のサイズや形状に大きく依存することはよく知られている。図6はフェムト秒レーザー照射前の $Nd_2Fe_{14}B$ 粒子と所定時間レーザーを照射した後の磁化曲線を示している。所定時間レーザー照射して作製した $Nd_2Fe_{14}B$ ナノ粒子の保磁力および規格化した残留磁化の照射時間に対するグラフも併せて示した（図6(e)）。レーザー照射時間が20分，40分，60分いずれの場合も，$Nd_2Fe_{14}B$ ナノ粒子は単磁区臨界径（D_s～218 nm）に比べて小さいものの，$Nd_2Fe_{14}B$ ナノ粒子の保磁力および規格化した残留磁化は照射時間とともに増加し，最終的に保磁力は初期値の約2倍に達した。レーザー照射後の $Nd_2Fe_{14}B$ ナノ粒子は形状が球であり，さらに結晶性が低下していることから，磁気異方性の低下が考えられるものの，保磁力の増加が見られた。これは，保磁力のサイズ依存に由来するものと考えられる[27]。さらに，作製した $Nd_2Fe_{14}B$ ナノ粒子における組成変動の磁気特性へ

表1　図4に示した正および負イオンのマススペクトルにおける質量数とフラグメントイオン

質量数 [m/z]	正フラグメントイオン	質量数 [m/z]	負フラグメントイオン
27	$C_2H_3^+$	13	CH^-
41	$C_3H_5^+$	16	O^-
63	$C_5H_3^+$	49	C_4H^-
77	$C_6H_5^+$	73	C_6H^-
91	$C_7H_7^+$		

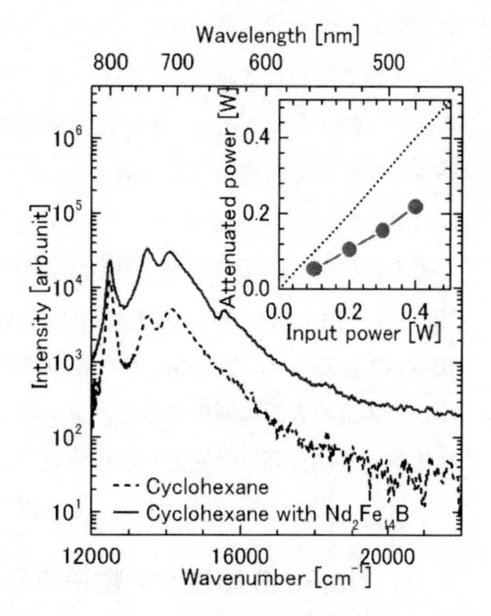

図5　$Nd_2Fe_{14}B$ 粒子の有無によるフェムト秒レーザー照射中の白色光のスペクトル変化

挿入図は，$Nd_2Fe_{14}B$ 粒子を分散していないシクロヘキサン溶媒中にフェムト秒レーザー光を集光照射する際に消費されるレーザー光強度

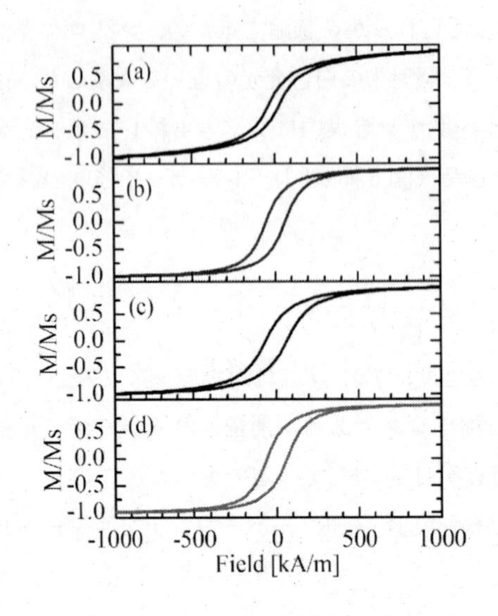

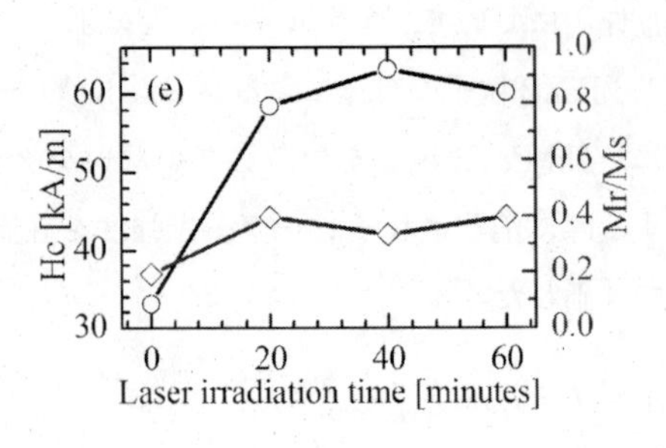

図6　フェムト秒レーザー照射による磁化曲線の変化

(a)，(b)，(c)，(d) 所定時間レーザーを照射した後の $Nd_2Fe_{14}B$ 粒子の磁化曲線（a：0分，b：20分，c：40分，d：60分）

(e) 所定時間レーザー照射して作製した $Nd_2Fe_{14}B$ ナノ粒子の保磁力および規格化した残留磁化の照射時間に対するグラフ

の影響も考慮する必要がある。特に，$Nd_2Fe_{14}B$ ナノ粒子表面は Nd が偏析し，一部酸化した Nd リッチ層で覆われていることから，ナノ粒子のコア部の組成もわずかに変動していると考えられる。この酸化した Nd リッチ層は全体的な磁化を低下させるため，飽和磁化（M_s）が低下し，最終的に規格化した残留磁化（M_r/M_s）が増加したと考えられる。一方，この酸化した Nd リッチ層はコア内における磁気モーメントのピン止め効果を誘起するため，保磁力（H_c）が増加したと考えられる。H_c と M_r/M_s の値は，コア内の組成変動にも影響されていると考えられる。実際，Nd リッチ相を含む $Nd_2Fe_{14}B$ 焼結磁石は高い保磁力を示すものの，飽和磁化が低いことが良く知られている[28, 29]。他にも，ホウ素の偏析も H_c と M_r/M_s の変化に寄与したと考えられる。ホウ素がナノ粒子表面に偏析すると，コア部は表面に比べて結晶性がわずかに向上し，結果として高い磁気異方性（高い保磁力）が得られることになる。

4　$Nd_2Fe_{14}B$ 磁性ナノ粒子の形成メカニズム

シクロヘキサン中でフェムト秒レーザーの集光照射によって球状の $Nd_2Fe_{14}B$ ナノ粒子が形成されるメカニズムは以下のように考えられる。最初に，$Nd_2Fe_{14}B$ 粒子をシクロヘキサンに懸濁した懸濁液は連続的にかき混ぜられているため，初期の粒子（平均粒径約 1 μm）と形成されるナノ粒子（平均粒径約 40 nm）は，照射レーザー光のパルス間隔（τ_{int} = 1 ms）の間に元の位置からそれぞれ 30 nm，149 nm 移動できるとブラウン運動の関係式から見積もることができる。

$$\left\langle \bar{x}^2 \right\rangle = \frac{\kappa_B T \tau_{\mathrm{int}}}{3\pi\eta d} \tag{3}$$

ここで，κ_B，T，η，d はそれぞれボルツマン定数，温度，シクロヘキサンの粘度，$Nd_2Fe_{14}B$ 粒子の直径である。レーザー光の集光部でのパワー密度は極めて高い（1×10^{13} W/cm^2）ため，集光部は多光子イオン化を経てプラズマが形成され，さらに逆制動放射によりレーザー光のエネルギーが吸収される[30]。プラズマ電子温度の最大値は次式で表される[31]。

$$T_e^{\max} = \frac{8\alpha F}{3c\varepsilon_0 n l_s n_e \tau_p} \approx 1.5\times10^5\mathrm{K} \tag{4}$$

ここで，α（$=4\pi l_s/\lambda$）は吸収係数，F は照射レーザー光のフルエンス（$=2.4\times10^3$ J/cm^2），c は光速，ε_0 は真空の誘電率，l_s（$=c/(2\omega k)\sim17.3$ nm）は侵入深さ，n_e はプラズマ電子密度，τ_p はパルス幅である。簡単のため，波長 800 nm における鉄の複素屈折率を $n+ik=3.0+3.7i$ とすると，このような非常に高いプラズマ電子温度の状況下では，$Nd_2Fe_{14}B$ 粒子表面のアブレーションだけでなく，シクロヘキサン分子の分解も同時に起こるため，$Nd_2Fe_{14}B$ ナノ粒子表面は非晶質の炭素層で覆われたと考えられる。さらに，このような非常に高いプラズマ電子温度は格子温度の上昇とともに低下し，数ピコ秒後にはある格子温度で平衡に達する。初期の懸濁液における粒子濃度が低いこと，および生成した $Nd_2Fe_{14}B$ ナノ粒子は自由に動きまわることができるため，シクロヘキサン内の集光部近傍のみの温度が局所的に上昇すると考えられる。レーザー照射直後の集光部の温度を $Nd_2Fe_{14}B$ の融点より十分に高い $\Delta T_0=2000$ K と仮定すると，電子と格子の相互作用後の熱拡散は次式で計算することができる[32]。

$$\Delta T(r,t) = \Delta T_0\left(\frac{w_0/2}{\sqrt{(w_0/2)^2+4D_{th}t}}\right)\exp\left(-\frac{r^2}{(w_0/2)^2+4D_{th}t}\right) \tag{5}$$

ここで，w_0（$=1.22\lambda/\mathrm{NA}\sim2.4\,\mu$m）はレーザー光のビームウェスト，$t$ はレーザー照射直後からの時間，r は焦点からの距離，D_{th} は熱拡散係数である。$Nd_2Fe_{14}B$ の熱拡散係数はシクロヘキサン（$\sim8.3\times10^{-2}$ m^2/s）に比べて小さいことから，バルクの $Nd_2Fe_{14}B$ の熱拡散係数（$D_{th}=3.1\times10^{-6}$ m^2/s）を用いて計算した[33]。図 7 にフェムト秒レーザー光を 1 パルス照射した後における熱拡散の計算結果を示す。実験で使用したフェムト秒レーザーの繰り返し周波数は 1 kHz（すなわち，パルス間隔は 1 ms）であること，照射中の懸濁液は十分に撹拌されていることから，発生した熱は次のパルスが到着するまでに十分に拡散しており，熱は蓄積されないと考えられる。実際にフェムト秒レーザーを 1 時間集光照射した後の溶液の温度に変化は見られない。計算結果から，集光部の温度は，レーザー照射から約 1 μs 後には室温に急激に冷却され，その冷却速度は約 10^9 K/s であると見積もることができる。このような状況下では，アブレーションされた溶融状態の $Nd_2Fe_{14}B$ ナノ粒子は瞬時に凍結されるため，大きな組成変動を起こすことなく，球状

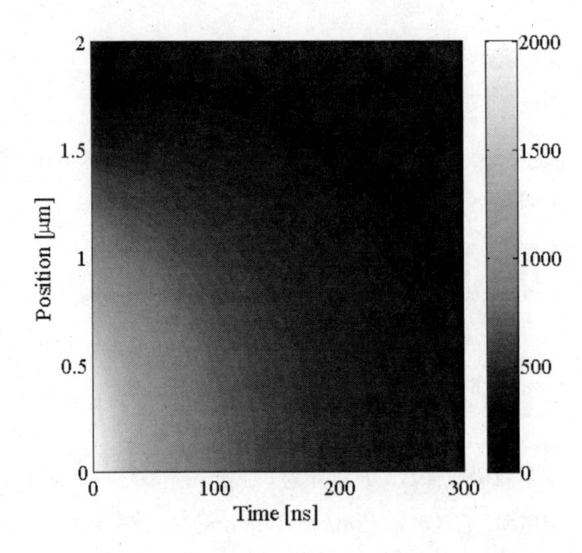

図7　フェムト秒レーザー光を1パルス照射した後における熱拡散の計算結果

で非晶質の $Nd_2Fe_{14}B$ ナノ粒子が形成される。同時に，解離されたシクロヘキサン分子は $Nd_2Fe_{14}B$ ナノ粒子表面で相互作用し，最終的に非晶質の炭素層で覆われた $Nd_2Fe_{14}B$ ナノ粒子が形成すると考えられる。

5　金属 Cu ナノワイヤーの作製

市販の板状の金属 Cu 粒子（粒子サイズ：～5 μm，厚み：～100 nm）4.8 mg を 99%エタノール 6 mL に分散し，石英ガラス製の分光セル内に懸濁させ，繰返し周波数 1 kHz，パルス幅 215 fs，波長 780 nm のフェムト秒レーザーを 10×（NA ＝ 0.25）の対物レンズを通して懸濁液内部に集光照射した。対物レンズの前に波長板を置き，レーザー光の偏光を直線偏光とした。レーザー光の照射前に懸濁液を 15 分間窒素ガスでバブリングして脱気し，懸濁液を均一にするためスターラーで攪拌しながらレーザー光を集光照射した。懸濁液中のレーザー光の集光点のサイズは約 4 μm，レーザーフルエンスはそれぞれ 3.5×10^3 J/cm^2 であった。所定時間レーザー照射した後，懸濁液の吸収スペクトルを分光光度計（JASCO，V-570）で測定した。さらに室温でエタノールを蒸発した後，SEM（JEOL，JSM-6700F），TEM（Hitachi，HF-2000）で観察した。全ての実験は室温で行った。

図 8 はフェムト秒レーザーの照射時間における金属 Cu 粒子のエタノール懸濁液の吸収スペクトル変化を示している。なお Mie 理論に基づき，自由電子密度の補正を行わずにシミュレーション[34]した球形の金属 Cu および Cu_2O ナノ粒子（粒子径：10 nm）による吸収スペクトルも併せて示した（図 8 下段）。フェムト秒レーザー照射前は，330 nm から 800 nm の波長範囲で板状の金属 Cu 懸濁液由来の吸収が見られるが，レーザー光の照射によって，高エネルギー側で見られ

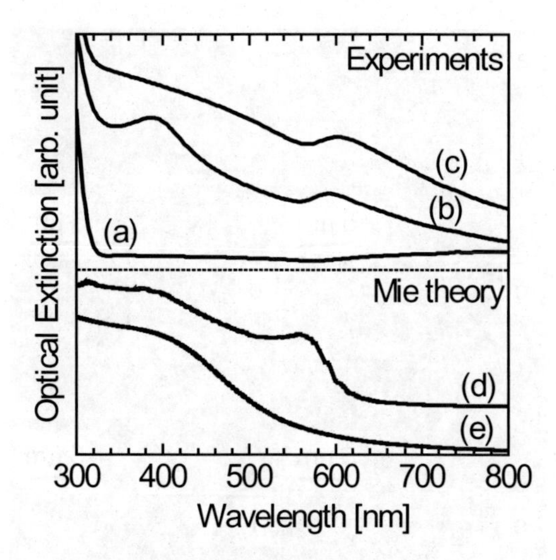

図8　フェムト秒レーザー照射によるCu粒子懸濁液の吸収スペクトル変化（上段）とMie理論による吸収スペクトルの計算結果（下段）

(a) レーザー照射前　(b) 5分間照射　(c) 20分間照射後

(d) Mie理論に基づいた直径10 nmの金属Cu

(e) Mie理論に基づいた直径10 nmの金属Cu_2O

るバンド間遷移（λ <320 nm）によるバックグラウンド[35]に比べて比較的強度が弱いものの，2つの吸収ピーク（λ_{abs} = 380 nm，600 nm）が観察された。レーザー照射初期において，600 nm付近のピーク強度の増加とともに，380 nm付近に新しい吸収ピーク強度の増加が観察され，レーザー照射10分後では380 nm付近に見られる吸収は完全に消え，600 nm付近の吸収ピークのみが観察された。なお，パルス幅がナノ秒のパルスレーザー光の照射の場合には，380 nm付近の吸収ピークは観察されなかった[35]。Mie理論による計算結果との比較から，380 nm，600 nm付近の吸収ピークは，Cu_2Oおよび金属Cuナノ粒子の表面プラズモン吸収に由来すると考えられる。金属ナノ粒子における表面プラズモン共鳴の波長は，粒子サイズだけでなく，形状にも依存することが良く知られており，金属Cuナノロッドの場合，表面プラズモン吸収ピークは粒子のアスペクト比の増加に伴い，ブルーシフトすることが知られている[36]。本実験ではナノワイヤーの短軸に対応した表面プラズモン吸収ピークがCu_2O由来の吸収ピークと重複し，長軸に対応する表面プラズモン吸収ピークが600 nm付近に見られていると考えられる。なお繰返し周波数1 kHzのフェムト秒レーザー光を1分間集光照射した後のCuナノワイヤーのアスペクト比は約60であった。

吸収スペクトルのレーザー照射時間による変化の由来を明らかにするため，Cu粒子をSEMで観察したところ，フェムト秒レーザー照射1～5分後に初期の板状Cu粒子は針状の粒子（ナノワイヤー）に変化している様子が観察された（図9 (b)～(d)）。ナノワイヤーの形成初期には板状と針状のCu粒子の両方が見られ（図9 (b)），ナノワイヤーの直径はレーザー照射時間と共に大きくなった。ナノワイヤーの直径の成長速度は，照射するパルスレーザーの繰返し周波数

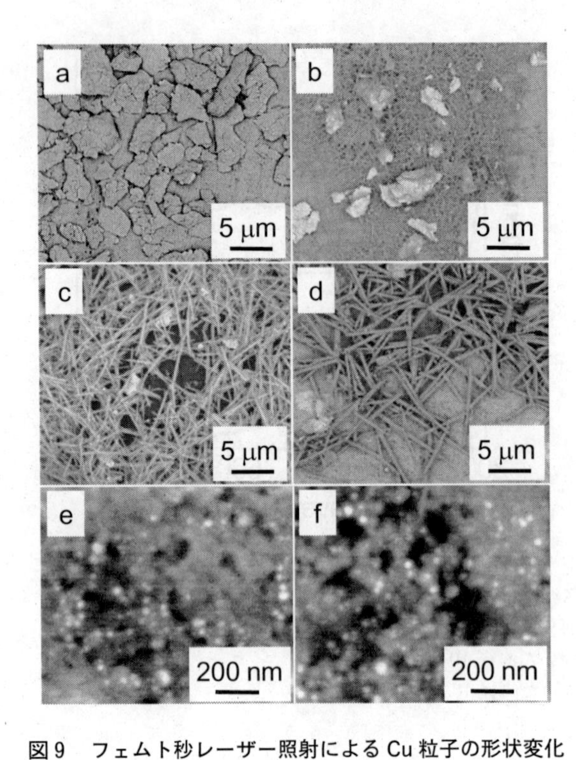

図9　フェムト秒レーザー照射による Cu 粒子の形状変化
(a) 照射前 (b) 1 (c) 3 (d) 5 (e) 10 (f) 20 分間レーザー照射後の粒子を SEM により観察

に依存し，繰返し周波数の増加に伴い 10.2〜54.2 nm/min の範囲で増加した。レーザー照射 10 分後は，ほぼすべてのナノワイヤーは直径 10〜70 nm の球形の Cu ナノ粒子に変化した（図 9 (e), (f))。さらに，フェムト秒レーザー照射後のナノ粒子の成長過程を明らかにするため，レーザー照射後の懸濁液を 40℃および 60℃で熱処理を行い，形状変化を観察した（図 10)。その結果，

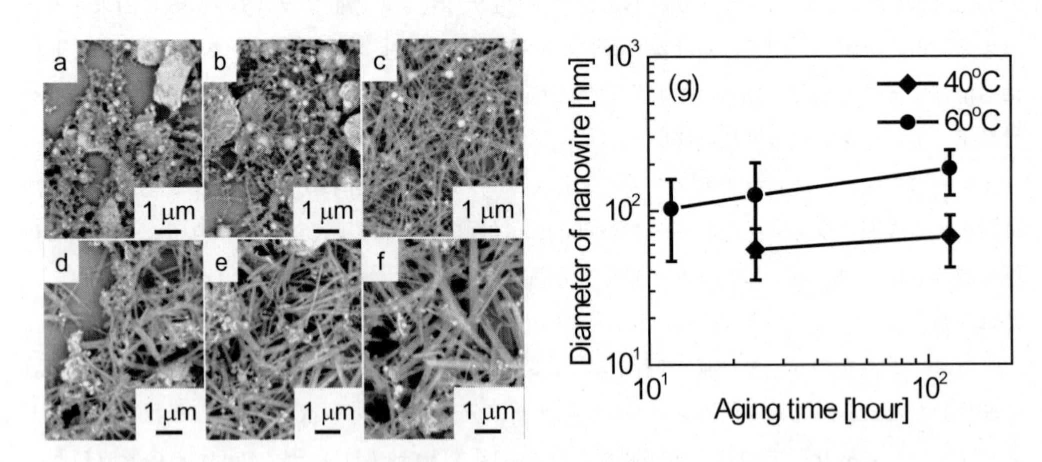

図10　フェムト秒レーザー照射後の熱処理条件によるナノワイヤーの SEM 観察結果
(a) 40℃, 12hr (b) 40℃, 24hr (c) 40℃, 120hr (d) 60℃, 12hr (e) 60℃, 24hr (f) 60℃, 120hr
(g) 形成した Cu ナノワイヤーの直径における熱処理条件依存

熱処理温度が高いほど，また熱処理時間が長いほどナノワイヤーの直径が太くなることを確認し，ナノワイヤーの形成プロセスは核生成・成長機構であることが示唆された。さらに，レーザー照射後に形成されるナノ粒子の構造を詳細に評価するため，TEMによる観察を行った（図11）。短時間のレーザー照射により形成されるナノワイヤーは多結晶Cu_2Oであり，照射時間を長くすると，単結晶Cuからなる球状ナノ粒子が形成されていることがわかった（図11(b)，(d)）。さらにナノワイヤーの断面をTEM観察（図11(e)，(f)）したところ，ナノワイヤーの表面は約5 nm程度がCu_2Oに酸化されており，内部は金属状態が保持されたCu多結晶であることを確認した。特に，電子エネルギー損失分光（EELS）の測定の結果，球状Cuナノ粒子は溶媒の分解に由来すると考えられるアモルファスカーボンによって被覆されているため，溶媒中においても金属単結晶状態が比較的安定に保持されていると示唆された（図12）。一方，フェムト秒レーザー照射初期に形成されるCuナノワイヤーの長さおよび直径は，照射パルス数の増加とともに増大する傾向が見られ，レーザー照射時に形成されるCuナノワイヤーに成長するための前駆体濃度が照射パルス数に依存すると考えられた（図13）。さらに，フェムト秒レーザー照射により

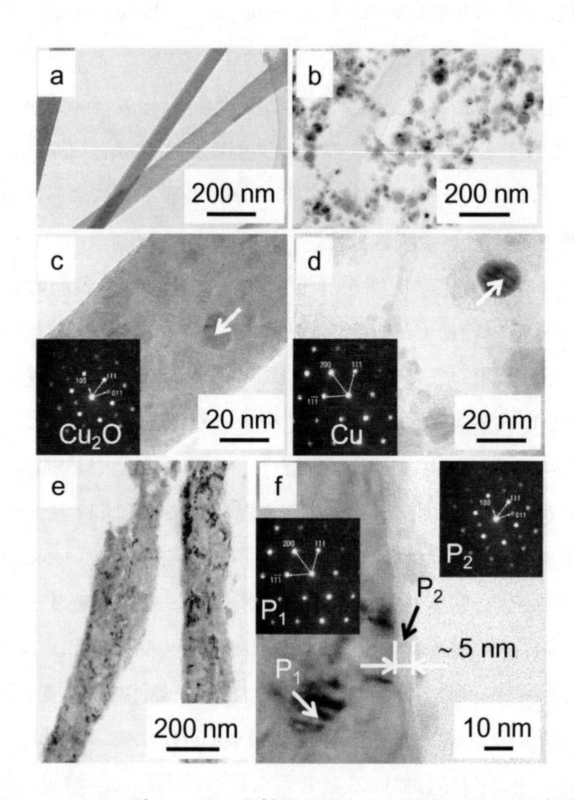

図11　フェムト秒レーザー照射後のCuナノ粒子のTEM観察結果

(a)，(c)　3分間レーザー照射後

(b)，(d)　20分間レーザー照射後（矢印は電子線回折（ED）測定箇所，(c)，(d)のEDパターンはそれぞれCu_2O，Cuを示している）

(e)，(f)　Cuナノワイヤー断面のTEM観察結果（P_1，P_2の測定点におけるEDも併せて示した。P_1，P_2のEDパターンはそれぞれCu_2O，Cuを示している）

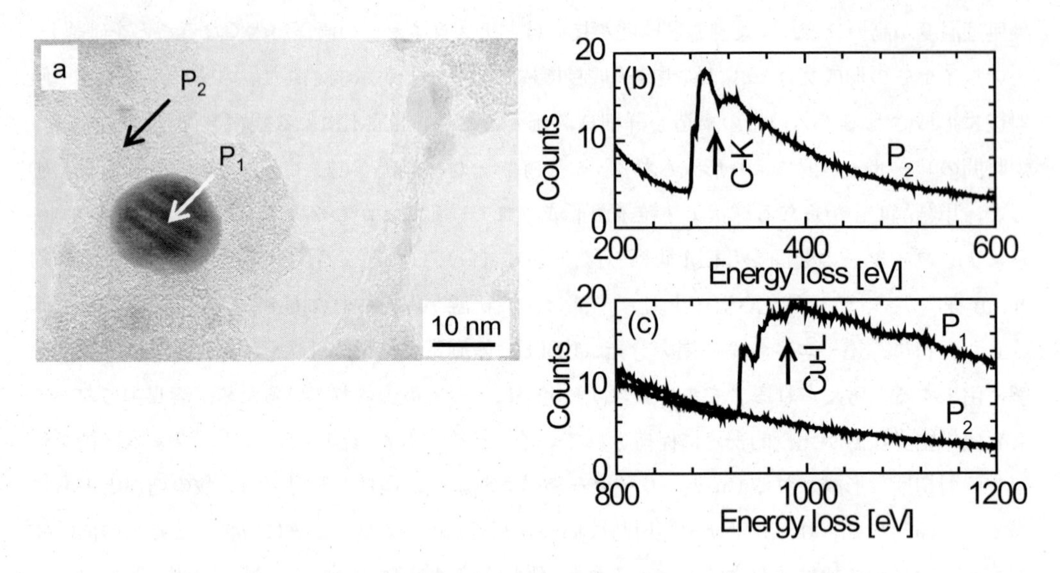

図12　Cuナノ粒子の電子エネルギー損失分光（EELS）スペクトル測定結果
(a) 測定箇所（P_1，P_2）のTEM像 (b) C-K edge (c) Cu-L edge近傍のEELSスペクトル

作製したCuナノ粒子由来の2つの表面プラズモン吸収ピーク（λ_{abs} = 380 nm，600 nm）とEDX分析によるCuに対するOおよびCのピーク強度比（I_O/I_{Cu}，I_C/I_{Cu}）の照射パルス数依存（図14）から，フェムト秒レーザー照射時に溶媒が分解することによって発生するOやCがCuナノ粒子の形態に影響することが示唆された。

形成したCuナノワイヤーの化学状態を詳細に評価するため，表面および断面をFE-EPMAにより評価した（図15)。一般にCuの化学状態によって，EPMAで観測されるCuの蛍光X線のLαとLβの強度比が変化することが知られている[37]。図15(a)に示したCuの各化学状態におけるEPMAによるピーク強度比（$I_{L\alpha}/I_{L\beta}$）をまとめて表2に示した。この現象を利用して，化学状態マップを観察したところ，Cuナノワイヤーの表面および内部は，それぞれCu_2O，金属Cuであることがわかった。この結果は，TEM観察結果（図11）と一致し，形成したCuナノワイヤーの内部は金属状態が保たれているため，導電性を有していると考えられる。

さらに興味深いことに，Cu粉末を懸濁させた溶媒によっても形成するナノ粒子の形状が変化した。図16に示すように，溶媒をエタノールからメタノールに変え，エタノールの場合にナノワイヤーが形成されたレーザー照射条件（図16(a)）と同一条件で実験を行ったところ，メタノール懸濁液では，立方体状のナノ粒子が生成した（図16(b)）。フェムト秒レーザー照射によって，溶媒自体も分解されることが関与していると考えられる。実際に，溶媒の種類によって，水素ガスの発生量が変化することを確認した（図16(c)）。また，Cuナノワイヤーの形成は，Cuの出発原料の形態には無関係であり，板状粒子，球状粒子，シートいずれの場合もフェムト秒レーザー照射によって，Cuナノワイヤーが形成されていることを確認した（図17）。

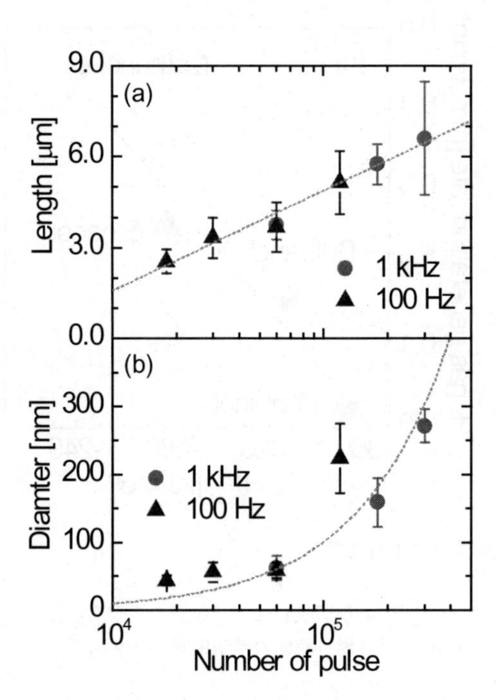

図13　フェムト秒レーザー照射により作製したCuナノワイヤーの照射パルス数依存

(a) 長さ　(b) 直径

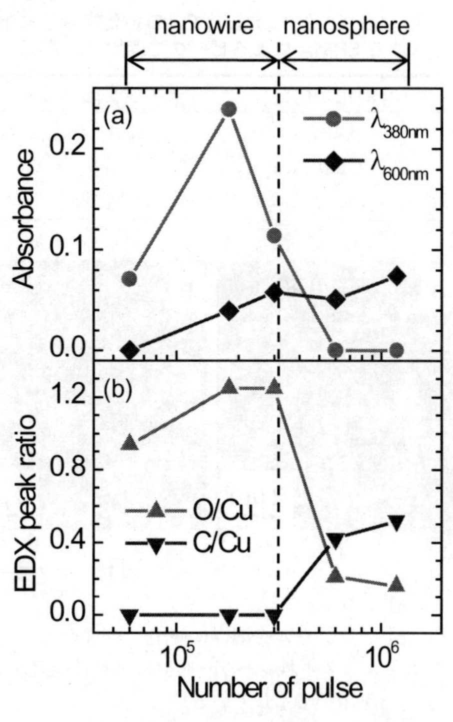

図14　フェムト秒レーザー照射により作製したCuナノ粒子の特性の照射パルス数依存

(a) Cuナノ粒子由来の表面プラズモン吸収ピーク

(b) EDX分析によるCuに対するOおよびCのピーク強度比

(Cuナノ粒子の形状の照射パルス数依存を上部に併せて示した)

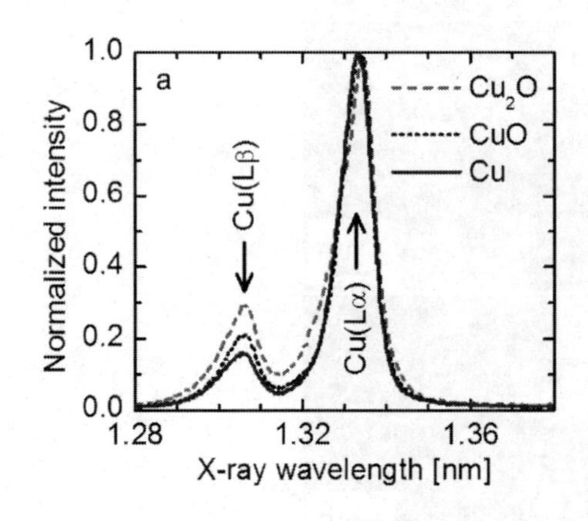

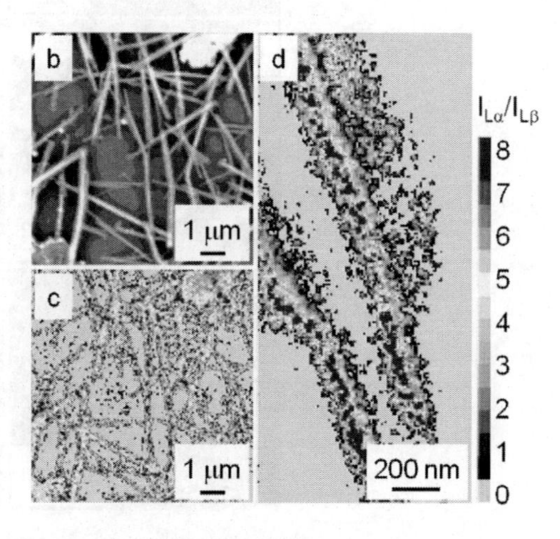

図15　EPMAによるCuナノワイヤーの化学状態分析結果

(a) EPMAによるLα/Lβ強度比のCuの化学状態依存 (b) フェムト秒レーザー照射により作製したCuナノワイヤー表面のSEM像 (c) 化学状態マップ (d) ナノワイヤー断面の化学状態マップ

表2　図15(a) に示したCuの各化学状態におけるEPMAによるピーク強度比 ($I_{L\alpha}/I_{L\beta}$)

Cuの化学状態	ピーク強度比 ($I_{L\alpha}/I_{L\beta}$)
Cu	7.9
CuO	5.8
Cu_2O	4.3

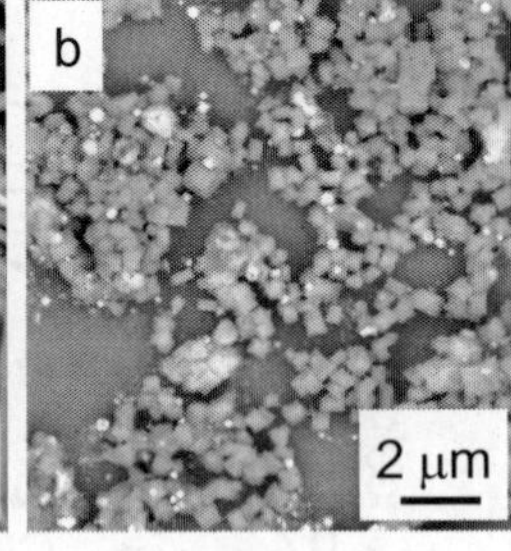

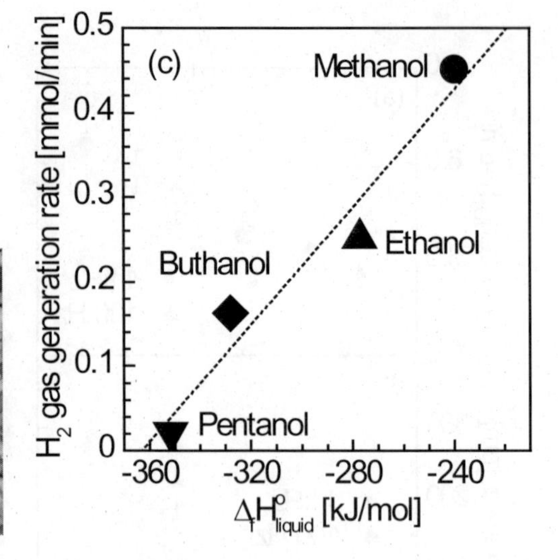

図16　ナノ粒子形成の溶媒による効果

(a) エタノール

(b) メタノールを溶媒に使用し，同一条件でのレーザー照射により形成したナノ粒子のSEM写真

(c) フェムト秒レーザー照射により各種溶媒から発生するH_2ガス量（液体の標準生成エンタルピーを用いて示している）

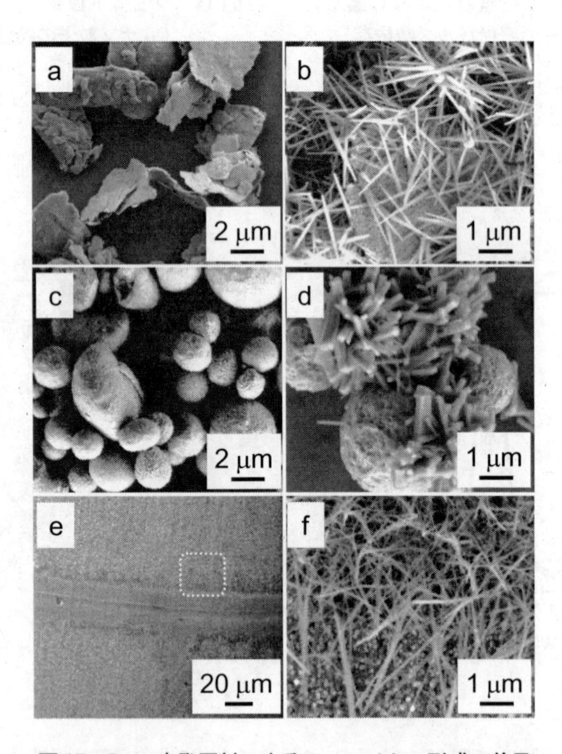

図17　Cuの出発原料によるナノワイヤー形成の差異

(a) 板状Cu粒子，(c) 球状Cu粒子，(e) シートを出発原料に使用した微粒子のSEM写真

(b), (d), (f)　(a), (c), (e) のレーザー照射後の試料をそれぞれ室温で24時間保持後のSEM写真

6　金属Cuナノワイヤーの形成メカニズム

フェムト秒レーザーの集光照射によるCu粒子の形状変化は，①Cu粒子のアブレーションおよび溶媒の分解過程，②核形成過程，③結晶成長過程，の3段階で進行すると考えられる。具体的には，初期の板状Cu粒子を懸濁した溶媒内でフェムト秒レーザーパルスを集光すると，その集光部において，Cu粒子は表面アブレーションによりイオン化され，Cu原子もしくはCuナノクラスターが形成する。また，レーザー照射時間に応じて，溶媒分子も分解され，一部はH_2，CO，CH_4などのガスとして発生し，また一部はアセトアルデヒドやアモルファスカーボンに変質する。レーザー照射により形成されたCu原子もしくはCuナノクラスターは凝集し，一部はアセトアルデヒドによりCu_2Oに酸化される。Cu_2Oは（001）方向に一軸成長することが良く知られており[38)]，レーザー照射後の粒成長過程において，表面が一部Cu_2Oに酸化されたCuナノワイヤーが形成したと考えられる。また，レーザー照射時間に応じて，Cu_2Oの一部は，発生したH_2ガスにより還元される。この酸化と還元のバランスによって，レーザー照射時間に応じてナノワイヤーや球状ナノ粒子が形成すると考えられる。溶媒にエタノールを使用した場合にフェムト秒レーザー照射により誘起される化学反応は以下のように推測した。

①　溶媒の光解離

$C_2H_5OH(l) \rightarrow CH_4(g)\uparrow + CO(g)\uparrow + H_2(g)\uparrow$

(1) $C_2H_5OH(l) \rightarrow CH_3CHO + H_2(g)\uparrow$

(2) $CH_3CHO \rightarrow CH_4(g)\uparrow + CO(g)\uparrow$

②　Cuイオンの酸化

$2Cu^{2+} + CH_3CHO + 4OH^- \rightarrow Cu_2O + CH_3COOH + 2H_2O$

③　Cu_2Oの還元

$Cu_2O + H_2 \rightarrow 2Cu + H_2O$

さらに，ナノワイヤーの形成は，照射するレーザー光と初期の板状Cu粒子表面で発生する表面プラズマ波との相互作用も関係していると考えられる。実際に円偏光のレーザー照射の場合，レーザー照射直後はCuナノワイヤーの形成は見られないが，約1ヵ月間室温で保持するとCuナノワイヤーが形成されていた。なお直線偏光のレーザー照射の場合には，照射直後からCuナノワイヤーが形成しており，1ヵ月後にも成長したCuナノワイヤーが観察された（図18）。したがって，ナノワイヤーの形成メカニズムは，①レーザー照射時における偏光に依存した過程，②レーザー照射後の粒子の一方向への成長過程，の異なる2つのメカニズムが複雑に関係していると考えられる。

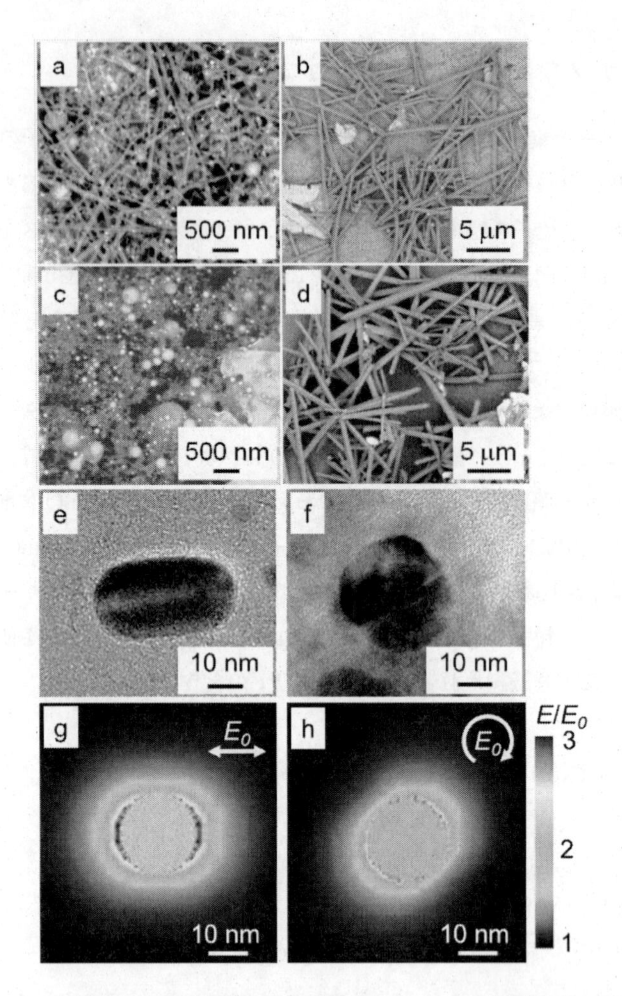

図18　フェムト秒レーザー照射により形成されるCuナノ粒子形成の偏光依存
(a), (b) 直線偏光, (c), (d) 円偏光のフェムト秒レーザーを照射。(a), (c) はレーザー照射直後に観察, (b), (d) はレーザー照射後1ヶ月間室温で保持後に観察した。直線偏光 (e), 円偏光 (f) のフェムト秒レーザー照射直後に形成されたナノ粒子のTEM像。直径40 nmの球状Cuナノ粒子に直線偏光 (g), 円偏光 (h) の波長800 nmの光を照射したときの表面プラズモン増強のシミュレーション結果。
照射光の偏光方向E_0を矢印で示した。

7　今後の展望

現在のフェムト秒レーザーは，フォトンコストの面から考えると，実用上まだ問題があるものの，ガラスや単結晶基板などをはじめとしたバルク材料の微細加工の分野では，威力を発揮し始めている。フェムト秒レーザーの使い勝手は今後益々簡便になり，これからさらに化学物質の合成やバイオイメージングなどの異分野と融合しながら利用されるだろう。本稿では，フェムト秒レーザーによるナノマテリアル合成に関する最新の話題から，磁性ナノ粒子と金属ナノワイヤーの創製について紹介した。今後もフェムト秒レーザーの超短パルスと超強電場に基づいた全く新しい現象が次々と発見され，これらを積極的に活用していくことで，今まで以上に機能性が賦与された材料やデバイスが登場することを期待する。

謝辞

本研究の一部は，科学研究費補助金基盤研究（A），基盤研究（B）の支援を受けていることを付記し，謝意を示す。

文　　献

1） C. M. Lieber, *Solid State Commun.*, **107**, 607 (1998)
2） A. P. Alivisatos, *Science*, **271**, 933 (1996)
3） J. T. Hu, T. W. Odom and C. M. Lieber, *Acc. Chem. Res.*, **32**, 435 (1999)
4） Z. W. Pan, Z. R. Dai and Z. L.Wang, *Science*, **291**, 1947 (2001)
5） R. Jin, Y. W. Cao, C. A. Mirkin, K. L. Kelly, G. C. Schatz and J. G. Zheng, *Science*, **294**, 1901 (2001)
6） J. -P.Sylvestre, A. V. Kabashin, E. Sacher, M. Meunier and J. H. T.Luong, *J. Am. Chem. Soc.*, **126**, 7076 (2004)
7） M. Kawasaki and K. Masuda, *J. Phys. Chem. B*, **109**, 9379 (2005)
8） Y. Tamaki, T. Asahi and H. Masuhara, *J. Phys. Chem. A*, **106**, 2135 (2002)
9） S. Link, C. Burda, M. B. Mohamed, B. Nikoobakht and M. A. El-Sayed, *J. Phys. Chem. A*, **103**, 1165 (1999)
10） B. R. Tull, J. E. Carey, M. A. Sheehy, C. Friendand, E. Mazur, *Appl. Phys. A*, **83**, 341 (2006)
11） T. Q. Jia, F. L. Zhao, M. Huang, H. X. Chen, J. R. Qiu, R. X. Li, Z. Z. Xu and H. Kuroda, *Appl. Phys. Lett.*, **88**, 111117 (2006)
12） S. H. Sunand C. B. Murray, *J. Appl. Phys.*, **85**, 4325 (1999)
13） A.-H. Lu, W. Schmidt, N. Matoussevitch, H. Bonnemann, B. Spliethoff and F. Sch üth, *Angew. Chem. Int. Ed.*, **43**, 4303 (2004)
14） Q. A. Pankhurst, J. Connolloy, S. K. Jones and J. Dobson, *J. Phys. D: Appl. Phys.*, **36**, R167 (2003)
15） E. F. Kneller and F. E. Luborsky, *J. Appl. Phys.*, **34**, 656 (1963)
16） T. Yamamoto, Y. Shimotsuma, M. Sakakura, M. Nishi, K. Miura and K. Hirao, *Langmuir*, **27**, 8359-8364 (2011)
17） S. R. Brueck and D. J. Ehrlich, *Phys. Rev. Lett.*, **48**, 1678 (1982)
18） Y. Shimotsuma, P. G. Kazansky, J. Qiu and K. Hirao, *Phys. Rev. Lett.*, **91**, 247405 (2003)
19） Y. Shimotsuma, T. Yuasa, H. Homma, M. Sakakura, A. Nakao, K. Miura, K. Hirao, M. Kawasaki, J. Qiu and P. G. Kazansky, *Chem. Mater.*, **19**, 1206 (2007)
20） E. T. Y. Lee, Y. Shimotsuma, M. Sakakura, M. Nishi, K. Miura and K. Hirao, *Mater. Lett.*, **62**, 4044 (2008)

21) C. Kittel, *Rev. Mod. Phys.*, **21**, 541 (1949)
22) M. Sagawa, S. Fujimura, H. Yamamoto, Y. Matsuura and S. Hirosawa, *J. Appl. Phys.*, **57**, 4094 (1985)
23) J. D. Livingston, *J. Appl. Phys.*, **57**, 4137 (1985)
24) D. Weller, A. Moser, L. Folks, M. E. Best, W. Lee, M. F. Toney, M. Schwickert, J.-U. Thiele and M. F. Doerner, *IEEE Trans. Magn.*, **36**, 10 (2000)
25) A. Brodeur and S. L. Chin, *Phys. Rev. Lett.*, **80**, 4406 (1998)
26) P. G. Kuzmin, G. A. Shafeev, V. V. Bukin, S. V. Garnov, C. Farcau, R. Carles, B. Warot-Fontrose, V. Guieu and G. Viau, *J. Phys.Chem. C*, **114**, 15266 (2010)
27) E. F. Kneller and F. E. Luborsky, *J. Appl. Phys.*, **34**, 656 (1963)
28) J. Wecker, K. Schnitzke, H. Cerval and W. Grogger, *Appl. Phys. Lett.*, **67**, 563 (1995)
29) S. J. Ram, *Mater. Sci.*, **32**, 4133 (1997)
30) Y. Shimotsuma, P. G. Kazansky, J. Qiu and K. Hirao, *Phys. Rev. Lett.*, **91**, 247405 (2003)
31) E. G. Gamaly, A. V. Rode, V. T. Tikhonchuk and B. Luther-Davies, *Appl. Surf. Sci.*, **197-198**, 699 (2002)
32) M. Sakakura, M. Terazima, Y. Shimotsuma, K. Miura and K. Hirao, *Opt. Express*, **15**, 16800 (2007)
33) J. R. Bradley, T. A. Perry and T. Schroeder, *J. Magn. Magn. Mater.*, **124**, 143 (1993)
34) K. E. Lipinska-Kalita, D. M. Krol, R. J. Hemley, G. Mariotto, P. E. Kalita and Y. Ohki, *J. Appl. Phys.*, **98**, 054301 (2005)
35) M. Kawasaki and K. Masuda, *J. Phys. Chem. B*, **109**, 9379 (2005)
36) R. -L. Zong, J. Zhou, B. Li, M. Fu, S. -K. Shi and L. -T. Li, *J. Chem. Phys.*, **123**, 094710 (2005)
37) J. Kawai, K. Nakajima, Y. Gohshi, *Spectrochim. Acta B*, **48**, 1281 (1993)
38) Z. -Z. Chen, E. -W. Shi, Y. -Q. Zheng, W. -J. Li, B. Xiao and J. -Y.Zhuang, *J. Crystal Growth*, **249**, 294 (2003)

第6章　有機無機複合ナノファイバー

小滝雅也*

1　はじめに

ナノファイバーは，その特有の性質から様々な用途展開につながる材料として，産業界において大きく期待されている。例えば，大きな比表面積がその特長のひとつである。ナノファイバーの魅力がその“細い”というモルフォロジーに起因していることを考えれば，ナノファイバーを用途展開するために，モルフォロジー制御が重要であることは言うまでもない。また，ナノファイバーの用途展開においては，要求される特性／機能性を達成するために，内部構造を制御することも必要である。したがって，紡糸条件と内部構造の関係を理解することが重要となる。特に，ナノファイバーに関しては，ポリマーの分子鎖を結果的に直径がナノメートルスケールの一次元空間に閉じ込めるため，「ナノファイバーの特性は，バルクと比較して飛躍的に優れているのではないか」，あるいは「ナノファイバー化することで新たな特性が発現するのではないか」という期待がある。これらを検証するために，ナノファイバーの内部構造と物性に関する研究が活発に行われている。

ナノファイバーにさらなる「機能性」を付与するための手段のひとつとして「複合化」がある。機能性ナノ粒子をナノファイバーに充填することにより，直接的かつ効果的に機能化が可能となる。これを達成するための技術課題は，「ナノ粒子の分散モルフォロジーの制御 」である。期待する機能により，ナノ粒子の分散構造を以下のように制御することが求められる。①ナノ粒子をナノファイバー中に均一に分散させる，②ナノ粒子をナノファイバー表面に選択的に分散させる，③ナノ粒子をナノファイバー芯部に高密度に分散させる。これらを達成するための手法がいくつか提案されている。本章では，エレクトロスピニング法による有機無機複合ナノファイバーのモルフォロジー制御，および内部構造と物性に関する研究動向について紹介する。なお，本章では，「ナノファイバー」を「直径が1μm以下のファイバー」と定義する。

2　エレクトロスピニング法

2.1　原理

エレクトロスピニング法の歴史は，1902年のMorton，1934年のFormhalsの米国特許にさ

*　Masaya Kotaki　京都工芸繊維大学　大学院工芸科学研究科　先端ファイブロ科学専攻
准教授

かのぼる[1,2]。日本語では，電界紡糸法とも呼ばれ，静電気力を利用して繊維を紡糸する方法である。ポリマー溶液に高電圧を印加し，ノズル先端からポリマー溶液を噴射する方法である（溶媒法)。ここで，ポリマー溶液は，溶液にかかる静電気力が表面張力を上回った時点で噴射される。噴射されたポリマー・ジェットは，コレクターに向かって飛んでいくが，この際，ポリマー溶液に含まれる溶媒が空気中に揮発し，ポリマー・ジェットの径が小さくなりながら，固化したナノファイバーが得られる。エレクトロスピニング法の特徴は，①材料選択肢の幅が広いこと，②連続繊維が得られること，③大量生産に向いていること，④繊維径，繊維配向などのモルフォロジー制御が可能であること，などが挙げられる。エレクトロスピニング法によるナノファイバー化に関する研究は，ポリマー材料を対象にしたものがほとんどであるが，酸化チタンなどの無機材料[3,4]，銅などの金属材料[5]に関する報告もある。

2.2 大量生産

ナノファイバーの用途展開に欠かせないのが，ナノファイバーの大量生産技術の確立である。これまでに，様々な手法が提案され，すでに製品化されている。例えば，ノズル方式，チャンネル方式，フリーサーフェイス方式などがある。ノズル方式には，以下の特長がある。

- ジェット密度が制御しやすい
- 比較的低い電圧で紡糸が可能である
- 紡糸方向を限定しない
- ラボ機ではノズル方式が主流であるため，スケールアップへのデータ移行が容易である

チャンネル方式はノズル方式と類似しているため，その特長は上述のノズル方式のそれらに加えて，以下の点が追加される。

- 紡糸口周辺におけるジェット間の静電反発を最小限に抑制できる

一方，フリーサーフェイス方式の特長は以下の通りである。

- ジェット同士の静電反発による紡糸量低下が起こらない
- 紡糸部のメンテナンス性（洗浄性や詰まりの問題がない等）に優れる
- 紡糸材料の流量制御が容易である（ノズル方式のように定量制御機構が不要）

国内に拠点をおくエレクトロスピニング装置メーカーには，ノズル方式を採用しているカトーテック㈱，チャンネル方式を採用している㈱メック，フリーサーフェイス方式を採用しているエルマルコ㈱などがある。

3 有機無機複合ナノファイバー

3.1 粒子充填系ナノファイバー

図1に炭化ケイ素充填ナノファイバーの透過型電子顕微鏡（TEM）写真を示す（充填量：45 wt％)。これは，炭化ケイ素粒子を高分子溶液に混合し，エレクトロスピニング法によりナノファ

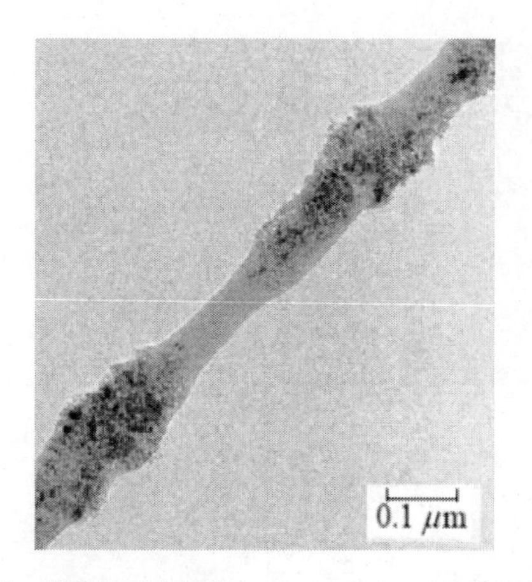

図 1　炭化ケイ素充填ナノファイバーの TEM 写真

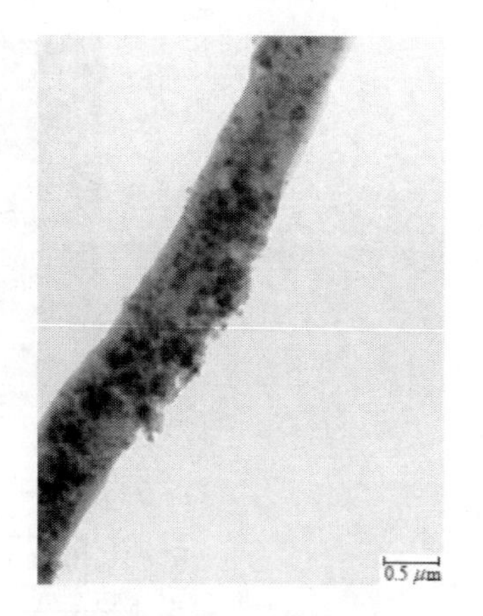

図 2　ナノダイヤモンド充填ナノファイバーの TEM 写真

イバー化した。ここで，炭化ケイ素粒子には表面処理を施しておらず，高分子溶液中におけるナノ粒子の分散性は悪く，溶液は白濁していた。その結果，ナノファイバー中のナノ粒子の分散性が不均一となり，ナノ粒子未充填領域が観察された。一方で，図 2 に示すナノダイヤモンド粒子充填ナノファイバーの場合（充填量：45 wt %），良好なナノ粒子分散性を有するナノファイバーの創製に成功した。ここでは，ナノダイヤモンドにシランカップリング剤処理を施し，ナノ粒子が均一に分散した溶液から紡糸を行った。以上より，ナノ粒子を如何に高分子溶液中で均一に分散させ，安定した紡糸を行うかにより，ナノ粒子分散モルフォロジーが決定されることがわかる。

表面処理を施した粒径約 20 nm の炭酸カルシウムをポリカプロラクトン（PCL）に 75 wt %充填したナノファイバーの走査型電子顕微鏡（SEM）写真を図 3 に示す[8]。炭酸カルシウム粒子を PCL 溶液中に均一に分散させ，エレクトロスピニング法により複合ナノファイバーを得た。骨再生用の足場をターゲットとした，炭酸カルシウムの充填量が極めて高いナノファイバーの創製に成功した。炭酸カルシウム充填ナノファイバー集合体の細胞培養試験でも良好な結果が示され，エレクトロスピニング法の骨再生医療分野への応用の可能性が示された。

図 3　炭酸カルシウム充填ナノファイバーの SEM 写真

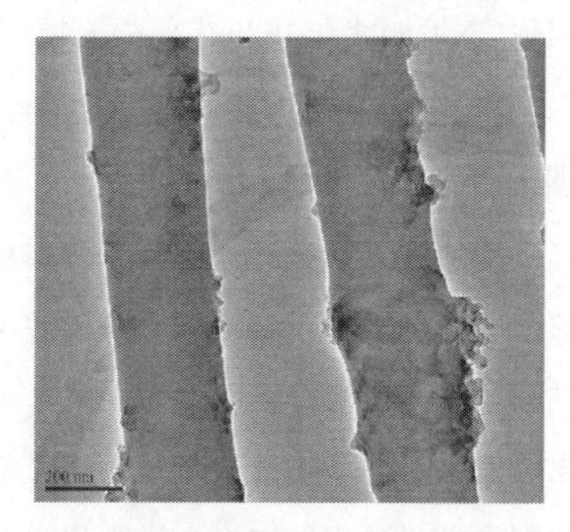

図 4　MWCNT 充填ナノファイバーの TEM 写真

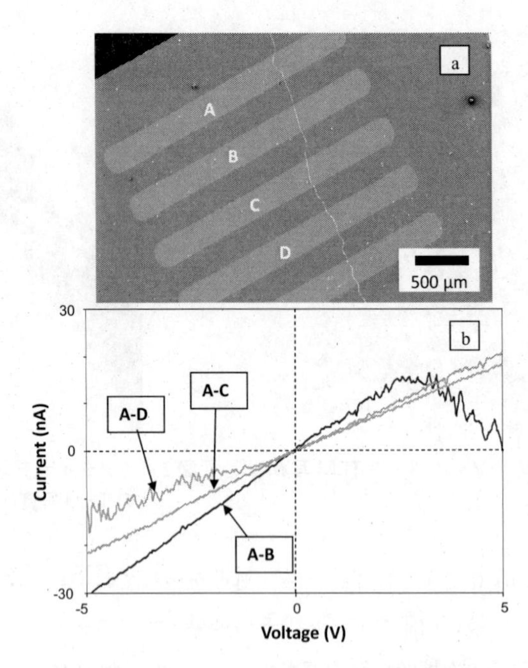

図5　電極上に置いたMWCNT充填ナノファイバーの(a) SEM写真および(b)電流ー電圧曲線

ポリヒドロキシブチレート/バリレート（PHBV）に多層カーボンナノチューブ（MWCNT）を0.2 wt %充填したナノファイバーの（TEM）写真を図4に示す[6]。酸処理を施したMWCNTをPHBV溶液に混ぜ，エレクトロスピニング法によりナノファイバーを紡糸した。ナノファイバー表層にMWCNTが露出している様子，およびMWCNTの凝集体の存在が観察された。図2にMWCNT/PHBVナノファイバー1本を電極（A，B，C，D）上に置き，電流―電圧特性を測定した。MWCNT/PHBVナノファイバー1本のA-B間，A-C間，A-D間の電流―電圧曲線を図5に示す。MWCNTが凝集構造を形成したにもかかわらず，長さ約1,400 μmのナノファイバーに対して，μAレベルの電流が計測された。これより，接触抵抗が80 MΩであり，ナノファイバー1本の導電率が2.0 S/mであることが明らかとなった。これは，導電性ポリマーであるポリチオフェン（P3HT）ナノファイバー1本の導電率6.4×10^3 S/m[7]と比較すると低いものの，MWCNTわずか0.2 wt %の充填で2.0 S/mの導電率が達成できることを示した。

3.2　芯鞘構造ナノファイバー

図6に芯鞘スピナレットの模式図を示す。ノズルを多重管とすることで，中空ファイバー，芯鞘構造ファイバーを紡糸することができる[9~11]。材料の中には，製品化に適した機能性を有していても，分子量が低すぎるなどの理由により，溶液化した時に繊維化するのに十分な粘弾性を示さないものがある。多重管ノズルを用いることにより，このような材料を鞘材に，単一で繊維化できる材料を芯材に用いて複合繊維化することで，機能性ナノファイバーを創製することができる。逆に，単一材料としては紡糸できないモノマーやプレポリマーを芯材として用いた芯鞘型ナ

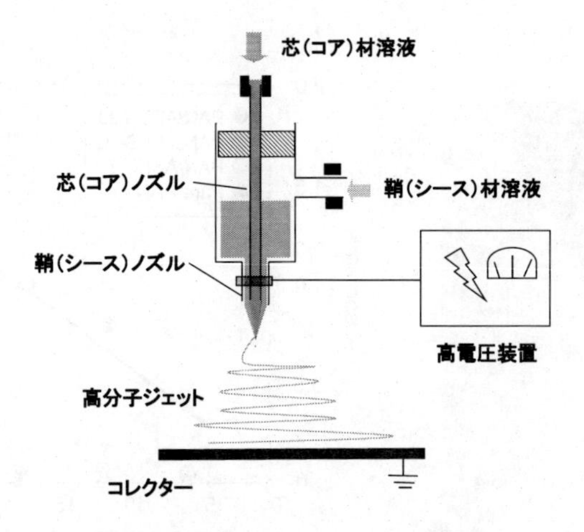

図6　芯鞘構造スピナレットの模式図

ノファイバーを紡糸した後で，芯材をナノファイバー中で重合することもできる。例えば，エポキシ樹脂ファイバーを作製した報告例がある[12]。また，芯鞘型ナノファイバーをブロック共重合体のモルフォロジー制御に利用した報告例もある[13]。このような芯鞘スピナレットを用いて，芯部にナノ粒子が高密度に充填された有機無機複合ナノファイバーの紡糸を行うことができる。図7に芯部にアルミナ粒子が高密度に充填されたナノファイバーのTEM写真を示す。このような構造を形成することにより，ナノ粒子の高充填化によるファイバーの脆性的な破壊挙動を抑制することができる。図8にアルミナ粒子充填ナノファイバー1本の引張強度と粒子充填量の関係を示す。芯鞘構造ナノファイバーの場合，粒子充填に伴う引張強度低下を抑制できることがわかる。

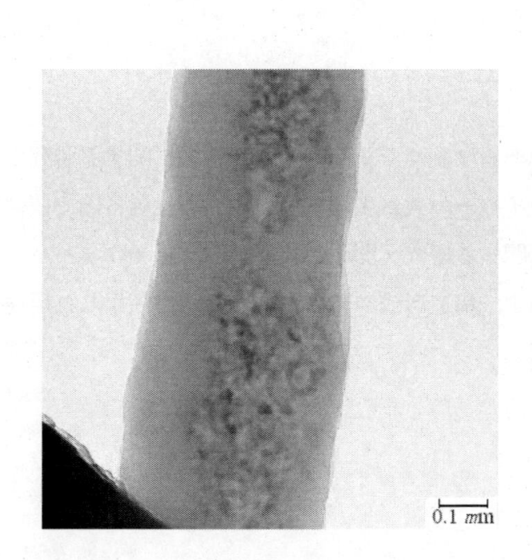

図7　アルミナ充填芯鞘構造ナノファイバーのTEM写真

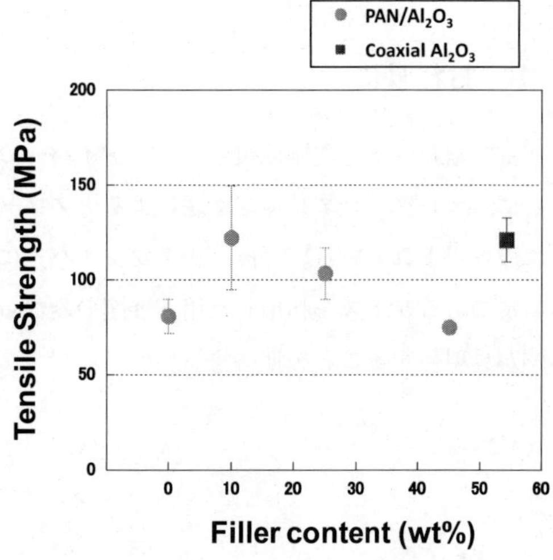

図8　アルミナ充填ナノファイバー1本の引張強度と充填量の関係

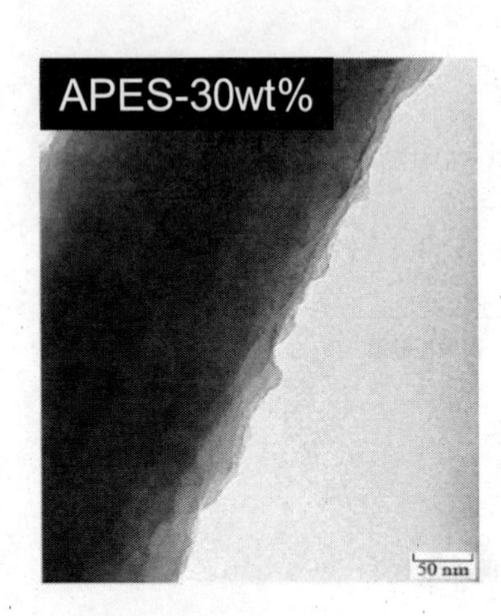

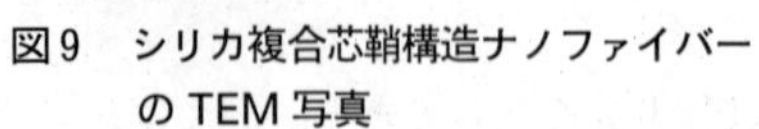
図9　シリカ複合芯鞘構造ナノファイバーの TEM 写真

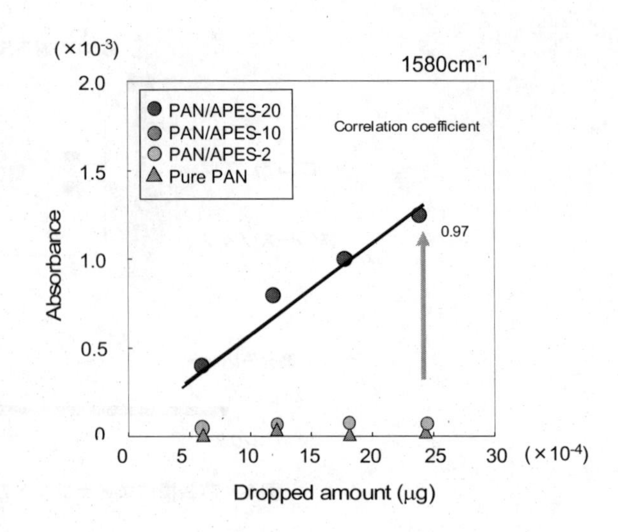

図10　シリカ複合芯鞘構造ナノファイバーの吸着特性

図9にシリカ／ポリアクリロニトリル（PAN）ナノファイバーのTEM写真を示す。エレクトロスピニング法にポリマー／シランアルコキシド混合溶液を適用することにより，シリカ相を鞘材とする芯鞘構型複合ナノファイバーが得られることがわかった[14]。ここで，アミノ基を有するシランアルコキシドを用いることにより，ナノファイバー表面にアミノ基を導入することが可能となる。図10にフーリエ変換赤外分光光度計（FT-IR）により評価したアミノ基含有シリカ複合ナノファイバーの吸着特性[15]を示す。シランアルコキシド含有量の増加にともない，吸着特性が向上することがわかった。

4　おわりに

本章で紹介した有機無機複合ナノファイバーのモルフォロジー制御技術や特性に関する研究とともに，エレクトロスピニング法によるナノファイバーの大量生産技術の確立も世界各国で積極的に取り組まれている。今後，ナノファイバーに関する研究・開発が益々進み，ナノファイバーの特長であるサイズを利用した用途展開のみならず，構造形成や特異な特性発現を利用した用途展開が具現化することを期待する。

文　　献

1）W. J. Morton, US Patent 705,691 (1902)
2）A. Formhals, US Patent 1,975,504 (1934)
3）Il-D. Kim, A. Rothschild, B. H. Lee, D. Y. Kim, S. M. Jo, H. L. Tuller, *Nano Letters*, **6** (9), 2009 (2006)
4）Z. Liu, D. D. Sun, P. Guo, J. O. Leckie, *Nano Letters*, **7** (4), 1081 (2007)
5）M. Bognitzki, M. Becker, M. Graeser, W. Massa, J. H. Wendorff, A. Schaper, D. Weber, A. Beyer, A. Golzhauser, A. Greiner, *Advanced Materials*, **18**, 2384 (2006)
6）K. H. K. Chan, S. Y. Wong, W. C. Tiju, X. Li, M. Kotaki, C. B. He, *Journal of Applied Polymer Science*, **116** (2), 1030 (2010)
7）K. H. K. Chan, H. Umeda, T. Yamao, M. Kotaki, S. Hotta, *Synthetic Metals*, **160**, 23-24, 2587 (2010)
8）K. Fujihara, M. Kotaki, S. Ramakrishna, *Biomaterials*, **26** (19), 4139 (2005)
9）K. H. K. Chan, M. Kotaki, *Journal of Applied Polymer Science*, **111**, 408 (2009)
10）Y. Dror, W. Salalha, R. Avrahami, E. Zussman, A. L. Yarin, R. Dersch, A. Greiner, J. H. Wendorff, *Small*, **3** (6), 1064 (2007)
11）T. Song, Y. Zhang, T. Zhou, C. T. Lim, S. Ramakrishna, B. Liu, *Chemical Physics Letters*, **415**, 317 (2005)
12）K. H. K. Chan, R. Nakagawa, M. Kotaki, Coaxially Electrospun Confined Structures as Templates and Hosts for Synthesis Processes, *Journal of Textile Engineering (Japan)*, **56** (1), 9-13 (2010)
13）M. Ma, K. Titievsky, E. L. Thomas, G. C. Rutledge, *Nano Letters*, **9**, 1678 (2009)
14）T. Goto, Y. Ono, M. Kotaki, F. K. Ko, Proceedings of the Seventh Joint Canada-Japan Workshop on Composites (2008)
15）後藤卓真，小滝雅也，佐藤昌憲，鋤柄佐千子，繊維学会誌，**64** (1), 15-19 (2008)

第7章　ウェアラブルエレクトロニクス

鴻巣裕一[*1]，松本英俊[*2]

1　はじめに

ウェアラブルエレクトロニクスとは文字通り「着用できる電子デバイス」である。近年，半導体デバイスの高集積化や低消費電力化，無線ネットワークなどの情報技術の進歩に伴い，スマートフォンやタブレット端末といったモバイル電子機器の普及が急速に進んでいる。ウェアラブルエレクトロニクスは，電子デバイスをモバイル電子機器よりさらに小型・軽量化し，衣服と同様に着用できるようにしたものである。例えば，折りたたみ可能なファイバー・テキスタイル材料や伸縮可能なゴム材料などの"フレキシブル"な素材を利用したデバイスが提案されており，"リジッド"なデバイスを集積化した従来のシリコンエレクトロニクスとは異なる応用分野の創出が期待されている。

本章では，ウェアラブルエレクトロニクスについて概説した後，ファイバー利用の観点から見た要素技術の最近の開発動向について述べる。

2　ウェアラブルエレクトロニクス

ウェアラブルエレクトロニクス（繊維分野ではスマートテキスタイルあるいはE-テキスタイルと呼ばれることもある）は1990年代終盤から世間にも広く知られるようになり，市場からのニーズも膨らんできた。2002年にはドイツの半導体メーカーであるインフィニオンテクノロジーズ社[1)]から音楽プレーヤーを内蔵した衣服が発表されて注目を集めた。図1に同社が開発した既存の電子デバイスを搭載したウェアを示す。

また，同年にアメリカ・マサチューセッツ工科大（MIT）に兵員ナノテクノロジー（Institute for Soldier Nanotechnologies, ISN）研究所が設立された[2)]。ISNでは研究プロジェクトとして，

① 衣服内の温度など環境制御が可能な多機能テキスタイル

② 生体センシングと自動情報伝達によるバイオセンサ

③ 外骨格との連結による歩行補助するパワードスーツ

などのテーマが掲げられた。ISNの設立はウェアラブルエレクトロニクスに関する研究が活発

＊1　Yuichi Konosu　東京工業大学　大学院理工学研究科　有機・高分子物質専攻　研究員

＊2　Hidetoshi Matsumoto　東京工業大学　大学院理工学研究科　有機・高分子物質専攻　准教授

図1　従来のウェアラブルエレクトロニクス[1)]
(a) MP3内蔵ウェア　(b) 太陽電池搭載ウェア

化する契機となったが，主な応用分野が軍事用途であるため，成果の多くは公表されていない。

一方，ヨーロッパでは医療・福祉用途向けにオープンな研究開発が行われている。最近，ヨーロッパを中心にアンビエント・インテリジェンス（Ambient Intelligence，AmI）という考えが広まっている[3,4)]。これまでの情報技術はシリコンデバイスの微細化・高集積化技術の進歩に伴い仮想空間での情報処理を可能にしてきた。AmIは，我々を取り巻く実空間（周辺環境）に溶け込み，その存在を感じさせることなく，我々の利便性や安全性を高めるための情報技術である。図2に示すようにAmI社会では，様々な機能を持った電子デバイスが生活の場面で自律的

図2　アンビエント・インテリジェンス社会

に人間に働きかけ，必要な時に・必要なだけ人間の行動を補助する。したがって，AmI 社会を支えるデバイス（アンビエント・デバイス）には「軽量，薄型，柔軟・伸縮可能，低コスト」であることが強く求められている。我々にとって最も身近な素材であるファイバー・テキスタイル材料はアンビエント・デバイスにおける最も有望なプラットフォーム材料の一つである。例えば，センサ機能やアクチュエーター機能を持ったテキスタイルが開発されれば，心拍，血圧，血糖など健康状態のモニタリングや，医療・介護現場や火災・災害現場などでの行動補助が可能となる。

3　研究開発の現状

それでは，既存のリジットなデバイスを衣服に組み込むのではなく，我々の生活にとけ込める様なウェアラブルデバイスを実現するためにはどのような機能が必要なのだろうか？

代表的な機能として，

① 着用可能な柔軟性，伸縮性があり，軽量であること
② 汚れ，洗濯，人間の動作に対する耐久性があること
③ デバイスが常時稼働できる電源を持つこと
④ デバイスが小型，省エネルギーであること
⑤ センサが高感度であること
⑥ センサで読み取った情報を送受信するためのワイヤレス情報通信機能

などが挙げられる。

この他にも多くの機能が必要とされるが，上記の機能を満たすには，デバイスの微小化，高機能化，省エネ化を実現するナノテクノロジーと紡糸，撚糸，染色，織編，縫製などのテキスタイル技術の融合が不可欠である。このような融合によって，軽量，薄型，柔軟・伸縮可能，低コストで，生活にとけ込める高機能デバイスの創製が可能になる。以下に，(1) ファイバー／テキスタイル型電子回路基板，(2) 導電性ファイバー及びテキスタイル，(3) ファイバー型電源の 3 つの部材について，最近の研究開発動向を紹介する。

3.1　ファイバー／テキスタイル型電子回路基板

ウェアラブルエレクトロニクスの実現にとって，伸縮性や柔軟性を有する電子回路基板の作製は重要な課題である。EU の研究プロジェクトの 1 つである STELLA（Stretchable Electronics for Large Area Applications）プロジェクト（2006 年～2010 年）では，人体に近い電子システムの実現を目指して伸縮性と通気性を持つ電子回路基板作製技術の研究開発が行われた[5]。図 3 に STELLA プロジェクトで開発された通気性を持つストレッチャブル基板の概念図と実例を示す。通気性のあるテキスタイル（不織布）上に柔軟性のある金属ワイヤによって接続されたリジットな素子を持つフレキシブル或いはストレッチャブルな回路基板が固定されている。現時点では，素子の信頼性，パフォーマンス，量産化の点からアモルファスシリコンなどのリジッドな

a

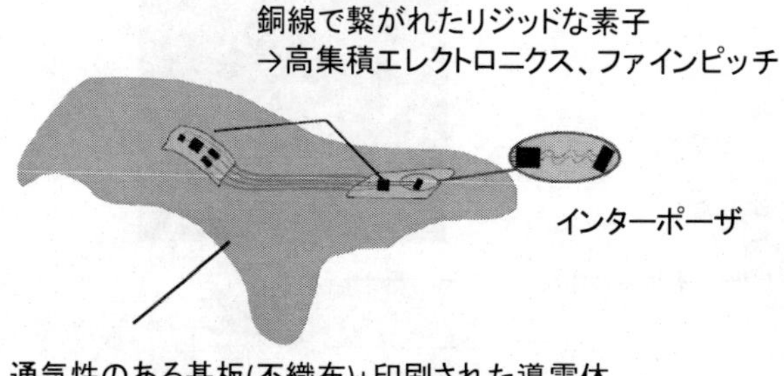

b

（STELLA プロジェクト・Klatt 博士の好意による）

図3　通気性ストレッチャブル基板
(a) コンセプト (b) 開発例

素子を伸縮性や柔軟性のある材料と組み合わせた回路構成が中心である。しかしながら，将来的には印刷技術による低コスト生産が可能な有機系或いはカーボン系材料を用いた素子の利用が期待されている。

有機系素子を用いたフレキシブルデバイスに関する研究開発も盛んに行われている。アメリカ・カリフォルニア大の Lee らはファイバーの交織によるテキスタイル型の電子デバイス（有機薄膜トランジスタ）の作製法を提案している[6]。図4に示すようにゲート電極となる直径 500 μm の導電性ファイバー（アルミニウム）の周囲を絶縁層（ポリビニルフェノール）でコートし，さらにその上から活性層（ペンタセン）をコートする。次にファイバー A で活性層をマスクし，ファイバー A の両側にソース・ドレイン電極（金）を作製する。最後にファイバー A を除去し，各ファイバー間のソース・ドレイン電極をそれぞれ導電性ファイバー（ファイバー B）で繋げる

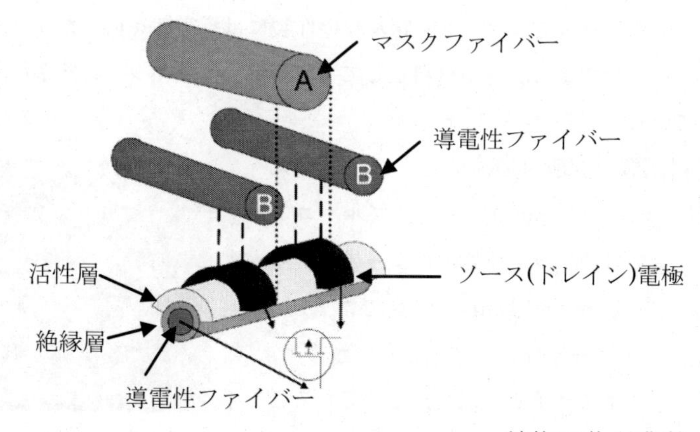

（文献6に基づき作成）

図4　テキスタイル型有機薄膜トランジスタ模式図

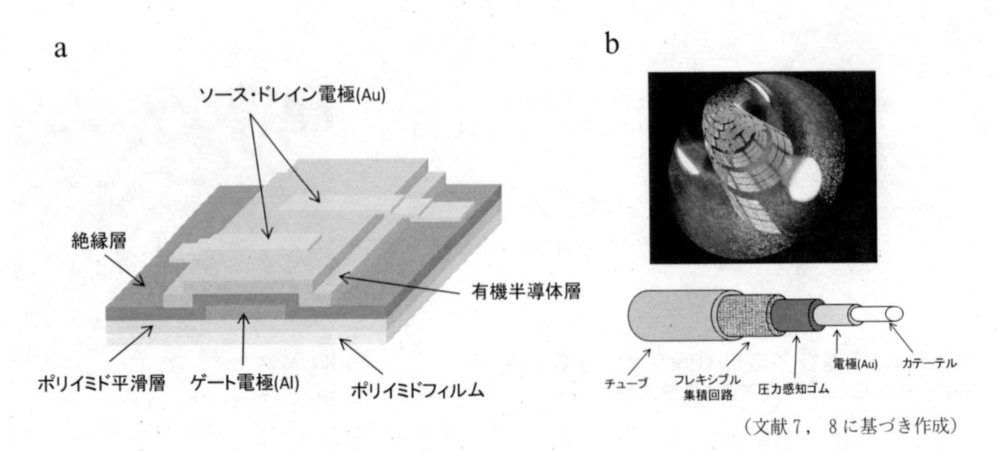

（文献７，８に基づき作成）

図５　有機薄膜トランジスタを利用したフレキシブル集積回路
(a) トランジスタ構成　(b) ファイバー状センサデバイス部材

ことにより相互に接続させた。このテキスタイル型トランジスタはある程度曲げた状態でも動作することが確認された。将来的にゲート電極として使用している導電性ファイバーをナノファイバーに置き換えれば回路の高集積化が期待できる。東京大学の染谷らは有機薄膜トランジスタを用いたフレキシブル集積回路の開発を進めている[7]。図５aに示すようにポリイミド薄膜上に，100℃以下の低温プロセスによって，ゲート電極（アルミニウム），絶縁層，有機半導体層，ソース／ドレイン電極（金）を積層し，トランジスタを作製している。このフレキシブル集積回路は優れた曲げ安定性を示した。この曲げ特性を活かして，短冊状の回路基板をヘリックス状に巻き上げることによって（図５b）[8]，ファイバー状センサデバイスの作製が可能であり，圧力センシング機能を持つカテーテルへの応用が検討されている。

3.2　導電性ファイバー及びテキスタイル

前項でも述べたようにウェアラブルな回路基板の作製には導電性を持ったファイバーあるいはテキスタイル材料が必要である。導電材料としては，金属，カーボン，有機系など幅広い材料の検討が進められている。

スイス連邦材料試験研究所（EMPA）とスイス連邦工科大学（ETH）チューリッヒのウェアラブル・コンピューティングラボでは，プラズマ処理によってファイバー表面に銀（Ag）を数 nm～100 nm の厚さでコーティングした導電性ファイバーを作製している[5]。さらに，導電性ファイバーをテキスタイル（織布）に加工することによって電極を作製している（図６）。テキスタイル電極の応用分野としてはスポーツ（運動時のモニタリン

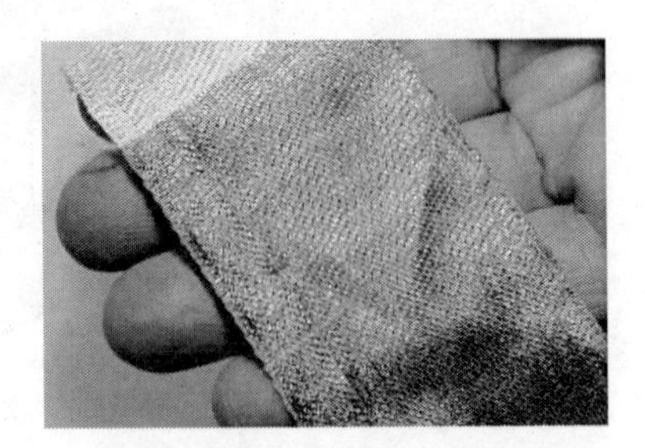

（EMPA・Hegemann 博士の好意による）

図６　銀コート導電性ファイバー

グ)，医療（高齢者在宅健康管理）などの分野が期待できる。プラズマ処理によって作製したテキスタイル電極は100回以上の洗濯耐久性を有する。

アメリカ・スタンフォード大学のCuiらはコットン上に単層カーボンナノチューブ（SWNT）をコーティングした導電性テキスタイルを作製している[9]。コットンをSWNT分散水溶液に浸漬しコットン内にSWNT分散水溶液を含浸させ，その後120℃で水を乾燥させることで，コットンファイバー表面にSWNTをコーティングした（図7）。このSWNTコート導電性テキスタイルは125 S/cmの高い導電性を示した。コットンとSWNTはファンデルワールス力とSWNTの柔軟性によって強固に接着しており，洗濯耐久性もある。用途としては，キャパシタへの応用が考えられており，80 F/g（@20 mA/cm^2）のキャパシタ容量が得られている。

一方，導電性ナノファイバーシートについても研究開発が行われている。筆者らは電界紡糸（エレクトロスピニング）を用いたカーボンナノファイバーシートの作製とカーボンナノファイバー表面への1次元ナノ構造体の高密度成長による階層的ハイブリッド化について研究を進めている[10]。カーボンナノファイバーシートは，カーボンの持つ電気伝導性とナノファイバーに由来する大きな比表面積から，電極，吸着材，センサ基板など多くの分野において応用が期待されている。電界紡糸を用いてカーボン前駆体であるノボラック型フェノール樹脂からナノファイバー

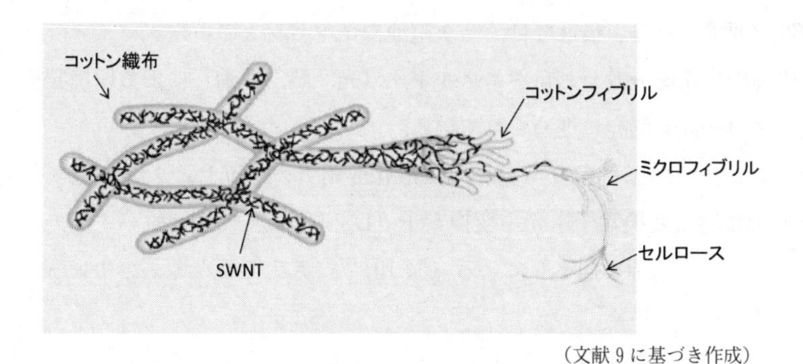

（文献9に基づき作成）

図7　SWNTコート導電性コットンの開発例

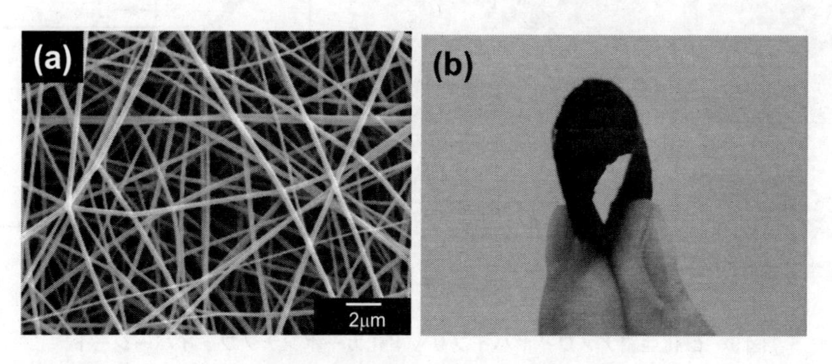

図8　導電性カーボンナノファイバーシート[10]
(a) 電子顕微鏡写真　(b) 柔軟性

シートを作製し，架橋処理後に炭化することでカーボンナノファイバーシートを作製した。ファイバーの直径は紡糸液の粘度と電気伝導度の調整によって4μm～100 nmの範囲で制御でき，直径の細いファイバーほど高い柔軟性を示した（図8 a)。またファイバー径の減少に伴ってシートの電気伝導度は増加した（最大10 S/cm[11])。さらに，気相成長法を用いてナノファイバー表面に直径約50 nmの酸化亜鉛ナノワイヤを高密度に成長させたナノワイヤハイブリッド化ナノファイバーシートを作製した（図9 a)。このシートをフレキシブル色素増感太陽電池（DSSC）の電極として評価したところ，ワイヤ長を長くすると短絡電流密度と開放起電力の両方が向上することを確認した（図9 b)[12]。

この他にカナダ・国立研究機構（NRC）産業材料研究所のLaforgueらによる電界紡糸を用いたポリ-3,4-エチレンジオキシチオフェン（PEDOT）ナノファイバーシート（直径350 nm，シートの電気伝導度60 S/cm）の作製[13]や信州大学の木村らによる湿式紡糸を用いたポリ-3,4-エチレンジオキシチオフェン/ポリ-4-スチレンスルホン酸（PEDOT/PSS）ファイバー（直径130μm，電気伝導度105 S/cm）の作製[14]も報告されている。

3.3 ファイバー型電源

ウェアラブルエレクトロニクスではデバイス本体だけでなくデバイスを駆動させる電源にも柔軟性や伸縮性が要求される。最近では，2次電池やキャパシタの蓄電デバイスのフレキシブル化に加えて，環境中に希薄分散した自然エネルギー（光，熱，振動）による環境発電を利用した自立電源デバイスの研究も活発に進められている。

アメリカ・ジョージア工科大のWangらは酸化亜鉛ナノワイヤとグラフェンを用いて，1本のファイバー上に圧電変換素子，光電変換素子（DSSC)，スーパーキャパシタを搭載したファイバー型ハイブリッド電源を提案している（図10)[15]。ポリメチルメタクリレートファイバー上

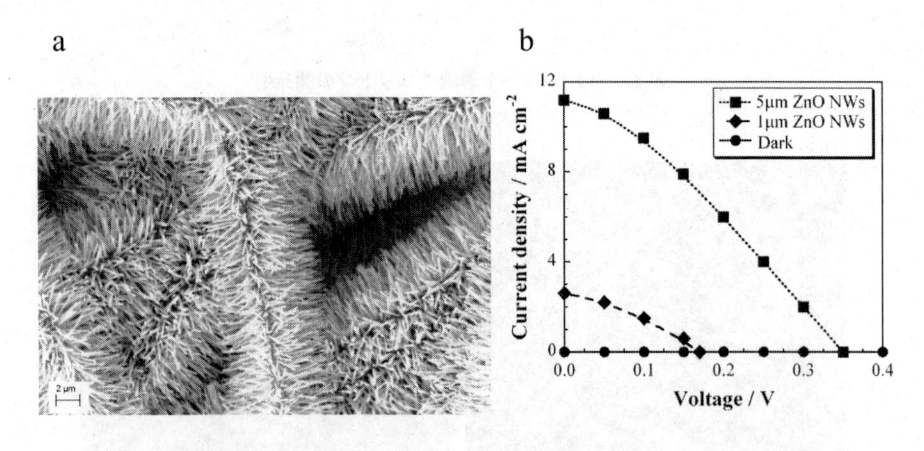

図9　酸化亜鉛ナノワイヤハイブリッド化カーボンナノファイバーシート[12]
（a）表面電子顕微鏡写真
（b）これをアノードに利用した色素増感太陽電池の電流-電圧特性

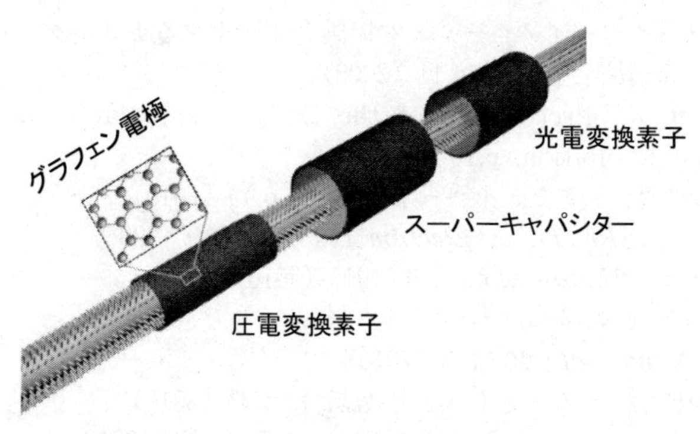

（文献15に基づき作成）

図10　ファイバー型ハイブリッド電源

に金電極をコートし，その上に酸化亜鉛ナノワイヤを形成し，さらにグラフェン電極でコートする。圧電変換素子は酸化亜鉛ナノワイヤを直接グラフェン電極でコートすることによって作製され，光電変換素子とスーパーキャパシタは電極間にそれぞれ適切な電解質材料を封入することによって作製される。各デバイスはそれぞれ単体で動作することが確認された。現在の電源は芯材に直径約200μmのファイバーを使用しているが，将来的に導電性ナノファイバーに置き換われば，発電セル・畜電デバイスの高集積化による電源小型化・高出力化が可能になる。

4　おわりに

本節ではウェアラブルエレクトロニクスの概要とファイバーを利用した最近の部材開発について解説した。本節では触れなかったが，近年特に医療介護・福祉分野で注目されるブレイン・マシンインターフェース（Brain-machine Interface，BMI）技術[16]とパワードスーツの融合などもウェアラブルエレクトロニクスの今後の方向性の一つである。

いずれにせよ我々の生活にとけ込めるウェアラブルエレクトロニクスの実現には，ファイバー・テキスタイル技術とエレクトロニクス技術の融合が不可欠である。日本のファイバー・テキスタイル技術およびエレクトロニクス技術開発力は世界のトップレベルにあり，我が国の強みを活かした今後の研究の進展に期待したい。

文　　献

1） http://interactive-wear.de/
2） http://web.mit.edu/isn/

3） 木村睦，ナノファイバーイノベーション協議会「進化するナノテクノロジー及びナノファイバー」に関する講演会要旨集，p.11（2009）
4） M. Lindwer *et al.*, Proceedings of the Design, Automation and Test in Europe Conference and Exhibition, p.10（2003）
5） 松本英俊，谷岡明彦，ナノファイバー学会誌，**1**，p.49（2010）
6） J. B. Lee *et al.*, *IEEE Trans. Electron Dev.*, **52**, 269（2005）
7） T. Sekitani *et al.*, *Nature Mater.*, **9**, 1015（2010）
8） http:// www.bhe.t.u-tokyo.ac.jp/
9） L. Hu *et al.*, *Nano Lett.*, **10**, 708（2010）
10） 松本英俊，今泉伸治，ナノファイバー学会誌，**1**，p.23（2010）
11） P. Hiralal, S. Imaizumi *et al.*, *ACS Nano*, **4**(5), 2703（2010）
12） H. E. Unalan, D. Wei, K. Suzuki *et al.*, *Appl. Phys. Lett.*, **93**, 133116（2008）
13） A. Laforgue *et al.*, *Macromolecules*, **43**, 4194（2010）
14） 三浦宏明ら，繊維学会誌，**66**(11)，280（2010）
15） J. Bae *et al.*, *Adv. Mater.*, **23**, 3446（2011）
16） M. A. L. Nicolelis *et al.*, *Nature Rev. Neurosci.*, **10**, 530（2009）

第8章　エネルギーハーベスト材料技術の現状と今後の展望

川口武行*

1　はじめに

「エネルギーハーベスト技術」（以下，EH技術）とは身の回りに希薄に分散して存在しているμWからmWレベルの微小なエネルギーの光，熱，振動，圧力，電磁波などを効率的に回収して電気に変換することを言う。近年，地球温暖化防止と省エネの課題認識の高まりから，身の回りの微弱な環境エネルギーを活用して，空調，照明，表示，センサー機器などを効率的に駆動できるエレクトロニクスデバイス技術の進歩に伴い，EH技術が現実味を帯びてきた。図1に示すように，EHの具体的な適用事例としては，1μWの電力で動く電子時計や電卓から，100mWで可動可能になるパーム型携帯機器など適用可能な範囲が飛躍的に拡大してきた[1]。

本稿では，日，米，欧でのEH技術の現状と課題および今後の展望について，2009年秋に欧米のEH関連セミナーや大学，企業訪問により得た情報およびその後の関連情報を中心に，エネルギー変換材料，デバイス設計および応用分野の視点から概説する。

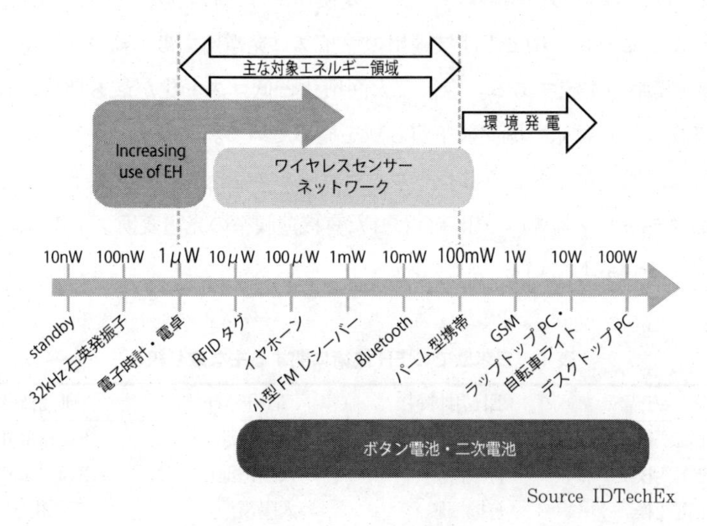

図1　エネルギーハーベストの対象領域と応用製品[1]

*　Takeyuki Kawaguchi　東京工業大学　大学院理工学研究科　特任教授

2 エネルギーハーベスト技術開発の現状

2.1 日米欧での技術開発状況

表1に日米欧でのEH技術に関する主な取り組みの事例を示す。現在，欧米では産官学連携による光電変換や振動・圧電変換によるMEMSデバイスを中心として研究開発が進んでおり，米国ではMIT，UCB，CALTEC，フロリダ大学，Renssler大学などを中心として，また欧州ではIMEC，IMTEKやフラウンフォーファ研究所での研究が国レベルでコンソシアムや産学連携の形で進んでいる[2)]。

一方，日本での主なEH技術への取り組みは太陽光発電や風力発電などの大容量発電がメインであり，身の回りの微小な分散エネルギーの収穫という点では，室内光電変換と圧電変換，熱電変換などの技術開発が進展しつつあるが，これらは個別の取り組みであり，国レベルでの戦略的なEH技術育成の取り組みは欧米に比べて数年の遅れがある。

以下，光電変換，圧電変換，熱電変換などのEH対象技術分野別に，世界の技術開発の現状について概観する。あわせて，EH技術の中で有機材料の今後の展望を探る。

2.2 光電変換デバイス

現在知られている代表的な光電変換デバイスとしては，Si系，非Si系，色素増感系，有機薄膜系に大別されるが，それらの現時点での光電変換効率はそれぞれ，38%，24%，12%，約5～6%となっている。これらの中でEH技術用のマイクロ発電用では，低コストでフレキシブルな非Si系と有機薄膜系が主流である。今後，大面積化と低コスト化が最も期待されるのはこの有機薄膜系であるが，ここに来て開発競争がし烈を極めている。

Konaraka社は，図2に示すようなロールツウロールの1m幅の連続製膜によるポリチオフェン系ポリマーとフラーレン誘導体を組み合わせた有機薄膜系の光電変換フィルムを開発中であり，変換効率6～7%を達成している[3)]。

表1 日米欧でのEH技術に関する主な取り組み

EH方式	EH用材料	応用分野	研究機関
光電変換	α-Si	太陽電池	Fraunhofer
光電変換	有機薄膜	太陽電池	Konarka
光電変換	有機薄膜	太陽電池	三菱化学
光電変換	色素増感	太陽電池	MIT
光電変換	色素増感	室内発電	岐阜大
圧電変換	PZT素子	MEMS	IMEC
振動変換	PZT素子	MEMS	MIT
熱電変換	Bi-Te系	車排熱用	物材機構
電磁変換	電磁コイル	MEMS	CALTEC

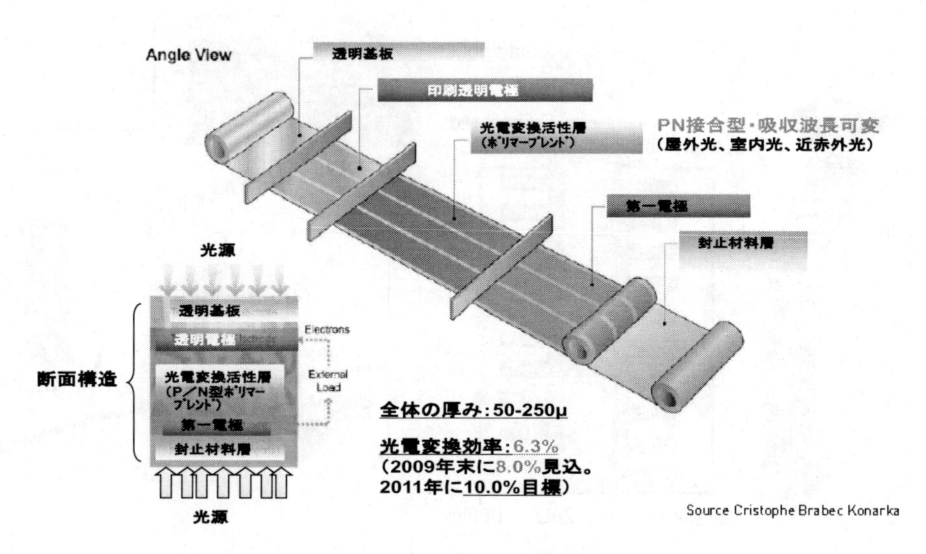

図2　Konaraka 社での有機太陽電池の連続製造ライン（2008 年）

2011 年 6 月に三菱化学から変換効率が 10%を超える有機色素薄膜太陽電池が発表された[4]。これは，光吸収波長領域を可視光域から近赤外域まで対応できるように分子設計された有機色素のコーティングにより連続製膜可能なものであり，市場での展開が期待されている。一方，これらのフィルム系有機薄膜材料は，フレキシブルではあるが，180° の折り曲げや複雑形状での使用は制限がある。また，通気性が必要なカーテンやウエアラブル用途には適用できない。

そこで，180° 折り曲げ可能な通気性のある光電変換材料として，イデアルスター社は導電性ファイバー上に金属内包フラーレンとポリチオフェン系の光電変換ポリマー層を形成させることで変換効率 3 ～ 4 %の光電変換ファイバーデバイスを発表した[5]。こうした繊維状の光電変換材料の発展系として，2010 年エルマルコ社（チェコ）により無機半導体ナノファイバーを用いたフレキシブルで大面積の低コスト光電変換材料の開発が発表された[6]。現時点での変換効率は未公表だが，この分野でのフィルムと繊維状の光電変換デバイスの開発競争が続くものと想定される。

今後，こうした光電変換用のデバイス開発においては，有効な受光面積の増大や電荷分離したホールと電子を再結合なく移動できるナノ構造材料の設計やナノファイバーの活用が重要な鍵を握る。そうした新しい試みとして，Georgia 工科大学 Wang 教授は光ファイバー上に形成した ZnO ナノワイヤーと色素との複合体による高効率な光電変換素子を開発した[7]。この素子は，図 3 に示すように光ファイバーの断面から光を導入してファイバー上の ZnO／色素層で光電変換された後，光ファイバー表面の集電体金属薄膜層で反射されるので，入射光の利用効率が繊維表面からの入射の場合に比べて 3 ～ 4 倍（変換効率 3.5%）高まるという。また，屋外光を光ファイバーで室内に誘導できるので，耐久性が屋外使用に比べて格段の向上が期待される。

ZnO ナノワイヤーと炭素ナノファイバーを利用した光電変換素子の別の研究事例として，谷岡，松本らは電界紡糸により得た PAN 系炭素繊維（CNF）表面に ZnO ナノロッドを形成した

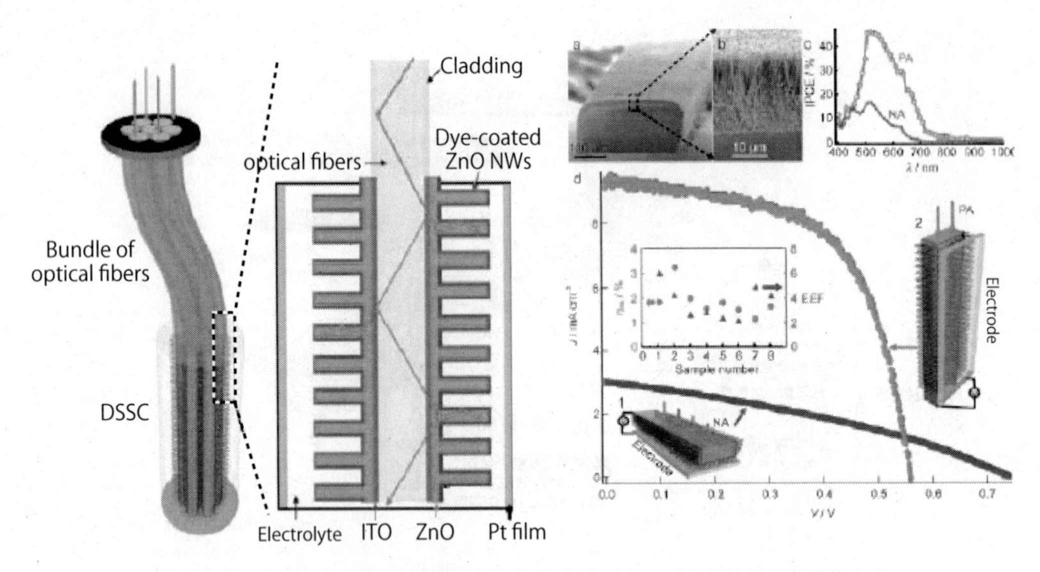

図3　光ファイバー表面上に形成された ZnO ナノロッドを用いた光電変換セル

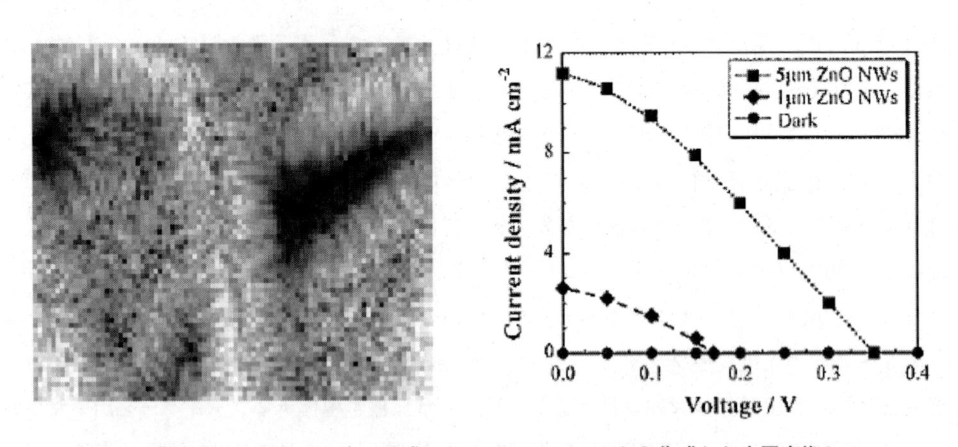

図4　炭素ナノファイバー上に形成した ZnO ナノロッドから作成した光電変換セル

のち，p 型半導体と複合化（図４）することにより，新規なナノファイバー光電変換素子を得た[8]。変換効率は１％未満とまだ低いが，今後より好適な n 型，p 型有機半導体材料ナノファイバーの組み合わせによるバルクヘテロ接合のナノ構造制御により，変換効率の向上が期待される。

2.3　振動・圧電変換デバイス

振動エネルギーや圧力を電気エネルギーに変換する材料やシステムの本格的な技術開発は，日本ではまだ大きな展開にはなっていないが，米国ではすでに多数の試作品や製品がベンチャー企業を中心として開発されており，PZT 系の無機材料が中心である。これらの無機材料の課題は圧電変換効率のさらなる向上と共に，軽量化，フレキシブル化，繰り返し振動への耐久性向上および低コスト化などである。

こうした課題解決のためにCERAMETRIX社は，PZTをエポキシ樹脂で硬化することにより繊維状複合材料を得ている[9]。この材料はフレキシブルで耐久性も高く，微少振動エネルギー収穫に適した新素材である。これらの複合圧電素子を組み込んだ振動エネルギー／電気エネルギー変換素子と，それを電車やバスに組み込んだ際の圧電変化効率の測定結果の実例を図5に示す。

上記の結果から，加速度の増大に伴い短時間に圧電変換が効率的に起こり，100秒以内で8Vという大きな電圧の回収に成功している。

これまで，圧電変換や振動力を利用したエネルギー変換には，主としてPZTを中心とた無機材料が使用されてきた。ここ数年前から，こうした圧電・振動力変換材料としてナノ材料を利用した高効率のナノ発電デバイスが注目されるようになり，ナノファイバーの圧電素子の研究開発が活発になった。

ジョージア工科大のWang教授は，アラミドファイバー上に形成したZnOナノワイヤー同志の回転接触エネルギーを利用して同様な圧電変換を行っている。図6に示すように，このようなポリマーエレクトレットでも数μVレベルの起電力が得られている[10]。今後，圧電素子のフレキシブル化や軽量化，低コスト化のためには，ポリフッ化ビニリデンなどの圧電性結晶ポリマーの配向薄膜・積層化やファイバーでの高結晶化技術，分極構造の導入・固定化技術開発などが課題である。

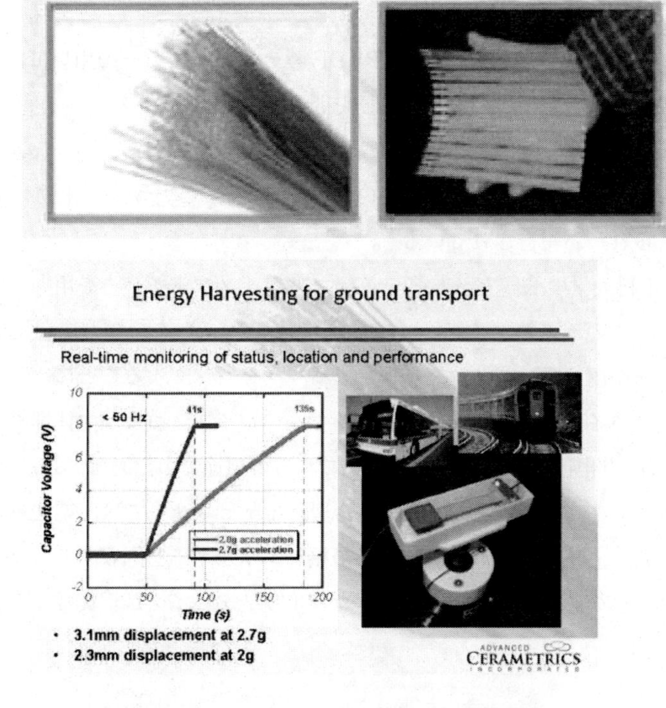

図5　PZT-エポキシ樹脂複合体の圧電変換素子

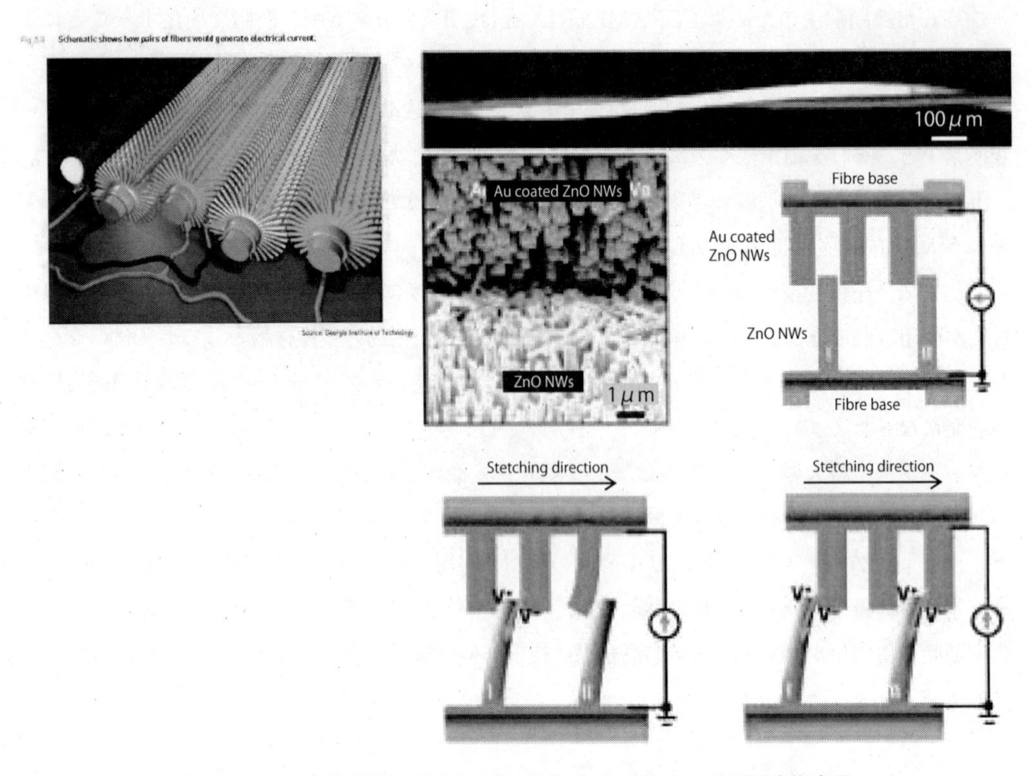

図6　アラミド繊維状に形成したZnOナノロッドからなる圧電変換素子

U. C. Berkleyでは，繊維径が500nmのPVDF製ナノファイバーを用いて，5～30 mVの電圧を発電できるウエアラブルなスマート衣服を開発した。このナノファイバーは延伸処理後0.5 Hzの振動数で100分間緩和処理を行うことで，性能劣化が認められなくなるという。この振動発電テストにおいて，平均最高21.8%（平均で12.5%）という高い振動エネルギーの電力への変換効率が得られたと報告されている[11]。

一方，Stevens工科大学のDr. Yong Shiらは，PZTナノファイバーを用いたナノジェネレーターを発表した[12]。このナノファイバー（繊維径60～500 nm）を，櫛型白金電極間に配列制御してソフトポリマーを用いて，シリコン基板上でパッケージングすることにより，ワイヤレス電子デバイスや携帯デバイス，伸縮可能なフレキシブルデバイス，および生体埋め込み型バイオセンサーなどへの応用が開発されてきた（図7）。これらの用途での出力は，1.63 Vで0.03 μWであった。Dr. Shiによれば，これまでの埋め込み型バイオセンサーでは，電池駆動であることが最大の課題であったが，生体の血流や脈拍などの振動エネルギーを回収することにより，血流中に注入する埋め込み型の診断や治療用のマイクロロボットデバイスが現実味を帯びてきた。

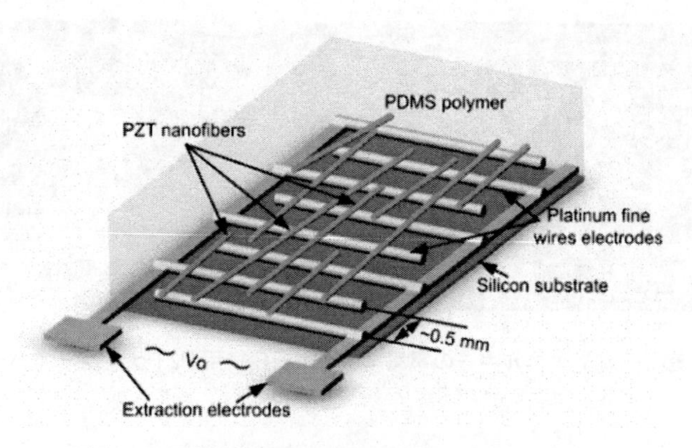

図7　圧電変換素子を用いた医療用バイオセンサー

2.4　熱電変換デバイス

熱電変換の原理は極めてシンプルなものであり，p型とn型の半導体を電極により接合して温度差を与えれば，その大きさに応じた起電力差（ゼーベック効果）が発生する。

近年，熱電変換係数（ゼーベック係数）が100℃の温度差でも1を超える無機材料が多く見出されるようになってきた（図8）ことから，工場やオフィスや自動車などから排出される熱を有効に回収して，電気エネルギーに変換して再利用しようという試みが国内外で活発化している[13]。

熱電素子の応用製品例としては，自動車からの排熱を利用した熱電変換デバイスがNASAにより検討されている。その結果，高いゼーベック係数（ZT：1.5-2）の熱電変換素子が開発されてきており，回転エネルギーの回収による発電も組み込んだ試作車も登場した[9]。

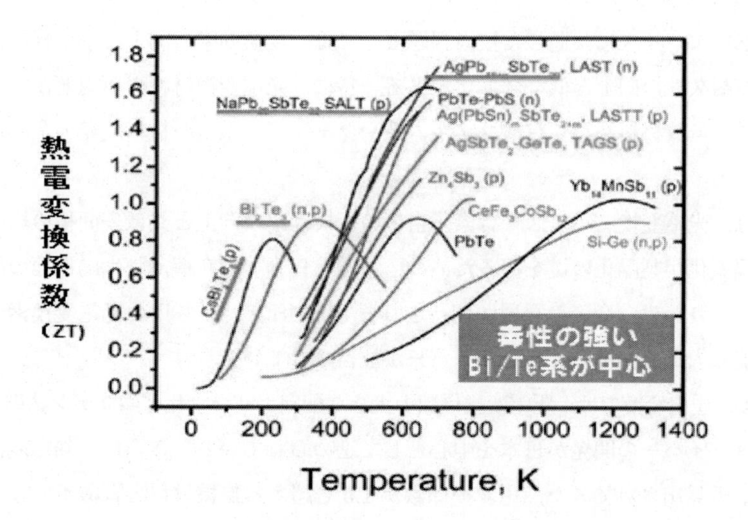

図8　従来の熱電変換素子用の材料特性

図9　機械エネルギーの電気エネルギー変換用PZTナノファイバー

Dr. Shiらは，ジルコン酸鉛ナノファイバーからなる圧電性や焦電性ナノファイバーやITO, TiO_2などの半導性ナノファイバー（図9）や光電変換ナノファイバー，およびビスマス・テルル系混合酸化物から熱伝導性ナノワイヤーなどを創出して特許出願している[14)]。これらのナノファイバーの応用領域は極めて広く多様性に富んでおり，ヘルスケア，再生可能エネルギー，携帯機器，診断センサーなどに適用が可能である[15)]。

日本では，体温を利用したPZTマイクロ熱電変換素子による腕時計がシチズンからエコ発電時計（エコドライブ®）として発売されていたが，現在は市販されていない。また，軽量，フレキシブルで化合物の安全性の向上を目指した有機系ポリマー系熱電変換材料として，NIMSを中心としてn型有機半導体ポリマーが研究されているが[16)]，現状では熱電変換係数は1以下である。

3　現状の技術課題と技術開発の動向

すべてのEHデバイスに共通した技術課題としては，変換効率の向上と小型軽量化，フレキシブル化および耐久性の向上と低コスト化がある。特に，光電変換材料や圧電変換および熱電変換材料において，無機材料系から有機フィルム系やファイバー系への材料開発の関心が日米を中心に高まっている。

具体的には，光電変換デバイスでは素子自体の変換効率の向上と共に表面積の増大やフレキシビリティ，軽量化が製品化の鍵を握るために，米国と日本での有機薄膜太陽電池の開発競争が激化している。とりわけ，今後の発展が期待されるMEMSデバイス用の光電変換素子では，ナノ構造制御可能な大比表面積のナノファイバーが注目されている[17)]。

また，振動，圧電変換では，圧電変換係数の大きな配向ポリフッ化ビニリデン誘導体の延伸フィルムやナノファイバーの開発が日本を中心として進められている。さらに，熱電変換材料開発については，最近見出されてきた熱電変換係数が1.5を超える無機材料と有機ポリマーとの複合材料や，n型有機半導体ポリマーを中心とした材料開発が日本を中心に進められている。

ここ1，2年の具体的な製品開発の動きとしては，英Perpetuum Ltdによる自動車タイヤの圧力検出と振動発電デバイスが上市され，成長が期待されている[18)]。温度差発電では，独

MicroPelt 社，BMW，GM などが自動車の排熱からの熱電変換素子を開発中である。熱電素子は使い方によってはペルチェ冷却素子もできるので，熱電変換を利用した瞬間冷却にも活用が広がっている。

4　エネルギーハーベストの今後の市場展望

英 IDTech 社の市場予測（2009 年）によれば，今後 10 年後までの省エネ社会では，エコハウスやスマートオフィス，工場などの温湿度や照明管理のためにワイヤレスでメンテナンスフリーの MEMS センサーの普及が想定され，そのための小規模分散型の EH デバイスの普及が想定される。また，民生用の小型携帯用電子機器用電源としての成長も期待されている。その結果として，10 年後には光電変換（2450 億円），圧電変換（1380 億円），熱電変換（280 億円）の市場が成長することが予測されている[19]（図 10）。

今後，こうした多岐にわたる省エネ関連製品用のセンサー用電源や小型携帯用電源としての EH デバイスの利用を考えた場合には，フレキシブルで薄型・軽量・大比表面積かつ安価なナノファイバーシートの特徴がEH技術に有効に発揮されることが期待される。

現在，我が国では産総研と東工大および関連企業が参画した NEDO 産官学連携プロジェクトとしてグリーン MEMS センサー開発プロジェクトが展開されており，その中でエネルギー収穫型の自立電源開発が進められており，末端ユーザも参加した分散型スマートセンサーとしての成果が期待されている[20]。

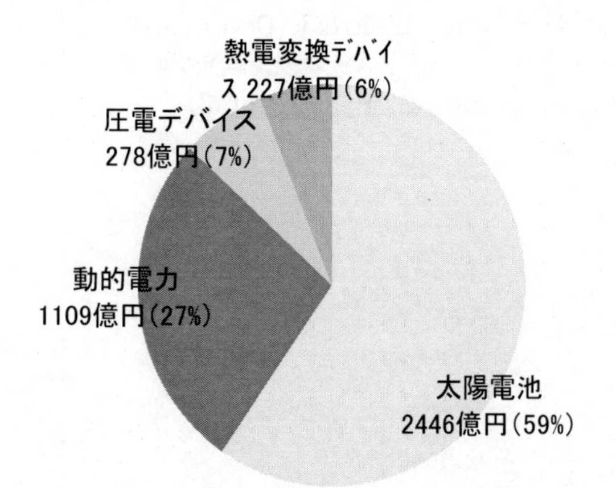

図 10　エネルギー収穫デバイスの市場予測（2019 年）[20]

文　献

1） 「Energy Harvesting＆Storage for Electronic Devices 2009-2019」IDTech EX（2009）
2） 「希薄分散エネルギーハーベスト調査報告書」JST（2007）
3） J. Gui（Konarka），国際ナノファイバシンポジウム 2009 要旨集（No.1）77
4） 河合基伸，NIKKEI MICRODEVICES，3，Oct（2007）
5） イデアルスター社ウェブサイト（http://www.idealstar-net.com/）
6） http://www.elmarco.cz/news/cez
7） Z. Lin，Wang，*Angew, Chem. Intern. ed*，**48**（2009）；Nano tech Online，**2**（2010 年 1 月 14 日）
8） Muhamad Nasir，H. Matsumoto，A. Tanioka *et al.*，*Polymer Journal*，**39**(7)，670-674（2007）
9） Energy Harvesting & Storage Symposium（2009.11 月，Denver），IDTech 社
10） Z. Lin,Wang，*Nature Nanotech. Letters*，**9**（2008）
11） カリフォルニア大学バークレー校ウェブサイト（http://newscenter.berkeley.edu/2010/02/12/electric_nanofibers）
12） Xi Chen，Shiyou Xu，Nan Yao，Yong Shi，*Nano Lett.*，**10**，2133-2137（2010）
13） Energy Harvesting & Storage for Electronic Devices 2009-2019，IDTech 社（2009）
14） Shiyou Xu，Yong Shi，Sang-Gook Kim，*Nanotechnology*，**17**，4497（2006）
15） Chieh Chang，Van H. Tran，Junbo Wang，Yiin-Kuen Fuh，Liwei Lin，*Nano Lett.*，**10**，726-731（2010）
16） 篠原嘉一，化学研究費補助費研究成果報告書（2009）課題番号 18560864
17） Sudip Bhattacharjee，A. K. Batra，Jacob Cain，Proceedings of the Green Streets and Highways 2010 Conference10.1061/41148（389）22
18） perpetuum 社ウェブサイト（http://www.perpetuum.com/）
19） Energy Harvesting & Storage for Electronic Devices 2009-2019，IDTech 社（2009）
20） NEDO グリーンセンサ・ネットワークシステム技術開発プロジェクト（http://www.nedo.go.jp/activities/ZZJP_100021.html）